U0017591

SOUVENIRS ENTOMOLOGIQUES

SOUVENIRS ENTOMOLOGIQUES

法布爾昆蟲記全集 4

蜂類的毒液

法布爾 著

鄒琰 等/譯　楊平世/審訂

遠流出版公司

審訂者介紹

楊平世

　　現任國立台灣大學昆蟲學系教授。主要研究範圍是昆蟲與自然保育、水棲昆蟲生態學、台灣蝶類資源與保育、民族昆蟲等；在各期刊、研討會上發表的相關論文達200多篇，曾獲國科會優等獎及甲等獎十餘次。

　　除了致力於學術領域的昆蟲研究外，也相當重視科學普及化與自然保育的推廣。著作有《台灣的常見昆蟲》、《常見野生動物的價值和角色》、《野生動物保育》、《自然追蹤》、《台灣昆蟲歲時記》及《我愛大自然信箱》等，曾獲多次金鼎獎。另與他人合著《臺北植物園自然教育解說手冊》、《墾丁國家公園的昆蟲》、《溪頭觀蟲手冊》等書。

　　1993年擔任東方出版社翻譯日人奧本大三郎改寫版《昆蟲記》的審訂者，與法布爾結下不解之緣；2002年擔任遠流出版公司法文原著全譯版《法布爾昆蟲記全集》十冊審訂者。

主要譯者介紹

鄒琰

　　畢業於南京大學外語學院。現任廣州大學外語學院法語教授。主要著作及譯作有：《拉魯斯百科大詞典》、《夜》、《在我父親逝去的前夜》、《寫作》、《螞蟻與人——〈一個野蠻人在亞洲〉中的「中國自然史」》、《歐洲文學中的貞德》等。

圖例說明：《法布爾昆蟲記全集》十冊，各冊中昆蟲線圖的比例標示法，乃依法文原著的方式，共有以下三種：(1)以圖文說明（例如：放大 1 1/2 倍）；(2)在圖旁以數字標示（例如：2/3）；(3)在圖旁以黑線標示出原蟲尺寸。

目錄

序

相見恨晚的昆蟲詩人

劉克襄

　　我和法布爾的邂逅，來自於三次茫然而感傷的經驗，但一直到現在，我仍還沒清楚地認識他。

第一次邂逅

　　第一次是離婚的時候。前妻帶走了一堆文學的書，像什麼《深淵》、《鄭愁予詩選集》之類的現代文學，以及《莊子》、《古今文選》等古典書籍。只留下一套她買的，日本昆蟲學者奧本大三郎摘譯編寫的《昆蟲記》(東方出版社出版，1993)。

　　儘管是面對空蕩而淒清的書房，看到一套和自然科學相關的書籍完整倖存，難免還有些慰藉。原本以為，她希望我在昆蟲研究的造詣上更上層樓。殊不知，後來才明白，那是留給孩子閱讀的。只可惜，孩子們成長至今的歲月裡，這套後來擺在《射鵰英雄傳》旁邊的自然經典，從不曾被他們青睞過。他們琅琅上口的，始終是郭靖、黃藥師這些虛擬的人物。

　　偏偏我不愛看金庸。那時，白天都在住家旁邊的小綠山觀察。二十來種鳥看透了，上百種植物的相思林也認完了，林子裡龐雜的昆蟲開始成為不得不面對的事實。這套空擺著的《昆蟲記》遂成為參考的重要書籍，翻閱的次數竟如在英文辭典裡尋找單字般的習以為常，進而產生莫名地熱愛。

　　還記得離婚時，辦手續的律師順便看我的面相，送了一句過來人的忠告，「女人常因離婚而活得更自在；男人卻自此意志消沈，一蹶不振，你可要保重了。」

　　或許，我本該自此頹廢生活的。所幸，遇到了昆蟲。如果説《昆蟲記》提昇了我的中年生活，應該也不為過罷！

　　可惜，我的個性見異思遷。翻讀熟了，難免懷疑，日本版摘譯編寫的《昆蟲記》有多少分真實，編寫者又添加了多少分己見？再者，我又無法學到法布爾般，持續著堅定而簡單的觀察。當我疲憊地結束小綠山觀察後，這套編書就束諸高閣，連一些親手製作的昆蟲標本，一起堆置在屋角，淪為個人生活史裡的古蹟了。

第二次邂逅

　　第二次遭遇，在四、五年前，到建中校園演講時。記得那一次，是建中和北一女保育社合辦的自然研習營。講題為何我忘了，只記得講完後，一個建中高三的學生跑來找我，請教了一個讓我差點從講台跌跤的問題。

　　他開門見山就問，「我今年可以考上台大動物系，但我想先去考台大外文系，或者歷史系，讀一陣後，再轉到動物系，你覺得如何？」

　　哇靠，這是什麼樣的學生！我又如何回答呢？原來，他喜愛自然科學。可是，卻不想按部就班，循著過去的學習模式。他覺得，應該先到文學院洗禮，培養自己的人文思考能力。然後，再轉到生物科系就讀，思考科學事物時，比較不會僵硬。

　　一名高中生竟有如此見地，不禁教人讚嘆。近年來，台灣科普書籍的豐富引進，我始終預期，台灣的自然科學很快就能展現人文的成熟度。不意，在這位十七歲少年的身上，竟先感受到了這個科學藍圖的清晰一角。

　　但一個高中生如何窺透生態作家強納森・溫納《雀喙之謎》的繁複分析和歸納？又如何領悟威爾森《大自然的獵人》所展現的道德和知識的強度？進而去懷疑，自己即將就讀科系有著體制的侷限，無法如預期的理想。

　　當我以這些被學界折服的當代經典探詢時，這才恍然知道，少年並未看過。我想也是，那麼深奧而豐厚的書，若了解了，恐怕都可以跳昇去攻讀博士班了。他只給了我「法布爾」的名字。原來，在日本版摘譯

編寫的《昆蟲記》裡，他看到了一種細膩而充滿濃厚文學味的詩意描寫。同樣近似種類的昆蟲觀察，他翻讀台灣本土相關動物生態書籍時，卻不曾經驗相似的敘述。一邊欣賞著法布爾，那獨特而細膩，彷彿享受美食的昆蟲觀察，他也轉而深思，疑惑自己未來求學過程的秩序和節奏。

十七歲的少年很驚異，為什麼台灣的動物行為論述，無法以這種議夾敘述的方式，將科學知識圓熟地以文學手法呈現？再者，能夠蘊釀這種昆蟲美學的人文條件是什麼樣的環境？假如，他直接進入生物科系裡，是否也跟過去的學生一樣，陷入既有的制式教育，無法開啓活潑的思考？幾經思慮，他才決定，必須繞個道，先到人文學院裡吸收文史哲的知識，打開更寬廣的視野。其實，他來找我之前，就已經決定了自己的求學走向。

第三次邂逅

第三次的經驗，來自一個叫「昆蟲王」的九歲小孩。那也是四、五年前的事，我在耕莘文教院，帶領小學生上自然觀察課。有一堂課，孩子們用黏土做自己最喜愛的動物，多數的孩子做的都是捏出狗、貓和大象之類的寵物。只有他做了一隻獨角仙。原來，他早已在飼養獨角仙的幼蟲，但始終孵育失敗。

我印象更深刻的，是隔天的戶外觀察。那天寒流來襲，我出了一道題目，尋找鍬形蟲、有毛的蝸牛以及小一號的熱狗(即馬陸，綽號火車蟲)。抵達現場後，寒風細雨，沒多久，六十多個小朋友全都畏縮在廟前避寒、躲雨。只有他，持著雨傘，一路翻撥。一小時過去，結果，三種動物都被他發現了。

那次以後，我們變成了野外登山和自然觀察的夥伴。初始，為了爭取昆蟲王的尊敬，我的注意力集中在昆蟲的發現和現場討論。這也是我第一次在野外聽到，有一個小朋友唸出「法布爾」的名字。

每次找到昆蟲時，在某些情況的討論時，他常會不自覺地搬出法布爾的經驗和法則。我知道，很多小孩在十歲前就看完金庸的武俠小說。沒想到《昆蟲記》竟有人也能讀得滾瓜爛熟了。這樣在野外旅行，我常

感受到，自己面對的常不只是一位十歲小孩的討教。他的後面彷彿還有位百年前的法國老頭子，無所不在，且斤斤計較地對我質疑，常讓我的教學倍感壓力。

　　有一陣子，我把這種昆蟲王的自信，稱之為「法布爾併發症」。當我辯不過他時，心裡難免有些犬儒地想，觀察昆蟲需要如此細嚼慢嚥，像吃一盤盤正式的日本料理嗎？透過日本版的二手經驗，也不知真實性有多少？如此追根究底的討論，是否失去了最初的價值意義？但放諸現今的環境，還有其他方式可取代嗎？我充滿無奈，卻不知如何解決。

完整版的《法布爾昆蟲記全集》

　　那時，我亦深深感嘆，日本版摘譯編寫的《昆蟲記》居然就如此魅力十足，影響了我周遭喜愛自然觀察的大、小朋友。如果有一天，真正的法布爾法文原著全譯本出版了，會不會帶來更為劇烈的轉變呢？沒想到，我這個疑惑才浮昇，譯自法文原著、完整版的《法布爾昆蟲記全集》中文版就要在台灣上市了。

　　說實在的，過去我們所接觸的其它版本的《昆蟲記》都只是一個片段，不曾完整過。你好像進入一家精品小鋪，驚喜地看到它所擺設的物品，讓你愛不釋手，但是，那時還不知，你只是逗留在一個小小樓層的空間。當你走出店家，仰頭一看，才赫然發現，這是一間大型精緻的百貨店。

　　當完整版的《法布爾昆蟲記全集》出現時，我相信，像我提到的狂熱的「昆蟲王」，以及早熟的十七歲少年，恐怕會增加更多吧！甚至，也會產生像日本博物學者鹿野忠雄、漫畫家手塚治虫那樣，從十一、二歲就矢志，要奉獻一生，成為昆蟲研究者的人。至於，像我這樣自忖不如，半途而廢的昆蟲中年人，若是稍早時遇到的是完整版的《法布爾昆蟲記全集》，說不定那時就不會急著走出小綠山，成為到處遊蕩台灣的旅者了。

劉克襄

2002.6月於台北

（本文作者為自然觀察家暨自然旅行家）

導讀

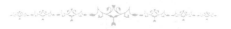

兒時記趣與昆蟲記

楊平世

「余憶童稚時，能張目對日，明察秋毫。見藐小微物必細察其紋理，故時有物外之趣。」

—清　沈復《浮生六記》之「兒時記趣」

「在對某個事物說『是』以前，我要觀察、觸摸，而且不是一次，是兩三次，甚至沒完沒了，直到我的疑心在如山鐵證下歸順聽從為止。」

—法國　法布爾《法布爾昆蟲記全集7》

　　《浮生六記》是清朝的作家沈復在四十六歲時回顧一生所寫的一本簡短回憶錄。其中的「兒時記趣」一文是大家耳熟能詳的小品，文內記載著他童稚的心靈如何運用細心的觀察與想像，為童年製造許多樂趣。在《浮生六記》付梓之後約一百年(1909年)，八十五歲的詩人與昆蟲學家法布爾，完成了他的《昆蟲記》最後一冊，並印刷問世。

　　這套耗時卅餘年寫作、多達四百多萬字、以文學手法、日記體裁寫成的鉅作，是法布爾一生觀察昆蟲所寫成的回憶錄，除了記錄他對昆蟲所進行的觀察與實驗結果外，同時也記載了研究過程中的心路歷程，對學問的辨證，和對人類生活與社會的反省。在《昆蟲記》中，無論是六隻腳的昆蟲或是八隻腳的蜘蛛，每個對象都耗費法布爾數年到數十年的時間去觀察並實驗，而從中法布爾也獲得無限的理趣，無悔地沉浸其中。

遠流版《法布爾昆蟲記全集》

　　昆蟲記的原法文書名《SOUVENIRS ENTOMOLOGIQUES》，直譯為「昆蟲學的回憶錄」，在國內大家較熟悉《昆蟲記》這個譯名。早在 1933 年，上海商務出版社便出版了本書的首部中文節譯本，書名當時即譯為《昆蟲記》。之後於 1968 年，台灣商務書店復刻此一版本，在接續的廿多年中，成為在臺灣發行的唯一中文節譯版本，目前已絕版多年。1993年國內的東方出版社引進自日本集英社出版，奧本大三郎所摘譯改寫的《昆蟲記》一套八冊，首度為國人有系統地介紹法布爾這套鉅著。這套書在奧本大三郎的改寫下，採對小朋友說故事體的敘述方法，輔以插圖、背景知識和照片說明，十分生動活潑。但是，這一套書卻不是法布爾的原著，而僅是摘譯內容中科學的部分改寫而成。最近寂天出版社則出了大陸作家出版社的摘譯版《昆蟲記》，讓讀者多了一種選擇。

　　今天，遠流出版公司的這一套《法布爾昆蟲記全集》十冊，則是引進 2001 年由大陸花城出版社所出版的最新中文全譯本，再加以逐一修潤、校訂、加注、修繪而成的。這一個版本是目前唯一的中文版全譯本，而且直接譯自法文版原著，不是摘譯，也不是轉譯自日文或英文；書中並有三百餘張法文原著的昆蟲線圖，十分難得。《法布爾昆蟲記全集》十冊第一次讓國人有機會「全覽」法布爾這套鉅作的諸多面相，體驗書中實事求是的科學態度，欣賞優美的用詞遣字，省思深刻的人生態度，並從中更加認識法布爾這位科學家與作者。

法布爾小傳

　　法布爾(Jean Henri Fabre, 1823-1915)出生在法國南部，靠近地中海的一個小鎮的貧窮人家。童年時代的法布爾便已經展現出對自然的熱愛與天賦的觀察力，在他的「遺傳論」一文中可一窺梗概。(見《法布爾昆蟲記全集 6》) 靠著自修，法布爾考取亞維農(Avignon)師範學院的公費生；十八歲畢業後擔任小學教師，繼續努力自修，在隨後的幾年內陸續獲得文學、數學、物理學和其他自然科學的學士學位與執照(近似於今日的碩士學位)，並在 1855 年拿到科學博士學位。

　　年輕的法布爾曾經為數學與化學深深著迷，但是後來發現動物世界

更加地吸引他，在取得博士學位後，即決定終生致力於昆蟲學的研究。但是經濟拮据的窘境一直困擾著這位滿懷理想的年輕昆蟲學家，他必須兼任許多家教與大眾教育課程來貼補家用。儘管如此，法布爾還是對研究昆蟲和蜘蛛樂此不疲，利用空暇進行觀察和實驗。

這段期間法布爾也以他豐富的知識和文學造詣，寫作各種科普書籍，介紹科學新知與各類自然科學知識給大眾。他的大眾自然科學教育課程也深獲好評，但是保守派與教會人士卻抨擊他在公開場合向婦女講述花的生殖功能，而中止了他的課程。也由於老師的待遇實在太低，加上受到流言中傷，法布爾在心灰意冷下辭去學校的教職；隔年甚至被虔誠的天主教房東趕出住處，使得他的處境更是雪上加霜，也迫使他不得不放棄到大學任教的願望。法布爾求助於英國的富商朋友，靠著朋友的慷慨借款，在 1870 年舉家遷到歐宏桔(Orange)由當地仕紳所出借的房子居住。

在歐宏桔定居的九年中，法布爾開始殷勤寫作，完成了六十一本科普書籍，有許多相當暢銷，甚至被指定為教科書或輔助教材。而版稅的收入使得法布爾的經濟狀況逐漸獲得改善，並能逐步償還當初的借款。這些科普書籍的成功使《昆蟲記》一書的寫作構想逐漸在法布爾腦中浮現，他開始整理集結過去卅多年來觀察所累積的資料，並著手撰寫。但是也在這段期間裡，法布爾遭遇喪子之痛，因此在《昆蟲記》第一冊書末留下懷念愛子的文句。

1879年法布爾搬到歐宏桔附近的塞西尼翁，在那裡買下一棟義大利風格的房子和一公頃的荒地定居。雖然這片荒地滿是石礫與野草，但是法布爾的夢想「擁有一片自己的小天地觀察昆蟲」的心願終於達成。他用故鄉的普羅旺斯語將園子命名為荒石園(L'Harmas)。在這裡法布爾可以不受干擾地專心觀察昆蟲，並專心寫作。（見《法布爾昆蟲記全集2》）這一年《昆蟲記》的首冊出版，接著並以約三年一冊的進度，完成全部十冊及第十一冊兩篇的寫作；法布爾也在這裡度過他晚年的卅載歲月。

除了《昆蟲記》外，法布爾在 1862-1891 這卅年間共出版了九十五本十分暢銷的書，像 1865 年出版的《LE CIEL》(天空)一書便賣了十一

刷，有些書的銷售量甚至超過《昆蟲記》。除了寫書與觀察昆蟲之外，法布爾也是一位優秀的真菌學家和畫家，曾繪製採集到的七百種蕈菇，張張都是一流之作；他也留下了許多詩作，並為之譜曲。但是後來模仿《昆蟲記》一書體裁的書籍越來越多，且書籍不再被指定為教科書而使版稅減少，法布爾一家的生活再度陷入困境。一直到人生最後十年，法布爾的科學成就才逐漸受到法國與國際的肯定，獲得政府補助和民間的捐款才再脫離清寒的家境。1915年法布爾以九十二歲的高齡於荒石園辭世。

　　這位多才多藝的文人與科學家，前半生為貧困所苦，但是卻未曾稍減對人生志趣的追求；雖曾經歷許多攀附權貴的機會，依舊未改其志。開始寫作《昆蟲記》時，法布爾已經超過五十歲，到八十五歲完成這部鉅作，這樣的毅力與精神與近代分類學大師麥爾(Ernst Mayr)高齡近百還在寫書同樣讓人敬佩。在《昆蟲記》中，讀者不妨仔細注意法布爾在字裡行間透露出來的人生體驗與感慨。

科學的《昆蟲記》

　　在法布爾的時代，以分類學為基礎的博物學是主流的生物科學，歐洲的探險家與博物學家在世界各地採集珍禽異獸、奇花異草，將標本帶回博物館進行研究；但是有時這樣的工作會流於相當公式化且表面的研究。新種的描述可能只有兩三行拉丁文的簡單敘述便結束，不會特別在意特殊的構造和其功能。

　　法布爾對這樣的研究相當不以為然：「你們（博物學家）把昆蟲肢解，而我是研究活生生的昆蟲；你們把昆蟲變成一堆可怕又可憐的東西，而我則使人們喜歡他們……你們研究的是死亡，我研究的是生命。」在今日見分子不見生物的時代，這一段話對於研究生命科學的人來說仍是諍諍建言。法布爾在當時是少數投入冷僻的行為與生態觀察的非主流學者，科學家雖然十分了解觀察的重要性，但是對於「實驗」的概念還未成熟，甚至認為博物學是不必實驗的科學。法布爾稱得上是將實驗導入田野生物學的先驅者，英國的科學家路柏格(John Lubbock)也是這方面的先驅，但是他的主要影響在於實驗室內的實驗設計。法布爾說：

「僅僅靠觀察常常會引人誤入歧途，因為我們遵循自己的思維模式來詮釋觀察所得的數據。為使真相從中現身，就必須進行實驗，只有實驗才能幫助我們探索昆蟲智力這一深奧的問題……通過觀察可以提出問題，通過實驗則可以解決問題，當然問題本身得是可以解決的；即使實驗不能讓我們茅塞頓開，至少可以從一片混沌的雲霧中投射些許光明。」(見《法布爾昆蟲記全集 4》)

這樣的正確認知使得《昆蟲記》中的行為描述變得深刻而有趣，法布爾也不厭其煩地在書中交代他的思路和實驗，讓讀者可以融入情景去體驗實驗與觀察結果所呈現的意義。而法布爾也不會輕易下任何結論，除非在三番兩次的實驗或觀察都呈現確切的結果，而且有合理的解釋時他才會說「是」或「不是」。比如他在村裡用大砲發出巨大的爆炸聲響，但是發現樹上的鳴蟬依然故我鳴個不停，他沒有據此做出蟬是聾子的結論，只保留地說他們的聽覺很鈍 (見《法布爾昆蟲記全集 5》)。類似的例子在整套《昆蟲記》中比比皆是，可以看到法布爾對科學所抱持的嚴謹態度。

在整套《昆蟲記》中，法布爾著力最深的是有關昆蟲的本能部分，這一部份的觀察包含了許多寄生蜂類、蠅類和甲蟲的觀察與實驗。這些深入的研究推翻了過去權威所言「這是既得習慣」的錯誤觀念，了解昆蟲的本能是無意識地為了某個目的和意圖而行動，並開創「結構先於功能」這樣一個新的觀念(見《法布爾昆蟲記全集 4》)。法布爾也首度發現了昆蟲對於某些的環境次機會有特別的反應，稱為趨性(taxis)，比如某些昆蟲夜裡飛向光源的趨光性、喜歡沿著角落行走活動的趨觸性等等。而在研究芫菁的過程中，他也發現了有別於過去知道的各種變態型式，在幼蟲期間多了一個特殊的擬蛹階段，法布爾將這樣的變態型式稱為「過變態」(hypermetamorphosis)，這是不喜歡使用學術象牙塔裡那種艱深用語的法布爾，唯一發明的一個昆蟲學專有名詞。 (見《法布爾昆蟲記全集 2》)

雖然法布爾的觀察與實驗相當仔細而有趣，但是《昆蟲記》的文學寫作手法有時的確帶來一些問題，尤其是一些擬人化的想法與寫法，可能會造成一些誤導。還有許多部分已經在後人的研究下呈現出較清楚的

面貌，甚至與法布爾的觀點不相符合。比如法布爾認為蟬的聽覺很鈍，甚至可能沒有聽覺，因此蟬鳴或其他動物鳴叫只是表現享受生活樂趣的手段罷了。這樣的陳述以科學角度來說是完全不恰當的。因此希望讀者沉浸在本書之餘，也記得「盡信書不如無書」的名言，時時抱持懷疑的態度，旁徵博引其他書籍或科學報告的內容相互佐證比較，甚至以本地的昆蟲來重複進行法布爾的實驗，看看是否同樣適用或發現新的「事實」，這樣法布爾的《昆蟲記》才真正達到了啟發與教育的目的，而不只是一堆現成的知識而已。

人文與文學的《昆蟲記》

《昆蟲記》並不是單純的科學紀錄，它在文學與科普同樣佔有重要的一席之地。在整套書中，法布爾不時引用希臘神話、寓言故事，或是家鄉普羅旺斯地區的鄉間故事與民俗，不使內容成為曲高和寡的科學紀錄，而是和「人」密切相關的整體。這樣的特質在這些年來越來越希罕，學習人文或是科學的學子往往只沉浸在自己的領域，未能跨出學門去豐富自己的知識，或是實地去了解這塊孕育我們的土地的點滴。這是很可惜的一件事。如果《昆蟲記》能獲得您的共鳴，或許能激發您想去了解這片土地自然與人文風采的慾望。

法國著名的劇作家羅斯丹說法布爾「像哲學家一般地思，像美術家一般地看，像文學家一般地寫」；大文學家雨果則稱他是「昆蟲學的荷馬」；演化論之父達爾文讚美他是「無與倫比的觀察家」。但是在十八世紀末的當時，法布爾這樣的寫作手法並不受到一般法國科學家們的認同，認為太過通俗輕鬆，不像當時科學文章艱深精確的寫作結構。然而法布爾堅持自己的理念，並在書中寫道：「高牆不能使人熱愛科學。將來會有越來越多人致力打破這堵高牆，而他們所用的工具，就是我今天用的、而為你們（科學家）所鄙夷不屑的文學。」

以今日科學的角度來看，這樣的陳述或許有些情緒化的因素摻雜其中，但是他的理念已成為科普的典範，而《昆蟲記》的文學地位也已為普世所公認，甚至進入諾貝爾文學獎入圍的候補名單。《昆蟲記》裡面的用字遣詞是值得細細欣賞品味的，雖然中譯本或許沒能那樣真實反應

出法文原版的文學性，但是讀者必定能發現他絕非鋪陳直敘的新聞式文章。尤其在文章中對人生的體悟、對科學的感想、對委屈的抒懷，常常流露出法布爾作為一位詩人的本性。

《昆蟲記》與演化論

雖然昆蟲記在科學、科普與文學上都佔有重要的一席之地，但是有關《昆蟲記》中對演化論的質疑是必須提出來說的，這也是目前的科學家們對法布爾的主要批評。達爾文在1859年出版了《物種原始》一書，演化的概念逐漸在歐洲傳佈開來。廿年後，《昆蟲記》第一冊有關寄生蜂的部分出版，不久便被翻譯為英文版，達爾文在閱讀了《昆蟲記》之後，深深佩服法布爾那樣鉅細靡遺且求證再三的記錄，並援以支持演化論。相反地，雖然法布爾非常敬重達爾文，兩人並相互通信分享研究成果，但是在《昆蟲記》中，法布爾不只一次地公開質疑演化論，如果細讀《昆蟲記》，可以看出來法布爾對於天擇的觀念相當懷疑，但是卻沒有一口否決過，如同他對昆蟲行為觀察的一貫態度。我們無從得知法布爾是否真正仔細完整讀過達爾文的《物種原始》一書，但是《昆蟲記》裡面展現的質疑，絕非無的放矢。

十九世紀末甚至二十世紀初的演化論知識只能說有了個原則，連基礎的孟德爾遺傳說都還是未能與演化論相結合，遑論其他許多的演化概念和機制，都只是從物競天擇去延伸解釋，甚至淪為說故事，這種信心高於事實的說法，對法布爾來說當然算不上是嚴謹的科學理論。同一時代的科學家有許多接受了演化論，但是無法認同天擇是演化機制的說法，而法布爾在這點上並未區分二者。但是嚴格說來，法布爾並未質疑物種分化或是地球有長遠歷史這些概念，而是認為選汰無法造就他所見到的昆蟲本能，並且以明確的標題「給演化論戳一針」表示自己的懷疑。（見《法布爾昆蟲記全集 3》）

而法布爾從自己研究得到的信念，有時也成為一種偏見，妨礙了實際的觀察與實驗的想法。昆蟲學家巴斯德（George Pasteur）便曾在《SCIENTIFIC AMERICAN》（台灣譯為《科學人》雜誌，遠流發行）上為文，指出法布爾在觀察某種蟹蛛（Thomisus onustus）在花上的捕食行為，以

及昆蟲假死行為的實驗的錯誤。法布爾認為很多發生在昆蟲的典型行為就如同一個原型，但是他也觀察到這些行為在族群中是或多或少有所差異的，只是他把這些差異歸為「出差錯」，而未從演化的角度思考。

法布爾同時也受限於一個迷思，這樣的迷思即使到今天也還普遍存在於大眾，就是既然物競天擇，那為何還有這些變異？為什麼糞金龜中沒有通通變成身體壯的個體，甚至反而大個兒是少數？現代演化生態學家主要是由「策略」的觀點去看這樣的問題，比較不同策略間的損益比，進一步去計算或模擬發生的可能性，看結果與預期是否相符。有興趣想多深入了解的讀者可以閱讀更多的相關資料書籍再自己做評價。

今日《昆蟲記》

《昆蟲記》迄今已被翻譯成五十多種文字與數十種版本，並橫跨兩個世紀，繼續在世界各地擔負起對昆蟲行為學的啓蒙角色。希望能藉由遠流這套完整的《法布爾昆蟲記全集》的出版，引發大家更多的想法，不管是對昆蟲、對人生、對社會、對科普、對文學，或是對鄉土的。曾經聽到過有小讀者對《昆蟲記》一書抱著高度的興趣，連下課十分鐘都把握閱讀，也聽過一些小讀者看了十分鐘就不想再讀了，想去打球。我想，都好，我們不期望每位讀者都成為法布爾，法布爾自己也承認這些需要天份。社會需要多元的價值與各式技藝的人。同樣是觀察入裡，如果有人能因此走上沈復的路，發揮想像沉醉於情趣，成為文字工作者；那和學習實事求是態度，浸淫理趣，立志成為科學家或科普作者的人，這個社會都應該給予相同的掌聲與鼓勵。

楊平世　　2002.6.18 於台灣大學農學院

（本文作者現任台灣大學昆蟲學系教授）

第一章

細腰蜂

　　各種選擇棲息在我們人類居住地方的昆蟲中，細腰蜂以其
優雅的體態、怪異的習性和蜂巢的結構，絕對算得上是最有意
思的一種。牠們經常光臨人們的住所，而主人們卻幾乎不認識
牠。細腰蜂孤僻的性格加上默默無聞、獨守一處的習慣，致使
人們忽略牠的故事；牠是如此謹慎，以至於寄居的主人幾乎一
直不曾注意到牠的存在。赫赫聲名屬於那些鬧哄哄、糾纏不
休、危害人類的昆蟲，讓我們試著將這位「謙者」從被遺忘的
角落中請出來吧。

　　細腰蜂極其懼怕寒冷，通常蟄居在使橄欖成熟、使蟬歌唱
的陽光下；當然為了使家人更溫暖，還需要我們人類住所中的
熱氣。牠們通常隱居在農家孤零零的小屋裡，屋前有一棵老無
花果樹，樹蔭遮蔽著一口水井。牠們選擇這樣一間小屋，夏日

裡可盡情暴曬在似火的驕陽之下，屋中還有寬大的壁爐，不停有柴火添加到壁爐中去。專門用於耶誕節的大塊劈柴在爐膛裡燃燒時，這些冬日夜晚的美麗火焰，就是促使細腰蜂作選擇的動機。從煙囪黝黑的程度，牠能辨認出哪些地方適合。一間沒有被煙燻黑的房屋是得不到細腰蜂的信任的，在那樣的屋子裡，牠一定會被凍僵。

在七、八月的酷熱中，這位訪客不期而至，爲築巢尋找合適的地方，屋內的嘈雜人聲和人們的來來往往都絲毫不會干擾牠們；人們並不在意，而牠們也不在意其他人，一顛一跳地巡視四周，用觸角頂端探測被燻黑的天花板四角、托梁[1]的每個小角落、壁爐台，尤其是爐膛內壁和煙囪。細腰蜂觀察完畢，如果認爲這地方還不錯就離開，不一會兒帶著一小團泥巴回來，爲了築牠的窩而墊上第一塊土。

地點的選擇是最多變的，往往也是最奇特的；但有一點是確定的，那就是環境要溫暖、溫度要恆定。烤箱的高溫似乎很適宜細腰蜂幼蟲的生長，至少牠偏愛的地點是煙囪的入口處，在煙囪管壁上約半公尺高處。然而這個熱呼呼的庇護所也有缺點。受到煙燻火燎，尤其冬天生爐火的時間更長，牠們的窩上

---

① 托梁：樓板架於其上之梁。——編注

都積了一層黑色或栗色的煙灰，酷似抹在磚牆上的灰漿。人們也往往將牠們的窩誤認為是抹刀沒有抹勻的灰漿，因為看起來與磚牆的其餘部分是如此的相似。這種深色的灰漿沒什麼要緊，只要火苗不來舔舐聚成一堆的蜂房就好，否則就會導致幼蟲夭折，簡直像在砂鍋裡被悶熟了。但細腰蜂似乎預見到火苗的危險，牠們只會將子孫安置在那些管口僅容一股股濃煙通過的煙囪壁上；對於狹窄的、火苗可以侵占整個管口的地方，牠則心存疑慮，敬而遠之。

然而這樣的小心謹慎仍然無法排除最後一個隱憂。在築巢過程中，產卵期已經迫近，而牠們仍無法下定決心停止工作時，回家的路可能會暫時甚至一整天阻塞住，一會兒是由於一股從鍋中冒出的蒸汽，一會兒又是由於糟糕的柴火引起的滾滾濃煙。洗衣服的日子最可怕，大鍋中的水不停地沸騰，女主人從早到晚都生著火，她不停地往鍋子底下添加各種木屑、樹枝、樹皮、樹葉和一些難以充分燃燒的東西。屋裡的濃煙、鍋裡冒出的蒸汽和壁爐上的水汽，在爐膛前形成了一片密不透風的烏雲，我不時會瞧見一隻面臨如此障礙的細腰蜂。

有一種黑色鳥類生活在水邊，叫作河烏。磨坊溢流口排出的水形成一片瀑布，河烏要回家就得穿越瀑布。細腰蜂比河烏更大膽，牙齒咬住泥團，穿越了這片煙雲，消失在雲層後面，

從此不見了蹤影。由於那煙雲形成的屏障是如此的模糊、不透明，只聽見斷斷續續的唧唧聲，那是細腰蜂的築巢小調，表明這位泥水匠正在工作。蜂巢在雲幕後秘密築成了，歌聲戛然而止，牠又從一團團的水蒸氣中出現了。細腰蜂行動敏捷，精力充沛，彷彿來自一個純淨明澈的世界；其實，牠剛剛才與烈火和令人咋舌的棕紅色蒸氣搏鬥。只要蜂巢還沒有築好、食物還沒有儲存、房門還沒有封閉，牠仍將整天與烈火和蒸氣搏鬥。

然而，這樣的情形通常很少出現，難以充分滿足觀察者的好奇心。我很想親手布置一層雲幕，以便對細腰蜂這充滿艱險的越火過程做幾項實驗；但作為一個不相干的旁觀者，我只能利用有利時機，而不能干預或妨礙洗衣服這件嚴肅的大事。如果我膽敢為了騷擾一隻胡蜂而用手觸火，我的女主人會對我這樣一個偶然寄宿她家的客人的腦袋瓜，產生怎樣可悲的想法啊！「可憐的人！」保證她會這麼自言自語。在農人眼裡看來，專注於小蟲子是頭腦不太正常的人的怪癖好。

僅有一次我幸運地碰上一個機會，但可惜那時我沒作好把握時機的準備。事情就發生在我家的壁爐裡，又恰好遇上了一個大掃除的日子，那時我剛進亞維農中學不久，當時快要下午兩點了，再過幾分鐘，陣陣隆隆的鼓聲就會召喚我去參加一場萊頓瓶[②]的展示會，會有一些心不在焉的聽眾參加。正當我準

備出發時，我看見一隻奇異的飛蟲，一頭栽進洗衣桶冒出的霧氣中。牠身姿矯捷，體態輕盈，在一條長線之後還懸著牠那蒸餾釜似的肚子，這就是細腰蜂，我第一次目不轉睛地注視著牠。那時我對昆蟲的認識還很粗淺，同時也渴望更詳細了解這位客人，於是我興高采烈地向家人建議，當我不在家時由他們來監視這隻昆蟲的活動，不要打擾牠，還要看住火焰，別給這位與火苗為鄰的勇敢建築師增添麻煩。我家人嚴格地照辦了。

事情進展得比我所期望的更好，當我回家時，細腰蜂仍在洗衣桶冒出的霧氣後面繼續施工，而洗衣桶就置於寬寬的壁爐台下。儘管我急切地想要觀察蜂巢的構築過程，辨認牠的食物種類，追蹤幼蟲的演變過程，因為這些對我而言絕對是新鮮事，但我還是儘量克制自己，不給牠們設置障礙。今天我必然會在實驗中給牠們添點麻煩，與牠們的天性本能對抗，但在那時候，完好無損的細腰蜂蜂巢是我唯一垂涎的東西。因此，我非但沒有給牠設置障礙，反而盡可能減輕牠必須克服的困難的難度：我把火盆挪開，讓火勢減弱，以便減少可能會瀰漫到牠的建築工地上的濃煙；我連著兩小時觀察這隻昆蟲在煙霧裡鑽進鑽出。第二天，家裡又開始使用那種燃燒得既慢又不完全的燃料，但不管任何事都不能再妨礙細腰蜂了。經過幾天的不懈

② 萊頓瓶是最早的一種電容器，1746年出現於荷蘭的萊頓。——譯注

工作，跟我的期望一樣，牠沒碰到新的麻煩，順順利利地築成了蜂巢，並在裡面安頓好牠的家人。

四十多年來，我家的壁爐再未接待過這樣的客人；為了將我僅有的一點知識綴起，我只能奢望在別人家裡遇見奇蹟。很久以後，經過長期親身觀察，我開始思考，不同種類的膜翅目昆蟲，會表現出在出生地定居，並在蜂巢附近繁衍後代的傾向。牠們在蜂巢裡獲得的最強烈的印象也許就是「應光孵化」。現在，我在家中將冬天裡四處搜集來的細腰蜂蜂窩，並排放在好幾個據我觀察認為合適的地方，主要是在廚房和書房的壁爐裡。我還放了一些在窗口上，把外板窗關上形成蒸籠，另外還在早已悄悄裝好了照明裝置的天花板四隅放了一些。夏天一到，新生一代就將在我選定的這些地方孵化出來，牠們將在那兒定居，至少我是這麼認為的；然後我就可以隨心所欲地進行早已預想好的實驗了。

可是，我的嘗試總是失敗，我飼育的這些小傢伙中，沒有任何一隻再回到自己出生的巢中；最戀家的幾隻也只是作幾次短暫的回訪，很快就一去不復返了。細腰蜂似乎生性孤僻、好遊蕩；如果不是處在特別有利的環境中，牠們一般都單獨築巢，一代又一代自覺地改變巢窩地點。其實，儘管這種昆蟲在我們村裡很普通，但牠們的蜂巢卻幾乎一個個四處分散，附近

見不到舊巢的遺跡。出生地不會在這種遊牧民族的記憶中留下什麼深刻印象，誰也不會在母親的陋室旁邊構築新巢。

我的失敗很可能還有另一個原因。細腰蜂在我們南方城市裡固然並不少見，然而比之城市雪白的公寓，牠們更喜歡農村被煙燻黑的房屋。我在其他任何地方都沒有像在我們村裡那樣經常見到細腰蜂，村裡的農舍都很破舊，搖搖晃晃，牆上沒有塗灰泥，被陽光烤成了赭石色。而由於我在鄉間的住宅並不那麼樸素，它雅致、整潔，看起來比較像樣，那麼住在我家的寄宿者，拋棄了我那在牠們眼中太奢華的廚房和書房，而移居到更符合牠們品味的附近鄰居家去，就也理所當然了。至於我養在那間塞滿了書籍、植物、化石和各種昆蟲標本的標本室裡的細腰蜂，則對這些學者的奢侈品不屑一顧，也飛走了，去占據那些只有一扇窗戶，窗前有一口破鍋，院裡種著一株紫羅蘭的黑漆漆的屋子；只有窮人才有運氣擁有這種屋子。因此，我只能利用一些偶然的機會觀察細腰蜂，根本無權介入。但是，我斷斷續續所見到的一點東西，畢竟都證明了細腰蜂的驍勇果敢。為了抵達築在爐膛一隅的蜂巢，牠們有時會飛越蒸氣和濃煙形成的雲霧。牠們敢不敢穿越薄薄的一層火焰呢？這是我一直打算進行的實驗，如果在我的壁爐裡進行的那些嘗試已經成功的話。

　　很明顯的，在選擇築巢地點時，細腰蜂對爐膛情有獨鍾，牠並非是爲自身圖安逸，因爲那裡對牠而言是艱險的；牠完全是爲了後代著想，細腰蜂家族的興旺必須依賴很高的溫度。這是其他膜翅目昆蟲如石蜂或壁蜂所不苛求的，這些昆蟲只要躲在水泥圓屋頂下或是沒有任何遮掩的蘆竹中就可以了。我們現在來了解一下細腰蜂喜愛的溫度。

　　在壁爐的爐臺下，靠在細腰蜂築於內壁上的蜂巢旁，我懸掛了一隻溫度計。在一小時的觀察過程中，火焰強度中等，溫度在攝氏三十五度至四十度之間上下；當然並非整個幼蟲期都是這個溫度，溫度根據季節和白晝時刻而有很大的變化。我想要得到更好的結果，因此總共觀察兩次，終於有所收穫。

　　我的第一次觀察是在繅絲廠的動力機房進行的，鍋爐幾乎挨著天花板，中間只隔了半公尺，而細腰蜂的巢就固著在天花板上，就在那個一直充滿著高溫水和蒸氣的大鍋爐正上方。在這個地方，溫度爲四十九度，除了夜間和節慶假日稍微下降以外，這一溫度終年保持不變。

　　另外在一家鄉村蒸餾廠裡，我觀察到第二個巢。這個蒸餾廠具備兩個極佳的條件足以吸引細腰蜂：鄉村的安寧和鍋爐的高溫。因此，廠房裡細腰蜂的巢不計其數，幾乎到處都是，從

最陳舊的機器到一堆賬簿上（稅務官員在這些賬簿上記錄他查看三六燒酒的麻煩事），都綴滿了細腰蜂的巢。其中有一個巢離蒸餾器非常近，我用溫度計去量，溫度為四十五度。

從這些資料可以得出一個結論，在四十多度的環境下，細腰蜂的幼蟲能夠生長得很好。這種溫度不像壁爐內爐火所產生的溫度那樣是偶然的，而是像冒著蒸氣的大鍋或蒸餾器的溫度一樣，是恆定的。對於必須在泥巴築成的巢中沈睡十個月的幼蟲而言，酷熱是非常有益的。每顆種子的發芽都必須有一定的高溫，溫度的高低根據種類不同而有所差異。一隻幼蟲就是一顆即將演變為成蟲的動物種子，經歷一段比橡實萌芽成橡樹更令人讚嘆的過程，而蛻變成一隻完美的成蟲，因而幼蟲需要一定程度的高溫。但細腰蜂的幼蟲所需的溫度相當高，即使是可使猴砨樹和油棕發芽的溫度也不太夠。這種怕冷的昆蟲是如何出現在我們身邊的呢？

壁爐中爐火正旺，幾口大鍋和幾個爐子發出的熱氣瀰漫四周，彷彿製造了一種人為的熱帶氣候，但人們並沒料到細腰蜂能夠利用之，這可說是意外收穫，於是細腰蜂就隨意在一間溫暖且燈光不太耀眼的屋子裡定居下來，例如溫室的各個角落、廚房的天花板上、外板窗關著的玻璃窗臺上等，只要這地方有出口就行。還有穀倉的托樑上也可以，穀倉每天在陽光下曝曬

所吸收的熱量，都被儲存在成堆的麥草和牧草中，或是簡陋的農家臥室牆壁上；只要幼蟲能得到庇護過個暖冬，細腰蜂覺得哪裡都好。這位氣候學專家、炎夏之子，正為使家人能安然度過那個牠自己再也見不到的嚴冬而忙碌著。

選擇暖和的定居地點時，細腰蜂越是小心翼翼，反而對築巢支撐物的性質越顯得漠不關心。牠們習慣將蜂巢群落固定在牆壁或托樑上，無論是裸露著還是塗過灰泥的；此外，還有許多其他的支撐物，有時相當奇特。以下舉幾個築巢點比較怪異的例子。

我在筆記中曾提及一個築在乾葫蘆內的細腰蜂巢。這個窄口的容器就掛在農家的壁爐上，裡面放著農夫狩獵用的鉛彈。葫蘆口一直開著，但這個季節是派不上用場的，於是一隻細腰蜂就把它當作寧靜的隱居處，大著膽子在裡面的鉛粒上築巢。要想把那體積龐大的蜂巢取出來，就得打破這個乾葫蘆。

筆記中還提到了一些千奇百怪的蜂窩，有的築在一家蒸餾廠的一堆賬簿上；有的築在一頂扣在牆上、只有冬日寒氣逼人時才戴的鴨舌帽裡；有的在一塊空心磚的窟窿裡，與一隻黃斑蜂用絨毛築成的柔軟蜂巢背靠著背；有的在一只裝燕麥的袋子上；還有的築在一截曾用作噴泉水管、現已廢棄的鉛管裡。在

拜訪侯貝提（亞維農一帶的主要農莊之一）的廚房時，我更加仔細地觀察細腰蜂。這間廚房有一個很寬大的壁爐，一排大大小小的鍋裡煮著給人或牲口喝的濃湯。工人們成群結隊從田間回來，圍著飯桌在長條凳上坐定，安靜地吃著自己那一份食物，因為胃口很好，所以吃得很快。在這半小時的休息時間裡，大家脫去罩衫、摘下帽子，掛在牆上的釘子上。儘管用餐時間很短，卻足夠讓細腰蜂檢查所有這些破舊衣衫並據為己有：一頂草帽被認為是很有價值的窩，另一件罩衫的皺褶則被評為很實用的隱蔽所；築巢工程幾乎立刻開始了。等到工人們從飯桌邊站起身，有人抖抖他的罩衫，有人拍拍他的帽子，已有橡實那麼大的泥團就這麼被抖落了下來。

人們離去後，我開始跟廚娘聊天，她便向我發牢騷，說那些大膽的「蒼蠅」身上沾的污穢把所有東西都給弄髒了，而最讓她擔心的則是窗簾；天花板、牆上和壁爐上的泥印還可以忍受，但衣服和窗簾上的斑漬就是另一回事了。為了保持清潔，為了把那些往衣服和窗簾上抹泥巴的頑固小傢伙趕走，她必須得每天抖動簾子，並用拍子拍打牠們，可是一切都是徒勞，第二天，頑固的小傢伙又以同樣的熱情，投入前一天遭到破壞的工作。

我了解她的苦衷，同時又為自己無法擁有這些地方而扼腕

嘆息。啊！即使牠們會將所有的布料、裝飾物蒙上一層泥巴，我還是多麼希望能讓細腰蜂安安靜靜地待在那裡，我會任憑牠們去工作，這樣我就可以知道，在罩衫或窗簾這種動態支撐物上築出的巢是怎麼樣的了！灌木石蜂就將巢築在小樹枝上，完全不在意風刮得有多大。但石蜂的巢是用硬灰漿將整個支撐物團團包住，因而十分牢固，而細腰蜂的窩只是一堆泥巴黏在支撐物上，沒做任何特殊的黏性處理，牠們的巢既沒有水泥使築巢材料快速凝結，也沒有與支撐物合為一體的基座。如此的方法怎能賦與蜂巢良好的穩定性呢？我在裝穀物的粗布袋上發現的蜂巢，經不住稍微一抖紛紛滾落下來，儘管布袋上粗糙的針織圈有利於黏附；而如果蜂巢是附著在一塊垂在桌邊、網眼細密的白桌布上，哪怕一陣風吹過都會抖個不停，那又會怎樣呢？選擇這樣的地方築巢，在我看來，是一個沒受過教育的建築師判斷失誤，而且沒有吸取幾個世紀以來所累積的經驗教訓，也就是說，在人們的住所中，有些地方對細腰蜂的蜂巢是十分危險的。

暫且不提細腰蜂這位建築師，讓我們看看牠的建築吧。建築材料全是爛泥、泥巴，是從濕度適宜的土壤中四處收集來的。如果附近恰好有條小溪，牠就會去那裡採集濕軟、細膩的河泥。而我居住的地區石子較多，加上前面提過的工廠不是很少見就是太偏遠，所以我也不是在那些工廠裡最常見到細腰蜂

的採泥景象。待在我的小院裡足不出戶，我就能悠閒自得地觀看牠們工作。當灌溉渠中的涓涓細流晝夜奔流著，使一塊塊菜田裡枯萎的蔬菜重新煥發生機時，一些住在附近農莊的細腰蜂很快就得知了這一個好消息。牠們蜂擁而至，採集那一層寶貴的爛泥，在令人沮喪的旱季裡，這可是極不尋常的收穫。有的細腰蜂選擇剛剛澆灌過的溝渠，有的則喜歡順流而下，最後停駐在布滿了細小支流的一塊水田上。牠們搧動雙翅，四足高高翹起，黑黑的肚子捲起觸到牠黃色的腳，用大顎仔細搜索著，從閃亮的淤泥表面挑選出精華。能幹的主婦為了不弄髒自己，會小心地將衣袖捲起，即使如此，做起髒分分的工作來也不比細腰蜂出色。這些撿泥巴的蟲子一點也不髒，牠們是如此小心翼翼地按照自己的方式將身子往上翹起，也就是說，除了足尖和大顎這採泥工具以外，整個身體和爛泥保持著距離。就這樣牠們採得了一塊塊幾乎有小豆子那麼大的泥團，然後用牙咬住泥團往回飛，為築巢再添一團泥，不一會兒又再飛回來，收集另一塊泥團。只要泥土仍然濕潤，且濕度適宜，這樣的工作就會一直繼續下去，即使一天中最熱的時候也不例外，附近總有不停地搜尋泥漿的建築工人。

　　細腰蜂最常去的地方是村中的大水池，那裡有一片寬敞的半圓形空地。這一區的人都來此給騾子飲水，牲畜的踐踏和水池中溢出的水，把四周變成了一大片黑色的爛泥地，即使七月

的高溫和凜冽強勁的西北風也無法使這裡乾燥。這片泥床對行人來說是如此可惡，但卻為細腰蜂所鍾愛，牠們從四面八方趕來此地聚會。你如果從這片臭泥漿前經過，總能看見幾隻細腰蜂，飛在正飲水的牲畜的四蹄間採集泥團。

細腰蜂採集泥團的地點本身就可以說明，灰漿在收集時就已是成品，立即可以使用；當然，為了使灰粒均勻，得先把泥團攪和在一起並剔除粗糙的顆粒。其他用黏土築巢的建築工人，比如石蜂，是先從被踩實的道路上精心挑選乾燥的灰粒，再用唾液使之潤濕且具有可塑性；在唾液的作用下，灰粒很快就變得像石頭一樣堅硬。牠們工作起來如同泥水匠一般，知道怎樣用少量的水將水泥和沙攪拌在一起。細腰蜂根本不懂這門藝術，對於化學反應的奧秘牠是一無所知的，因此，泥巴被採來時是什麼模樣，則用於築巢時仍是那個樣子。

為了證實我的想法，我從細腰蜂採集者那裡偷了些泥團來，與我在同一地點用手指採來的泥團相比較。無論是外觀或是特性上，我都沒發現這兩者之間有任何不同；對蜂巢的檢查也證實了這項比較的結果。石蜂的建築是由堅固的牆壁構成，可以在沒有任何遮掩的情況下，抵禦持續不斷的雨雪侵蝕；而細腰蜂的蜂巢則缺乏凝聚力，絕對無法應付大自然的無常變化。我在牠們的蜂巢表面滴了一滴水，觸水的那一點就變軟

了，回復到原先的爛泥狀；往蜂巢上稍微澆點水，就像下了場小雨，會使巢變成一灘爛泥。細腰蜂的蜂巢原本就只是一團曬乾了的淤泥，一旦沾濕就會立刻恢復原樣。

　　顯而易見的，細腰蜂並沒有改良泥團使之變成灰漿，只是照原樣使用泥團。同樣的道理，即使幼蟲沒有那麼怕冷，顯然這樣不堅固的蜂巢並不適合戶外。一個能將蜂巢遮掩起來的庇護所是必不可少的，否則一遇到雨水，牠們的窩就會變成一堆泥巴。這樣吧，暫且不提溫度，那麼有關細腰蜂對人類居所的偏愛問題就迎刃而解了。正是在人類的居所裡，細腰蜂得到了比別處更好的、更能抵禦濕氣侵襲的保護場所。幼蟲所需的溫暖和蜂巢的乾燥，這兩個條件在我們的壁爐台下都同時具備。

　　儘管還未做最後粉飾，整個蜂巢都暴露在外，但細腰蜂的建築仍不失優雅。它由很多個小房間組成，有時並排在一條線上彼此緊挨著（這時建築物看起來有點像一支排簫，管子都短而雷同）；有時（這種情況更常見）是數目不等地集結在一起，層層疊疊。在那些最擁擠的蜂巢裡，我數了數有十五間蜂房，其他一些只有十間左右，還有一些更少，只有三、四間，甚或只有一間。我認為彼此緊挨的巢就相當於產卵總數；而零散集結的巢則意味著只產下部分的卵，蟲卵零零落落，分散各處，也許細腰蜂母親在別處找到了更理想的產卵地。

　　細腰蜂的整個蜂巢近似圓柱形，直徑從頂端到底部逐漸增大，長三公分，最寬處約十五公釐。蜂巢表面抹上了一層薄漿，十分均勻光滑，可以看出一條條凸起而傾斜的細紋，令人想起某種當作花邊飾物的螺旋形流蘇。每一條細紋都是建築物的一層基石，砌完一層土，細腰蜂就在上面再蓋上一層土，細紋就是這樣來的。數數有多少條細紋，就知道細腰蜂為了採集灰漿奔波了多少次。我數了一下，有十五到二十條。單單為了築一間蜂房，這位勤勞的建築工人就得搬運建築材料來回飛二十多次，甚至更多，因為任何一間密不透風的圓形蜂房，都不可能一蹴而就。

　　所有蜂房的軸心通常都是水平或略微偏斜，出口總是朝著高處。出口的朝向必須如此，一個罐子只有正向擺放才能存放東西。細腰蜂的蜂房只不過是一只用於儲存食物、堆放小蜘蛛的罐子，這只容器只要平放或稍微上揚，就可以盛住裡面的東西，但如果讓開口向下，那裡面的東西可就全掉光了。我略微多費了點筆墨在這無足輕重的細節上，為的是指出很多書本所犯的奇怪通病。我發現無論哪本書上所繪的細腰蜂蜂巢，開口都是在蜂巢底部。這樣的圖畫一直被描來繪去，直到今天人們仍在複製以前錯誤的圖畫。我不知道是誰第一個犯這錯誤，竟讓細腰蜂經歷如此艱鉅、不亞於達娜依得斯姊妹的水桶考驗：填滿一個顛倒過來的罐子。

　　隨著產卵期的臨近，蜂巢一個接一個地建好了，裡面塞滿了蜘蛛，然後被封閉起來。蜂巢的外觀一直都相當優雅，直到細腰蜂認為蜂巢的數量足夠時，才停止築巢。然後為了鞏固蜂巢，牠們用一種防禦性塗料將所有蜂巢都掩蓋起來；牠揮舞抹刀將蜂巢亂塗一氣，沒有絲毫藝術性，也全無築巢時那種不遺餘力、精心且有耐心的修飾，採集來的泥團不經任何加工，就被牠用大顎尖隨隨便便往蜂窩上貼，幾乎都不加以平整，一層粗糙的塗層掩沒了最初的雅致。蜂巢間的溝紋、螺旋形流蘇狀的密封圈、粉飾灰泥的光澤，全都被掩蓋住了。蜂窩的最後模樣像一顆隆起的、奇形怪狀的瘤，似乎是一團偶然間猛濺到牆上並風乾了的泥巴。

　　石蜂也是如此，當牠在一塊卵石上築起一座座優美且鑲嵌著沙礫的小塔形蜂巢後，這位最優秀的泥水工就用粗糙的灰泥塗層，將牠的藝術傑作掩蓋起來。為什麼無論石蜂還是細腰蜂，在工程完工時，都要將牠們的作品、精心雕築的蜂巢表面用灰漿掩埋呢？人們不會先豎立一座羅浮宮，然後再用抹刀往廊柱上塗污的。但我們切莫固執己見。對蜂類而言，只要能給幼蟲提供一個安樂窩，蜂窩的美醜又有何意義？我們應該料想到，這些無意識的藝術家，可能會有許多不合邏輯的行為吧！

第二章

黑蛛蜂和細腰蜂的食物

如果只考慮「昆蟲的本能和習性」這些最顯著的特徵，法國各地的其他膜翅目昆蟲，也可以和我們剛研究過的蜂巢建築工人一樣相提並論，而且牠們也一樣都捕獵蜘蛛，也許更稱得上是名符其實的泥水匠、製陶者。我居住的地區生活著其中兩種製陶藝術家，牠們是斑點黑蛛蜂和透明翅黑蛛蜂。

斑點黑蛛蜂（放大2倍）

儘管很能幹，牠們卻只是一些非常羸弱的小生命，一身黑裝，個頭比普通的家蚊稍大一點。想想牠們憑藉著弱小之軀竟能製造出陶器，著實令人吃驚，而更令人驚詫的是，陶器之規則堪與機器製造出的陶器相媲美。細腰蜂的蜂巢寬闊地固定在平坦的基

礎之上，彼此相依，儘管最初的外觀十分優雅，但也只是半圓柱體，只有蜂巢的出口被刻意築成圓形。黑蛛蜂的蜂巢則幾乎互不相干、各自獨立，僅以極為狹窄的一點做為支撐，從一端到另一端規則地隆起，猶如一只迷你碗碟裏的許多小盅。如果牠們稱得上是製陶家和砌塔者，黑蛛蜂都應當比細腰蜂更無愧於這一稱號。因為任何一種用黏土築巢的昆蟲，都不如牠們心靈手巧。

　　斑點黑蛛蜂的「罐子」（即蜂巢）外形神似一只橢圓形的短頸廣口瓶，但體積比櫻桃核小；透明翅黑蛛蜂的蜂巢則為圓錐形，底窄口寬，就像早期的大酒杯，或是古時候的小盅。這兩者的蜂房內部都很光滑，外部則相當粗糙，建築工人只是草草地將剛採來一小口一小口的泥漿往外壁一抹了事，壓根不打算像悉心呵護內壁那樣，將外壁上的泥巴抹平整。粗糙的顆粒狀外壁表面，很像細腰蜂為蜂房築的傾斜密封圈，沒有任何灰泥層或石灰漿來粉飾這片典雅的泥渣，上面亦不再加任何鞏固性的「襯裏」。製陶家黑蛛蜂塑完罐口後，黑蛛蜂便在蜂房內壁產了一個卵，再儲存一隻小蜘蛛，並將蜂房封口後，這片泥渣仍將保持原樣。黑蛛蜂的罈罈罐罐不是歪歪扭扭、一個接一個

透明翅黑蛛蜂
（放大2½倍）

排成一列，就是亂糟糟地聚成一團，因而儘管蜂巢十分脆弱、不堪一擊，但依然沒有做任何保護。

然而，雌黑蛛蜂卻採取了一種細腰蜂所不知道的防禦性措施。若在細腰蜂的蜂房裡加一滴水，水珠就立刻化開，滲入內壁中使其潤濕。而若在黑蛛蜂的蜂房裡加一滴水，水珠仍舊逗留原處，不會滲入內壁之中，所以內壁一定曾經粉光過，就像我們常用的罐子內壁上釉一樣，多虧了製陶工人使用的粗粒方鉛礦中所含的矽酸鉛，才使內壁具有防水性。黑蛛蜂的防水劑只能是唾液，但由於這種昆蟲體態纖小，體內防水劑的含量極為有限，因此只塗於蜂房內壁。於是，如果我將一個蜂房置於一滴水珠上，就會看見水很快從蜂房底部直滲到頂端，使這只罐子坍塌成一團泥漿，最後只剩下一層薄薄的、防水性能較好的內壁。

我不知道黑蛛蜂是去哪裡收集築巢材料的，牠們是按照細腰蜂的習慣，收集毋需再做任何加工的黏土、濕泥、泥巴和自然可塑的膠土呢？還是仿照石蜂的做法，使用一粒粒精心篩選過的砂石，並用唾液調和成糊呢？對此，直接的觀察還無法幫我找到答案。蜂房的顏色時而紅的像我門外那一大片盡是沙礫的土地，時而慘白的如同路上的塵土，時而又灰濛濛的彷彿附近地區的某些泥灰岩岩床。從色彩上來看，我敢肯定建築罐子

用的材料是從各地不加區分地採集來的，但卻無法確定，在採集的那一刻，這些材料是呈糊狀還是粉狀。

根據蜂房內壁的防水性，我傾向於後一種可能性，因為一塊已經自然濕潤的泥土，很難再吸收黑蛛蜂的唾液，因而不可能具有我所觀察到的那種防水功能。比較可能的情形是，黑蛛蜂採集乾燥的砂石，並用唾液將之攪拌成具有可塑性的黏土；不過，蜂房外壁遇水即化以及內壁的防水性能，又該如何解釋呢？這很簡單，對於蜂房的外部材料，這位製陶家只是用水三不五時澆灌一下，而對於內部裝飾材料，牠則使用純淨的唾液，這是一種寶貴的物質，使用時得精打細算，才能築出足夠數量的蜂房。為了構築蜂巢，黑蛛蜂得有兩個儲液罐：一個是嗉囊，類似儲滿水的乾葫蘆；另一個則是腺體，好比一點一點慢慢產生防水化學物質的細頸小瓶。

細腰蜂對這些科學方法一無所知，牠在採集來的泥土中不加任何東西使其具有防水性，因此牠的蜂房一遇水則迅速潮濕，並讓水滲入內層；也許正因為這一點，牠才需要厚厚的粗泥塗層，以保護那太容易浸水的住宅。每個陶器工人都各安天命，巨人有粗糙的黏土塗層，侏儒則有光亮的生漆釉面。

儘管黑蛛蜂的蜂房內壁有塗層，遇水還是極易變質、太不

牢固，以致在露天下難以保存完好。牠們的蜂房和細腰蜂的一樣需要庇護，而這種庇護所隨處可見；當然，我們人類的住所除外，這位脆弱的陶器工人幾乎不在我們的住所中尋求庇護。樹椿下的一個洞穴、曝曬在陽光下的一個牆洞、石堆下一只破舊的蝸牛殼、天牛在橡樹上鑽出但已廢棄的樹洞、一隻條蜂遺棄的蜂巢、一條肥大的蚯蚓在乾燥斜坡上鑽出的狹長地下坑道、潛伏於地下的蟬離開後留下的地洞，這一切對黑蛛蜂來說都不錯，只要這住所能夠遮蔽風雨就夠了。斑點黑蛛蜂（比另一種更常見）只來拜訪我一次，牠將瓶瓶罐罐築在溫室架子上的小圓錐形紙袋裡，這些紙袋是用來裝穀物的；這讓我想起，細腰蜂將蜂房築在一家蒸餾廠的一堆賬簿和窗簾上。兩位陶器工人對蜂窩支撐物的性質都毫不關心，有時會選擇一些非常奇特的場所來築巢。

我們已知道，細腰蜂的罐子是用來儲存食物的，那麼現在來看看裡面裝的是什麼吧。細腰蜂的幼蟲以蜘蛛為食（這也是黑蛛蜂和蛛蜂都很喜愛的食物），當然，同一蜂巢、同一間蜂房裡儲藏的野味種類並不單調，任何一種體積不超過儲存罐容積的蜘蛛類動物，都可以寫入牠的菜單中。在我對其食物種類所做的一覽表上，有圓網蛛、窖蛛、圓蟹蛛、珠腹蛛、腹蛛、狼蛛等，如果有必要繼續這張一覽表，可能還會列數出許多其他食物，但最主要的食物還是圓網蛛。最常見的圓網蛛有冠冕

圓網蛛、梯形圓網蛛、蒼白圓網蛛、角形圓網蛛這幾種類型，其中背上花紋呈三個白點、十字形的冠冕圓網蛛又是最常見的一類。

然而儘管細腰蜂食用這類昆蟲的頻率很高，我仍無法從中看出細腰蜂對這類野味有特殊偏好的跡象。巡獵時，牠幾乎不遠離居所，牠查探鄰近所有舊牆、籬笆、小花園，捕捉出現在眼前的小昆蟲。不過，在築巢期，冠冕圓網蛛無疑是最常見的。在那陶器工人喜愛的樸素村舍門前，用蘆竹圍起的小花園裡，在圍繞著一片四方形白菜田地的山楂樹籬上，都可以看見帶著主教十字架的蜘蛛在織網，或坐在網中央等待獵物。如果我需要一隻蜘蛛來進行研究，我肯定能在離家門幾步遠的地方找到一隻冠冕圓網蛛。細腰蜂是目光更敏銳的巡視者，牠一定能輕而易舉地捕獲這樣一隻蜘蛛；因而在我看來，這就是為什麼在一大堆食物中，這類蜘蛛數量最多的原因。

圓網蛛是細腰蜂日常的基本食物，但如果沒有這種蜘蛛，其他任何種類的蜘蛛甚至是差別很大的種類，也都可以填飽牠的肚子。方頭泥蜂和泥蜂就是這樣明智地兼容並蓄，對牠們而言，任何雙翅目昆蟲都可以為食，只要捕捉這種昆蟲在能力所及的範圍內便可。但是，如果將這種隨意視作絕對的原則，那就錯了。很可能對細腰蜂而言，一種蜘蛛與另一種蜘蛛的滋味

和營養都各不相同。牠比拉蘭德蟲更了解蜘蛛，對肉質肥嫩、口味像榛果的蜘蛛有一種神秘的激情，因而會喜歡某一種更甚於另一種。細腰蜂一直都對某些蜘蛛不屑一顧，例如在我家的各個角落都織起羅網的家蛛就屬於此列。

　　廚房的天花板上和穀倉的托樑上，都住著細腰蜂的近鄰，就在泥巢的近旁，常張著家蛛的絲網。細腰蜂其實不必遠征，只要在蜂巢周圍巡視幾圈就可以滿載而歸，牠門前的野味多得不計其數，為什麼不好好利用一下呢？因為，這道菜不合牠的口味，而要說出個中原因是很難的。我曾多次清查細腰蜂的食物，卻從來沒有在其中找到家蛛，儘管小家蛛似乎能滿足牠所要求的一切條件。牠對家蛛的這種蔑視是很可惜的，對人們而言，如果家中天花板上有這樣一位巡查者專門消滅紡織工人蜘蛛，就可省去家庭主婦的許多麻煩；對細腰蜂而言，一旦被收入益蟲寶典中，就會聲名鵲起，在農莊中受到友好的對待，不至於因為把泥巴折騰得滿屋都是而被趕出去。

　　有毒鉤作為武器的蜘蛛，是一種危險的獵物。牠體魄強健，對手必須得大膽而有策略。而在我看來，細腰蜂並不完全具備這些條件，再者，蜂房狹小的空間容納不下塊頭巨大、可與環節蛛蜂捕捉到的舞蛛相比的獵物。環節蛛蜂將肥美的獵物存放在牆腳邊，一堆建築廢料中某個現成的洞窟裡；細腰蜂則

將牠的獵物放在自己辛勤修築的罐子裡，而且罐子的大小只能
容下幼蟲，因而牠捕捉的獵物都是中等個頭，外形不那麼剽悍
的。如果細腰蜂遇到一隻有希望長肥的昆蟲，總是趁牠還小的
時候抓住牠。細腰蜂就是這麼對付冠冕圓網蛛的，成年的冠冕
圓網蛛肚皮隆起，裡面裝滿了卵，幾乎可與環節蛛蜂捕捉的舞
蛛匹敵，因此只能在冠冕圓網蛛尚未成年、體態弱小時，將牠
裝入儲糧罐中。此外，不同獵物的肥瘦差別可達一、二倍或更
大，但只要獵物能儲藏在狹窄的罐子裡就行。獵物大小的差異
相應地導致了數量上的差異，某間蜂房裡塞入了十二隻蜘蛛，
而另一間只有五到六隻，平均起來每間房裡有八隻。另外，像
其他的膜翅目昆蟲一樣，幼蟲的性別也會決定餐桌上食物的豐
盛程度。

　　狩獵性昆蟲生活記錄最特別的地方，就在於介紹昆蟲的捕
獵方法，因此我留心觀察過細腰蜂與獵物搏鬥的場面。我曾在
牠的捕獵地例如舊牆和荊棘叢前耐心駐足，卻無甚收穫；我曾
看見牠猛然撲向倉皇逃竄的蜘蛛，將蜘蛛捆住後帶走，這一系
列動作一氣呵成，沒有絲毫停頓。其他捕獵者都是先匍匐在
地，不慌不忙、小心翼翼地準備好武器，然後鎮定而緩慢地展
開攻勢，優美的進攻就要求這種沈緩。細腰蜂則不然，牠衝過
去、抓住、離開，有泥蜂的作風。牠如此敏捷地擄走獵物，很
可能在飛撲過程中只使用了螫針和大顎。這種急躁的捕獵法當

然算不上是高級的外科手術，但比起蜂房的狹小，這件事更能說明細腰蜂爲何偏愛體形弱小的蜘蛛。一個以兩隻毒鉤作爲武器的強壯獵物，對這位不屑採取任何警戒措施的劫持者來說，是有致命危險的，而由於欠缺捕蟲的特殊技術，使牠只能襲擊弱小者。這也令我們懷疑被捉到的蜘蛛是否眞的死了，儘管牠們一下子就不幸被制服了。

我曾多次借助放大鏡觀察、搜索細腰蜂的蜂房，裡面的卵尚未孵化，這證明食物是最近放入的，但裡頭儲存的獵物從觸鬚到跗節都紋風未動，我很難將這些食物保存下來。在十二天左右的時間裡，我看著這些食物發黴、腐爛，所以在細腰蜂將牠們藏入罐中時，這些蜘蛛就已經死了或差不多死了。環節蛛蜂對舞蛛所施的高明麻醉手術，可以使舞蛛在七週內保持新鮮。也許細腰蜂不知道這種方法，或許在倉促的進攻中，這種方法行不通吧？也或許我們不是在和一個能幹的行動家打交道，牠不懂得如何只消滅對手的抵抗能力而不傷其性命，我們是在和一個爲使犧牲者乖乖就範而將牠們殺死的殘暴祭司打交道吧？獵物的萎靡和迅速變質，都說明了這一點。

這一證明並未令我驚詫。以後我們將會看到其他「祭司」，頃刻間就用螫針將獵物刺死，牠們的奪命本領和某些昆蟲的麻醉本領一樣令人吃驚。我們將了解這些昆蟲一定要將獵

物殺死的原因,並從其他方面確認,爲了和本能無意識的行動相抗衡,牠們在解剖學和生理方面具有代表理性行爲的淵博知識。至於爲什麼細腰蜂必須殺死牠的蜘蛛,我實在猜不出個中緣由。

雖然未經過長期觀察,但我依然很清楚的看到,細腰蜂食用很快就會腐爛的屍體時,採取的方法很合乎邏輯。首先,每間蜂房都儲有許多獵物,幼蟲啃著一隻死蜘蛛,用大顎將牠搗碎,拋在一邊,過一會又將牠撿起,從另一部分開始啃咬。這隻蜘蛛沒多久就不成形狀,肢體殘缺,非常容易腐爛,但因爲個子小,屍體還未腐爛就被吃完了。一旦幼蟲咬中一隻蜘蛛,就不會再去啃咬別的獵物,其他獵物因此完好無損,這就足以使獵物在幼蟲進食的短時期內保持適當的新鮮。幼蟲將蜘蛛一隻一隻順序地吃掉,蜂房中的大堆獵物因此得以保持幾天不變質,儘管牠們都已是死屍。

相反的,假設僅有一隻肥胖得足夠作爲幼蟲全部食物的蜘蛛時,情況會變得十分糟糕。這塊豐腴的麵包這裡被咬一口、那裡被咬一口,傷痕累累,在還沒被吃完之前就成了一灘能致人於死地的膿血,腐爛的傷口中流出的汁液會把幼蟲給毒死。要享用一隻如此肥美的蜘蛛,前提是必須讓牠活著但不能動彈,也就是使其癱瘓,而且進食者必須要懂得一門特殊的進食

藝術，即保留最必不可少的器官，逐步消滅無關緊要的器官，就像土蜂和飛蝗泥蜂一樣。由於對麻醉技術一無所知（其中原委我也不得而知），加上幼蟲自己也不知如何安全地食用一隻體積龐大的蜘蛛，因此細腰蜂為家人準備個體小數量多的野味，亦不失為明智之舉。倉庫狹小並不是影響選擇獵物的主要原因，如果這麼做是有好處的，那麼任何事都不可能阻止這位陶器工修築容量更大的罐子。保存死掉的蜘蛛才是最主要的目的，為了達到這個目的，在短暫的養育期內，這位捕蛛高手只會捕捉小蜘蛛。

還有更妙的呢，如果我打開一些最近封閉的蜂房，我總能找到卵，但卵不是在一堆獵物的最上面（也就是最近捕到的蜘蛛上面），而是在最底下，在最先被儲存的那隻蜘蛛之上。細腰蜂開始供應食物時，我發現牠總是將卵產在蜂房裏所儲備的第一隻蜘蛛身上，從來沒有例外。在重新出發去捕捉更多的蜘蛛以填滿蜂房前，牠總是立刻將卵產在捕到的第一隻蜘蛛身上。泥蜂就是這樣對待已經死掉的雙翅目昆蟲，牠也在捉到的第一隻蟲子上產卵。

但這兩種昆蟲的相似之處僅此而已。隨著幼蟲慢慢長大，泥蜂堅持不懈地每天都帶來一點食物。在只有一層流沙作屏障的洞穴裏，這種方法是完全可行的，泥蜂母親可以輕易地飛進

飛出。而細腰蜂可就沒有如此便利的交通了，一旦泥罐被封了
口，再要進入蜂房就得打破已經乾燥的蓋子，而砸開已乾硬的
泥蓋，就不是這位濕泥巴操作工人能力所及的了；再者，每次
艱難地撬開泥蓋之後，還得把它重新築上，這也是一件辛苦的
工作。

也因此，細腰蜂不採用這種每天餵食的方法，牠盡可能快
速地收集一堆食物。如果野味不充裕，氣候條件又不適合，要
填滿蜂房就須花上好幾天功夫。若天氣好，一切順利，則一個
下午就足夠了。狩獵時間持續多久無關緊要，或長或短都根據
情況而定。將卵產在蜂房最底層，就在儲存的第一隻蜘蛛身
上，是十分明智的，其優點我已在腎形蟋蠃的故事中稱許過。
食物按照捕獲的先後順序一直堆積到蜂房口，最早儲存的放在
最底下，最新鮮的則放最上面。由於獵物腳上長著粗糙的纖
毛，頂住了蜂房內壁，因而不可能發生坍方的情形而導致新鮮
食物與腐敗變質食物相混雜。幼蟲待在這一堆食物底下，專心
地啃著一隻隻蜘蛛，從最老的一直啃到最新鮮的，直到用餐完
畢為止，都能找到還沒來得及分解變質的食物來填飽肚子。

用來產卵的第一隻蜘蛛該有多大，細腰蜂對此並不講究，
捕到什麼樣的都可以。卵呈白色，圓柱形，有點彎曲，長三公
釐，寬略小於一公釐。卵在蜘蛛身上的附著點位置都差不多，

一般是蜘蛛腹部底端，偏向一側。按照狩獵性膜翅目昆蟲的一般慣例，新生幼蟲咬的第一口，就是卵的頭部那端所附著的地方，因此，牠剛開始啃咬的那幾口，都是汁液最豐富、最鮮嫩的部位，也就是蜘蛛那豐腴的肚子。接著咬肉鼓鼓的胸部，最後輪到蜘蛛腳，儘管沒什麼肉，幼蟲也不嫌棄。一切都被吞噬了，從最精美的到最粗劣的，用餐完畢時，整個一堆蜘蛛幾乎就丁點不剩了。這種暴飲暴食的生活，會持續八到十天。

然後幼蟲開始結造蛹室。最初的蛹室是一個純絲的袋子，潔白無瑕，但太嬌弱，難以保護這位隱士。然而，那緯紗注定將變成更精美的布匹，但這布匹不是持續不斷織出來的，而是借助特殊的漆料。這位昆蟲紡織女工織的是光亮的塔夫綢，在肉食性膜翅目昆蟲的紡紗廠裡，紡織女工使用兩種方法來增加絲綢的韌性，牠們一方面在絲織物中嵌入無數沙粒，使蛹室成為一種礦物質外殼，絲在其中的作用好似凝結沙石的水泥，泥蜂、巨唇泥蜂、步蚋蜂、孔夜蜂等就是這樣；另一方面，幼蟲的胃會分泌出一種液狀的生漆，牠將生漆吐入絲織物雛形的網眼中。生漆一滲入緯紗中，絲織物就變硬，成了一個無比精美的漆器。幼蟲隨後將一團又黑又硬、糞球似的東西扔入蛹室底部，這東西是胃中生產生漆的化學作用完成後的殘渣，飛蝗泥蜂、砂泥蜂和土蜂就是如此，牠們會給蛹室的內壁刷上好幾層生漆；方頭泥蜂、節腹泥蜂和大頭泥蜂也是如此，但牠們僅給

嬌弱的蛹室上一層漆。

細腰蜂採用後面這種方法，蛹室完成後就成爲一塊琥珀色的織物，其細膩、色調、透明度以及在手指間搓動發出的聲音，都令人想起洋蔥的外膜。蛹室的長度大於寬度，這與蜂房的容積以及將來成蟲的細長形態相符。從外觀看，蛹室的上端很圓，下端似乎突然被截去了一段，黑色的糞球（即爲生產生漆過程的殘渣），使蛹室變得堅硬、不透明。

當然，孵卵期的長短根據氣溫而有所不同；此外，牠還受其他條件的影響，是什麼條件我尙不能明確指出。有些在七月織成的蛹室，八月就可羽化而出成形的昆蟲，即幼蟲的活躍期過後兩三個星期就出蛹室；有的八月織成的蛹室於九月孵出，另外有些昆蟲無論在夏季哪個時候結造蛹室，總要過了冬季直到來年六月底才羽化。綜合許多生活史記錄，我認爲我能分辨出一年內出生的三代。一年中常會有三個子代出生，但並不絕對如此。六月底出生了第一代，牠們的蛹室是用來過多的；八月出生了第二代，九月則是第三代。只要持續高溫，幼蟲的演變就很快，三、四週便足以使細腰蜂完成一個週期。九月來臨，隨著溫度下降，巢中幼蟲的匆忙活動也停止了，最後一批幼蟲只有等待酷暑的回歸才能變爲成蟲。

第三章

本能的差錯

　　我對細腰蜂的觀察已告一段落，如果人們僅僅以這個觀察員所能提供的資料來進行研究，我得承認，這個觀察員角色是無足輕重的。細腰蜂這種昆蟲經常光臨我們的居所，牠們用泥巴築巢，在裡面儲存蜘蛛作為食物，並為牠自己結起一個蛹室，外表如同洋蔥皮；然而，所有這些細節對我們都沒有多大意義。收藏細腰蜂的人沒什麼好得意或嫉妒的，這些人渴望連翅膀的脈序都記錄下來，以便能稍稍闡明他的系統框架，而思想嚴肅的人只是把細腰蜂看作一種能激起人們幼稚好奇心的動物。是否真的有必要耗費時光、轉瞬即逝的時光，正如蒙田[1]所說的「生命的錦緞」，去收集一些價值平平、用處又極有爭議的事實呢？花這麼多時間去了解一隻昆蟲的行為，難道不孩

----

[1] 蒙田：法國啟蒙時期的偉大作家，著有《隨筆錄》。——譯注

子氣嗎？有太多更嚴肅的問題壓得我們喘不過氣來，根本沒有閒暇玩這種遊戲；歲月的坎坷經歷讓我們如是說。所以，在我結束研究時，我要總結一下，我是否從紛繁複雜的觀察中窺見了些許光明，澄清了最令人困惑不安的問題。

生命是什麼？我們是否有一天可能追溯到它的源頭？我們將來能否在一滴生蛋白中激起生物構造最初的連漪？人類的智慧是什麼？與動物智力的區別又在哪裡？本能是什麼？心理學上的兩種能力傾向是必不可少的嗎？它們是基於一個共同的因素嗎？物種是否按照演化論所謂的家系而彼此互相關聯？它們是否只是一枚枚經過不同鑿子捶打的永恆紀念章，遲早會被世紀的風風雨雨腐蝕殆盡呢？這些問題困擾著所有受過教育的頭腦，而且將來也會如此，然而我們為解決這些問題所做的努力都毫無收穫，應將它們扔進神秘不可知的虛幻之境中。而今天演化論竟憑著異乎尋常的膽量，試圖解答一切問題，但上千個理論觀點都抵不過一個事實：要讓那些擺脫了傳統思維模式的思想家們能夠信任演化論，還早得很呢。對此類問題，無論科學的解決方法是否可能做到，都需要一大堆很詳實的資料。在這方面，昆蟲學可以提供一些有一定價值的資料，儘管這個領域很冷僻，而這就是我進行觀察，尤其是進行實驗的原因。

觀察，這已經是件挺累人的事了，但這樣做並不夠，還必

須做實驗，也就是要親自介入，創造人為條件，迫使昆蟲向我們揭示在正常情況下緘默不語的事情。為了達到所追求的結果，昆蟲的各種行為巧妙地結合在一起，足以使我們對這些行為的真正意義心服口服，而其行為的連貫性又使我們承認，邏輯的確支配著我們。我們仔細評斷的部分，既不是昆蟲各種能力傾向的本質，也不是牠們的行為的最原始動機，而是我們自己的觀念，這些觀念總是給我們所傾向的看法給予有利的回答。正如我常常提出的看法，僅僅靠觀察常常會引人誤入歧途，因為我們遵循自己的思維模式來詮釋觀察所得的資料。為使真相從中現身，就必須進行實驗，只有實驗才能幫助我們探索昆蟲智力這一深奧的問題。人們曾否認昆蟲學是一門實驗科學；如果昆蟲學僅囿於描寫和分類，這種指摘便可站得住腳，但描寫和分類只是昆蟲學最粗淺的功用，還有更高的目標。就某一個有關生命的問題對昆蟲進行研究時，昆蟲學方面的一系列問題就得靠實驗來解答。在我所從事的平凡的研究領域裡，如果忽略了實驗，我就喪失了最有力的研究手段。透過觀察可以提出問題，那麼透過實驗則可以解決問題，當然問題本身必須是可以解決的。即使實驗不能使我們茅塞頓開，至少可以往混沌一片的雲霧中投射些許光明。

讓我們再回到細腰蜂身上來，是時候對牠進行實驗了。有間蜂房剛完工，捕獵者帶著第一隻蜘蛛突然來到，牠將獵物存

入蜂房裡，並立刻在獵物的肚子上產了一個卵，隨後牠就飛走去做第二次巡獵了。趁牠不在時，我用鑷子將獵物連同卵一起從蜂房裡夾了出來。這隻昆蟲飛回來後，面對這空空的、不見了卵的蜂房會怎麼辦呢？那個卵可是牠練就一身築巢技術和捕獵藝術的唯一目的啊！

如果這隻細腰蜂那可憐的腦袋瓜裡有那麼一點微光，使牠能分辨存在的和不存在的事物，這位失竊者就一定會意識到卵已經不見了。由於卵只有一顆，體積又小，一旦丟失可能不會引起母親的注意；但牠是產在一隻相對較大的蜘蛛身上的，因而當細腰蜂回巢後，往第一隻蜘蛛旁邊放下第二隻時，靠觸覺和視覺一定會發現第一隻獵物不見了。這隻大蜘蛛不見了，卵自然也不見了，假定細腰蜂具備最基本的推理能力，牠應該能肯定這一點。我再一次設問，細腰蜂面對不見了卵的蜂房，會怎麼辦呢？如果牠不再次產卵以彌補上一次的損失，那麼再往這不見了卵的蜂房裡添加食物，就成了無用而愚蠢的行為了。細腰蜂即將做的事，與我們曾見的棚簷石蜂做法一模一樣，但牠的情形不如石蜂那麼令人震驚；牠將犯下的愚蠢錯誤，是白白耗盡氣力。

牠帶來了第二隻蜘蛛，懷著同樣的愉悅和熱情將蜘蛛存入巢中，彷彿什麼令人生氣的事都沒發生過；牠繼續運來第三

隻、第四隻和更多的蜘蛛，而每次趁牠不在時，我就把蜘蛛取出來，以至於每次牠狩獵回來時，巢中都空空如也。細腰蜂想填滿這似無底洞蜂房的執拗熱忱持續了兩天，牠不停地往巢裡儲存食物，而我則不停地掏泥罐，這兩天內，我的耐心也絲毫未減。當牠運來第二十隻蜘蛛時，也許是不斷重複、超乎尋常的遠征使牠覺得累了，於是牠認為籮筐裝得夠滿了，便開始很認眞地把這間空無一物的蜂房封閉起來。

在石蜂分泌出蜜汁，將蜜汁與花粉微粒攪拌成花粉泥的過程中，我曾慢慢掏空蜂房，牠們的反應和細腰蜂一樣不合邏輯。我看見牠將卵產在空空的蜂房裡，然後將蜂房封閉，好像裡面的糧食都還在那裡原封未動。但有一件事令我不安，我的棉花球從蜂房中抽出時碰到蜂房內壁，留下了一點蜜汁，這種氣味會蒙蔽石蜂，掩蓋了食物不見的眞相。石蜂的觸覺不如嗅覺敏銳，因而當嗅覺認定一切正常時，觸覺只有閉嘴的份了。孔迪雅克[2]曾向我們談論那著名的雕塑，唯一能激起其精神活動的，便是一朵玫瑰花的香味。當然昆蟲的智力完全是另一套體系，然而我們可以自問，對石蜂來說，蜜的氣味是否不至於左右其感受能力？無論如何，這種在食物被奪走的空巢裡產卵的行為是說得通的，因為蜂房內充滿了食物的氣味，這也是促

---

② 孔迪雅克：1715～1780年，法國十八世紀詩人、哲學家。——譯注

使牠將蜂房小心謹慎地密封起來的原因，雖然幼蟲一定會餓死其中。

　　爲了避免這些不理智的反駁，也可說是陷入絕境的唱反調者的最後一線希望所在，我渴望能找到比石蜂的荒唐行爲更有說服力的證據。這種更有力的證據，細腰蜂剛剛便給了我們啊！在牠的蜂房裡，被偷走的食物除了留下有氣味的汁液外，沒有任何殘渣能對細腰蜂母親隱瞞食物不見的眞相。我用鑷子從蜂房深處夾出的蜘蛛，不會留下任何短暫逗留的痕跡，而和第一隻蜘蛛一同被取出的卵，也不會留下任何痕跡；只要這昆蟲有一點警覺，就一定會發現蜂房已被洗劫一空了。然而這種說法毫無用處，任何事都改變不了牠慣常的行爲模式。接連兩天，二十多隻蜘蛛被先後送入蜂房，又先後被我取走；細腰蜂仍繼續固執地捕獵蜘蛛，爲了一個從一開始就失蹤的卵；最後，蜂巢的大門被謹慎地堵死了，這種小心翼翼的風格，與正常情況下的表現並無二致。

　　在研究這些怪異行爲所導致的後果前，讓我們先來看一個更驚人的實驗，實驗仍以細腰蜂爲實驗對象。我曾說過，在這昆蟲築完一大堆蜂巢之後，牠們是如何用粗糙的泥巴塗抹蜂巢外壁，而在這層泥巴外殼下，陶器的雅致都消失殆盡。我曾偶然見到一隻細腰蜂正往剛完工的蜂巢外壁抹泥團，蜂巢被安在

一堵塗了白石灰泥的牆上，我起了將牠攆走的念頭，隱約希望能有新發現。我的確有新發現，而且是非常有價值的發現，我發現了比我能預見的還要荒謬的事。先說那個巢吧。我把巢從牆上摳下來裝入袋裡，牆上就只剩薄薄一層殘破的網，標示出一團泥巴的輪廓，除了這輪廓中有幾塊零星的泥巴外，牆面又恢復了灰泥塗層的白色，與蜂巢表面的灰白色很不相同。

細腰蜂唧著黏土回來了，沒有絲毫令我期待的猶豫，牠撲向那已是空無一物的地方，將小泥團往上一貼，略微抹開一點。如果蜂巢仍在，整個動作會按部就班地進行。從工作的熱情和冷靜態度來看，毋庸置疑，牠一定以為牠正在粉飾自己的府邸，然而牠粉飾的其實只是已光禿的支撐物。原來的地方早已變色，平坦的牆面取代了原先泥團凸凹起伏的表面，這些都沒能提醒牠，蜂巢已失蹤了。

難道這是暫時的分心，是由於對工作的過分熱情而導致的粗心大意？那麼小傢伙一定會回心轉意，意識到自己的錯誤並立即停止做無用的工作吧。但牠不是，我見牠來回飛了三十多次，每一次回來牠都帶回一團泥巴，將泥巴分毫不差地全貼在蜂巢底部留在牆上的那圈泥印內；牠一點也不記得蜂巢的顏色、形狀和立體感，牠的記憶只是驚人地忠實於地形學細節，牠不知道什麼是最主要的部分，卻能牢記次要的東西。從地形

學上來說，蜂巢就在那裡；巢不見了，這是事實，但支撐蜂巢的基礎還在，這似乎已經足夠了。細腰蜂仍不辭辛勞地運來泥巴粉飾蜂巢表面，儘管蜂巢已不在牆上了。

以前我曾十分驚訝於石蜂能牢牢地記住支撐蜂巢的卵石位置，卻對蜂巢本身缺乏認識，當牠的蜂巢被另一個完全不同的東西取代後，牠仍不停地繼續未完成的工作。[3]在判斷錯誤的程度上，細腰蜂表現得更離譜，最後還要給那假想的、只剩原址未變的蜂巢抹上幾刀灰泥。

然而，牠的智力是否比圓頂屋建築師更遲鈍呢？所有昆蟲似乎都沒有偏離一個共同的現象：當實驗者攪亂牠們本能行為的一般步驟時，那些我們認為最具天賦能力的昆蟲，卻顯得和其他昆蟲一樣頭腦遲鈍。如果我想趁合適的時機對石蜂進行同樣的實驗，牠可能會如細腰蜂一樣犯了不合邏輯的錯誤，這位職業粉牆匠一定會像細腰蜂那樣，繼續粉塗那被擄走的蜂巢留在卵石上的基礎。我對過去建立理論的人們賦與昆蟲的理性光芒已喪失了信心，因而我認為，我對石蜂評價不高，並非出自武斷的臆測。

③ 見《法布爾昆蟲記全集1──高明的殺手》第二十二章。──編注

我親眼目睹細腰蜂這位築陶藝術家，分三十次工夫將小泥團一個個運來貼在光禿禿的牆上並抹平，還自認爲是將泥巴抹到蜂巢上呢。看夠這種堅持不懈的努力，我便從這隻總爲一個不存在的東西而忙碌的昆蟲身旁走開了。兩天後，我又來拜訪這塊粉篩過的地方，泥巴塗層看上去和一個築好的蜂巢沒什麼區別。

我曾經提出過這樣一個觀點，即各種昆蟲基本智力的上下限幾乎都一樣。某種昆蟲由於缺乏足夠的應變能力而無法擺脫偶然的困難，那麼其他任何昆蟲同樣也無法擺脫，無論牠是何種性別、種類。爲了使實驗資料更豐富多樣化，我開始用鱗翅目昆蟲做實驗。

大天蠶蛾是我們地區個頭最大的一種蛾。牠的幼蟲身體呈淡黃色，上面鑲有一顆顆青綠色珠狀物，珠子周圍有一圈黑色纖毛。牠結在杏樹根上粗硬的繭，以其精巧的構造早已聲名赫赫。另外，有一種蛾的胃中具有一種奇特的溶解劑，在即將破繭而出時，新生蛾就把這種溶劑吐在繭的內壁使它軟化，並溶解將絲紗膠著在一起的膠體，這樣牠只要用頭一頂，就可以從繭中爬出獲得自由。多虧了這種試劑，這位隱士可以順利地從前端、從後端、從側翼衝破牠的絲牢。即使我用剪刀捅破繭殼，將蛹在殼裡翻個身，然後再將殼縫合，我發現牠也是同樣

用這種方式爬出來。我隨意改變鑽開的地點，但不管鑽孔口在哪裡，牠分泌的液體總能立刻浸潤並軟化內壁；然後，這個幽居者前足竭力掙扎，用額頭使勁頂那堆亂糟糟、已剝蝕的絲紗，便輕易打開了一條出路，如同在正常情況下破繭而出一樣輕鬆自如。

大天蠶蛾沒有這種用溶解劑解縛的本領，牠的胃無法產生能夠在任何一點摧毀那似牢牆般防禦性外殼的腐蝕劑。事實上，如果我將繭剪開，將蛹翻個身再把繭縫合，這隻蛾會因無力自我脫困而在裡面腐爛。改變破繭點會使牠無法解縛，因而要從繭這個真正的保險箱裡爬出來，就必須有一種特殊的方法；這種方法與另外那種蛾的化學方法沒有絲毫關聯。說了這麼一大堆題外話，現在讓我們來談談大天蠶蛾是如何破繭而出的吧。

在繭的前端（錐形的一端，繭的另一端為圓形），絲紗並沒有被黏合在一起，而其他地方的絲紗則被一種膠體黏在一起，變成一層堅硬不透水的羊皮紙。前端的那些絲紗幾乎是筆直、平行的，鬆散的頂尖匯聚成一圈錐形柵欄，其間共同的基礎是一個圓圈，就是從那裡開始，大天蠶蛾突然停止使用黏膠。把這種構造的繭比作捕魚簍十分恰當，魚順著柳條編織的漏斗口就可以自在地遊進魚簍，但一不小心進去後就再也出不

來了，因為只要牠稍作努力想衝破這只魚簍，狹窄的通道就會
將簍口束緊。

　　另一個很類似的比方，是入口處由一束排成錐狀的鐵絲所
構成的捕鼠器。在誘餌的引誘下，老鼠微微一頂，捕鼠器的入
口便張開了，於是牠溜了進去，可是當牠想出來時，原先還如
此溫順的鐵絲就變成一排難以逾越的攔路戟。魚簍和捕鼠器這
兩種器具都讓獵物進得來出不去，而如果反向即由內而外地安
裝錐形柵欄，其作用就完全相反，出去容易進來難。

　　大天蠶蛾的繭便是如此，並且更勝一籌。牠那類似魚簍和
捕鼠器的入口，是由許多相互榫合且越來越扁的錐體組成的，
蛾只須用額頭往前一頂，便可出繭，毫不費力地就使那一排排
沒有膠合在一起的絲紗讓開一條路。一旦這位隱士獲得了自
由，那些絲紗又恢復原來的形狀，從外表根本看不出繭是空的
還是有蛹住在裡面。

　　能輕鬆地爬出繭這還不夠，在蛹變態期間，還需要堅不可
破的隱居所。這間屋子的門可以使裡面的居民自由出去，同樣
也必須使任何居心不良者無法進入。魚簍入口的構造恰好滿足
了大天蠶蛾破繭必不可少的條件，無數收緊起來的絲紗柵欄受
到的擠壓力越大，產生的阻力就越大，對於那些膽敢侵犯大天

蠶蛾住所的蟲子來說，穿越這些絲紗柵欄進入繭中是行不通的；這個機關能像其他一切傑作一樣，將簡便的方法與顯著的成效相結合。雖然我對這個機關的訣竅了解如此透徹，但當我指間捏著一隻已打開的繭，並試圖將一支鉛筆從繭口塞進或抽出時，我還是讚嘆不已。鉛筆從裡往外抽時，一下子就從繭口通過了，而從外往裡戳時，卻被一股不可抗拒的力量攔阻。

我重複敘述這些細節是爲了說明，絲紗柵欄的精巧構造對大天蠶蛾來說有多重要。如果絲線的次序錯亂、亂成一團，且根根桀驁不馴，頂推都無濟於事，那麼這一系列接合在一起的錐形物，就會產生難以克服的阻力，蛾就會腐爛死在裡面，成爲毛毛蟲拙劣技術的犧牲品。如果這些錐體按幾何學結構建成了，但每一束之間的空隙很大而數量又不夠多，隱居所就會暴露在外界的種種危險之下，繭中的蛹就會成爲某個入侵者的食物，許多蟲子都在尋覓昏睡著的毛毛蟲這種較易捕獲的獵物。因此對於毛毛蟲而言，建造一個有雙重效用的出口，是一件非常重要的事情。爲此，牠必須付出牠所具有的全部洞察力、智慧和應變能力，牠必須展示牠最出色的才能。讓我們隨牠一起進入牠的工作吧，我們將對牠進行實驗，這樣我們會發現牠身上的特別之處。

繭殼和出口的建造是同步進行的。當毛毛蟲織完內壁上某

一點後，就必須轉身，用沒有斷掉的絲線，繼續織那束匯聚起來的柵欄。牠將頭直伸至已粗略完成的漏斗底部，然後將頭縮回來，一股絲便成了兩股，就這樣牠的頭不斷伸縮，便產生了一根雙股細絲，細絲彼此間並不相連。這道功夫所花的時間並不長，在織完一排柵欄以後，毛毛蟲又重新開始織繭，過一會兒牠再次放下這活兒去織那漏斗；就這樣不斷地循環往返，一旦應該讓絲紗鬆散時，牠便中斷分泌膠體，而為了得到牢固的織物而將絲紗黏合在一起時，牠便分泌大量膠質。

大家已看到了，漏斗的出現並不是連續施工、一氣呵成的，漏斗隨著繭殼的織造慢慢地成形，整個進程是間歇性的。從織繭開始到結束這段時間裡，只要儲絲罐尚未耗竭，牠就會一層又一層地往漏斗上加絲，但並不忽略繭的其餘部分。這一層一層絲紗就形成了一些互相接合且角度越來越渾圓的錐體，以至於最後織成的部分越來越扁，幾乎變成了平面。

假如沒有什麼事情來打擾這位織繭工，工作應會完美地進行；一門了解事物為何如此進行的明智技藝，是不會放棄這種完美的。那麼，毛毛蟲會不會了解（哪怕只是稍稍了解）牠作品的重要性，以及相疊的錐形柵欄將來的作用呢？這就是我們將要研究的問題。

　　我用剪刀剪去錐體一端，此時那位紡織工正在另一端忙碌呢，於是繭便開了洞。毛毛蟲連忙掉轉身來，牠將頭探入我剛剪開的缺口中，似乎在探察外面的世界，打聽發生了什麼意外事故。我等著看牠修補破損處，重新圓滿地織起被我用剪刀剪壞的錐體。牠確實在那裡工作了一陣子，豎起一排內收的絲紗，然後便不再關心這場災禍，把吐絲器用於別處，繼續將繭殼增厚。

　　建築在缺口之上的錐體，細紗的間隔很疏鬆，此外錐體很扁，突起部分與錐體最初的幅度大不相同，這不得不讓我心頭湧起大大的疑問。最後，我認為修補的部分只是繼續施工的結果，這條被我不懷好意地用來實驗的毛毛蟲並沒有改變工作步驟，儘管危險迫在眉睫，但牠就像沒有挨過我一刀一般，繼續織著一層本該嵌入前面那些細紗中的細紗。

　　我聽任牠這樣工作了一會兒，當繭口重新又變得堅實時，我第二次將之截斷。這隻毛毛蟲對此毫無覺察，牠繼續織著角度更鈍的錐體，也就是說牠在繼續習慣性的工作，根本沒有試圖徹底修復繭，儘管現實迫切需要牠這麼做。假使牠儲存的絲快吐完了，而牠又盡全力用僅剩的一丁點材料修補牠的繭，我會很同情這位受試者的不幸。然而，我卻看見這隻毛毛蟲還在傻傻地往已經夠結實的繭殼上慷慨吐絲，卻對封口處用絲極其

節儉、吝嗇。封口受到忽略，等於是拱手將居住其中的居民送給任何一個來訪的賊。絲並不缺乏，這位紡織女郎將絲一層一層地吐在沒有遭到破壞的地方，牠用於缺口上的絲紗用量與正常情況下一樣。這並不是因為缺絲、不得不節省，而是對慣常做法的盲目堅持。面對這種極度的愚蠢，我由同情轉為驚愕，這種愚蠢使毛毛蟲在還來得及修補破房子時，仍把精力花在給一棟今後無法居住的房子添加多餘的裝飾物。

我再次將繭切斷。當牠該繼續完成一系列接合在一起的錐體時，毛毛蟲在缺口處豎滿了聚成圓盤形的纖毛，如同繭口沒有遭到破壞時的最後幾層一樣；這種外形表明繭即將織完。又過了一會兒，繭被加固了，然後毛毛蟲稍事休息，便在這間防禦工事薄弱、不堪一擊的宅邸裡開始變態。

總之，這條毛毛蟲對殘缺柵欄的危險性一無所知，每次繭被截斷後，牠都從事故發生前停止工作的地方繼續做下去，既沒有徹底修繕損壞的繭口（儘管牠仍有相當充足的儲備絲量允許牠這樣做），而牠也沒有在缺口重織一個表面突起、多層次的錐體，用以代替我用剪刀截走的部分。牠所做的只是在那裡織起了一些漸次降低的纖毛層，這個纖毛層是已缺失的纖毛層的延續，而不是重新修築。修築柵欄的工作，在外人看來是極為重要的，卻似乎沒有引起毛毛蟲夠多的關注，因為牠總是不

斷交替地織著繭口和繭殼，儘管後者遠不如前者緊迫。一切都按常規進行，就好像沒有遭受劫掠一樣。結論是，毛毛蟲沒有重新做已完成卻隨即被毀壞的工作，牠只是繼續手中的工作。工程的初始部分消失了，這不要緊，牠接著原來的工作往下做，對原計畫方案不予修改。

　　如果我的論據必須充足明白，我可以毫不費力地舉一大堆其他相似的例子，來說明昆蟲的頭腦根本不存在理性的辨別力，即使工作成果要達到如此的高度完善性，似乎應該賦予工作者某些洞察力。我們暫且談談我剛剛舉過的三個例子吧。細腰蜂不停地為一個被擄走的卵儲存蜘蛛，堅持進行已失去目的性的捕獵，牠聚集的糧食毫無用處，但為了填滿那個儲存食物的罐子，牠無數次地拍擊樹林趕出獵物，而那個食品罐才剛被我用鑷子劫掠。最後，牠像往常一樣小心翼翼地將蜂巢封好，但蜂巢裡卻什麼都沒有了：牠給虛無打上封條。還有更荒唐的呢，蜂巢失蹤了，但是牠仍往原址塗抹灰泥層，為一個假想的庇護所而忙碌，還以為是給被我掏空底部的房屋蓋上屋頂呢！與牠相比，大天蠶蛾的幼蟲不顧未來無法變成蛾的危險，繼續心平氣和地織著，不重新修補被我用剪刀截去的、魚簍似的繭口，還絲毫不改變工作的常規步驟；就快織到最後幾排防禦性纖毛的時候，牠將細絲豎在危險的缺口上，卻沒想要將柵欄損毀的部分重新修築一下。牠對必須要做的事情漠不關心，只顧

做著無用的工作。

　　從這些事實能得出什麼結論？為了我的蟲子的面子著想，我願意相信牠們的頭腦中或許有某種不專心的成分，某種不傷害其洞察力的粗心大意，希望將牠們的錯誤判斷看作是單獨、例外的行為，與明智的整體無關。哎！當我試圖為這些蟲子恢復名譽時，最具說服力的事實卻迫使我緘口。所有的昆蟲，無論是哪一種，被用於實驗時，都會在受到擾亂的工作步驟中，犯下一些相似的、荒謬的錯誤。受到事實不可動搖的邏輯所限制，我只能如實地歸納我從觀察中得出的結論。

　　昆蟲在築巢時既非自由自在，亦非有意識的行為，對牠而言，外在功能的各階段，是跟內在功能相同的各階段用同樣的精確度來調節的，比如說消化的各階段。昆蟲築巢、織網、捕獵、螫刺獵物、使其癱瘓，就和牠消化食物、自武器分泌毒液、織造蛹室用的絲和築巢用的蠟一樣，對自己所使用的方法和最終的目的，不曾有過絲毫的了解。如同牠的胃不知道胃中所蘊含的化學物質是什麼，牠對自己的出色本領也一無所知。牠不能往上添加些什麼或削減些什麼，就如牠無法主宰自己的背部脈管、不能增加或減少脈搏一樣。

　　意外事故的考驗對昆蟲不起作用。如果現在正按部就班地

依照某種規律做牠的工作，而遇到突發事件必須改變原工作步驟時，牠卻依然我行我素。牠不懂吸取經驗教訓，時間不會使牠暗沈的意識變得開朗。牠的藝術性，從專業角度來看真是無懈可擊，但是稍微有一點新的困難，就顯得荒誕不經；但這種藝術卻恆久不變地代代相傳，就如哺乳期嬰兒的吸吮藝術一樣。期望昆蟲改變其藝術的基本原則，等於指望嬰兒改變吮乳的方式。這兩者對自己所做的事都一樣無知，爲了保護自己的種族，他們堅持使用必需的方法，這恰恰是因爲他們的無知阻止了任何嘗試的進行。

因而昆蟲缺乏思索、回憶、追溯歷史的能力，沒有這種能力，接下來發生的一切就會失去全部價值。在工作的各個階段，一切已完成的行爲只是因爲「已經完成」才具有價值；昆蟲再也不會重複某一已完成的行爲，即使某種意外要求牠這麼做。該做的牠仍接著往下做，但前面做好了卻已丟失的部分，牠根本不會關心。一股盲目的衝勁促使牠從一種行爲投入到第二種行爲，從第二種又投入到第三種，直至工作全部完成；即使是意外或是非常迫切的情況迫使牠必須改變做法，牠還是不可能再重複已結束的步驟。整個行動結束了，這位不具任何邏輯概念的工作者，認爲自己的工作很合邏輯地做完了。

刺激昆蟲去工作的誘餌是快感，這是牠們的第一動力。母

親對幼蟲的將來沒有絲毫預見，牠並非有意識地爲了養育子女
而去築巢、打獵和儲存食物。關於工作的真正目的，牠是無法
看見的，次要而具刺激性的目標，即體驗快感，才是牠唯一的
嚮導。當細腰蜂將在蜂房裡塞滿蜘蛛時，牠感受到強烈的滿足
感；當卵被從蜂房中攫走、所有食物都變得毫無用處時，牠仍
以一種百折不撓的熱情繼續狩獵。牠興高采烈地用泥巴塗抹蜂
巢的外壁，而其實蜂巢早已從牆上被摘走時，牠仍繼續塗抹原
址，絲毫不懷疑這樣做是在白費氣力。其他昆蟲也是如此，要
指責牠們的差錯，就應該像達爾文希望的那樣，假設牠們的頭
腦中有些許理性；但如果牠們不具備任何理性，對牠們的指責
就站不住腳，牠們的這種反常行爲，是「無意識」偏離正軌的
必然結果。

第四章

燕子和麻雀

　　細腰蜂向我們提出第二個問題。牠經常光臨我們的寓所，在其中尋求溫暖。牠們的蜂巢並不堅固，會滲水，會被雨水淋壞，稍微持續一段時間的濕氣就會使之徹底坍塌，因而一個乾燥的庇護所對牠來說是必不可少的。要選擇這個庇護所，任何地方都比不上我們人類的居所。此外，細腰蜂怕冷的習性也要求一個暖烘烘的藏身之處。也許牠是一個向未適應溫帶氣候的外來者，一個來自非洲的移民，從椰棗的國度來到橄欖的國度，發現後者的陽光不夠充足，於是便借助爐膛內的高溫來替代牠的族類所喜愛的熱帶氣候。這或許能說明，細腰蜂的習性為何與其他狩獵性膜翅目昆蟲如此不同，其他這些昆蟲大都避開與人過於接近的區域。

　　但是，在細腰蜂成為我們居所的客人之前，還經歷了哪些

階段呢？在人類修築的房屋出現之前，牠住在哪裡呢？在壁爐出現以前，牠的卵在哪裡孵化呢？附近山區裡遍布著塞西尼翁地區的古代加那克人①曾經居住過的遺跡，當他們還處於打磨燧石當作武器、剝下羊皮製作衣服、搭起樹枝和泥巴構成的茅屋以棲身的時代，細腰蜂就已經光臨他們的小茅屋了嗎？牠會把巢築在一只半焙燒的、用拇指捏出來的黑土大圓肚罈子裡，並透過選擇比較，教育後代尋找農家壁爐上的乾葫蘆築巢嗎？牠敢將巢築在桌布的皺褶裡、懸掛在鹿角側枝（古老的衣帽架）上的狼皮和熊皮裡，並試圖就這樣步步為營，直至以後占據窗簾和工人的罩衫嗎？在選擇蜂巢支撐物時，牠是不是更喜歡茅屋中央由四塊石頭砌成的錐形煙囪口，裡頭枝椏交錯混合著黏土的內壁呢？這種煙囪當然不如我們現在的煙囪，但在緊要關頭還是很派得上用場的。

　　從這些艱苦的開端到現在，如果我居住地區的細腰蜂，真的與原始加那克人同代，那麼牠的築巢方式該有多大的進步啊！文明也給牠帶來了很多益處，知道怎樣利用人類越來越安逸、舒適的生活為自己謀取福利。房屋有了屋頂、托樑和天花板，爐膛有了側壁和煙囪，這怕冷的傢伙自言自語道：「這裡

---

① 古代加那克人：指主要居住在拉尼西亞（太平洋島群，法屬海外領地）的民族。——譯注

多好啊！我們就在這裡搭起帳篷吧！」儘管這些地方對牠而言是全新的，牠還是迫不及待地占據了。

　　讓我們再回頭看更久以前吧。在小茅屋、洞穴隱身處，以及「人」這個最後一個來到世界舞臺上的動物出現以前，細腰蜂在哪裡築巢呢？我們很快就會發現，這個問題並非沒有意義，而且這也不是一個單獨的問題。在窗戶和煙囪出現以前，燕子在哪裡築巢呢？在瓦屋頂和有窟窿的牆壁出現以前，麻雀會為牠的家人選擇怎樣的棲身處呢？

　　「就這樣孤獨地在屋中度過」，大衛王②已這樣說過了。從大衛王的時代起，每逢盛夏酷暑，麻雀就躲在屋簷瓦片下，悲戚地嘰嘰喳喳，就像牠現在一樣。那時的建築與我們今日沒有多大區別，至少對麻雀來講都一樣舒適；牠很早就以瓦片為藏身處了。但是當巴勒斯坦只有駱駝毛織成的帳篷時，麻雀又選擇何處棲身呢？

　　維吉爾對我們談起了善良的艾萬德③，他在兩隻高大的牧

---

② 大衛王：西元前1010～前970年，希伯來人的第二位國王，傳說是《聖經》中部分詩篇的作者。──譯注
③ 艾萬德是古羅馬傳說中的英雄，是眾神使者墨丘利和一個山林仙女之子，維吉爾在《埃涅阿斯記》中將其寫成埃涅阿斯的盟友。──譯注

羊犬作爲嚮導的帶領下，來到他的主人埃涅阿斯④身旁。維吉爾指著一清早就被鳥兒歌聲喚醒的艾萬德給我們看：

> 艾萬德在陋室中，亮光驚醒了友好的
> 報曉的鳥兒，牠們盡情地歌唱。

這些從曙光初現時就在拉丁姆⑤老國王屋簷下啁啾鳴叫的鳥是什麼樣的呢？我只見到兩種：燕子和麻雀。兩者都是我的隱居所的鬧鐘，跟農神時代一樣準確。艾萬德的宮殿沒有絲毫奢華的地方，詩人並沒有隱瞞這一點。「這是一間陋室」，他說。另外，家具也說明了建築的狀況，人們用一張小熊皮和一堆葉子給一位顯赫的客人做床。

> ……提供埃涅阿斯一張鋪有利比亞熊皮的樹葉睡床。

所以艾萬德的羅浮宮是一間比其他茅屋稍大一點的陋室，也許是用樹幹疊起的，也許是用蘆竹和黏土製成的柴泥砌成的，在這間鄉村宮殿上覆蓋一個茅草屋頂是最適當的了。無論居住條件有多原始，燕子和麻雀總在那裡，至少詩人肯定這一

---

④ 埃涅阿斯：古羅馬起源傳說中的特洛伊王子，古羅馬的締造者的祖先。維吉爾
　長篇史詩《埃涅阿斯記》以此為本。——譯注
⑤ 拉丁姆：義大利中部地區，在第勒尼安海邊。——譯注

點。但在以人類居所作爲棲身處之前，牠們住在哪裡呢？

　　麻雀、燕子、細腰蜂和其他許多動物，築巢時不可能依賴人類的建築工藝，每一種動物都應具備一門至關重要的建築技藝，使牠可以用最好的方法使用可支配的場地。若有更好的條件出現，牠便會加以利用，但若條件很差，則仍舊使用古老的方法，雖然古法施行起來很艱難，但至少總是可行的。

　　麻雀將第一個告訴我們，在還沒有牆壁和屋頂時，牠的築巢技藝是什麼樣子的。樹洞，由於高高在上可以避開那些不識趣的傢伙，由於洞口狹窄使雨不至於打進來，且洞窟又足夠寬敞，因而對麻雀來說，即使附近到處都是老牆和屋頂，樹洞仍是牠最中意的最佳住所。村中掏鳥窩的小孩子都知道這一點，他們總是大肆去掏這樣的鳥窩。因此，在利用艾萬德的陋室和大衛建築在錫安山⑥岩石上的城堡之前，中空的樹幹是麻雀的第一府邸。

　　更絕的是麻雀用於築巢的材料。對於牠那張奇形怪狀的床墊，一堆雜亂無章的羽毛、絨毛、破棉絮、麥稈和其他亂七八糟的東西，一個固定而平展的支撐物似乎是必不可少的。但麻

⑥ 錫安山：耶路撒冷的一座山丘名，通常用來代指耶路撒冷。——譯注

雀對這些困難嗤之以鼻，三不五時地，由於一些令我費解的原因，牠會想出一個大膽的方案：牠打算在樹梢上，僅以三四根小枝椏作為支撐來築巢。這個笨拙的織毯工希望擁有一個懸在半空、搖搖擺擺的窩，這可是精通編織技藝的整經工、篾匠[7]和織布工的絕活。可是牠終於還是成功了。

牠在幾根枝椏的樹杈間，積聚了牠能在民居周圍找到的所有可以用於築巢的東西：碎布頭、碎紙片、線頭、羊毛絮、一小段一小段的麥稈和乾草、禾本科植物的枯葉、紡紗桿上落下的卷麻或卷羊皮、在野外曝曬了很久的狹長樹皮、果皮等。用收集到的這些五花八門、彼此混雜的東西，牠終於做成了一只大大的空心球狀物，側面有一個窄窄的出口。麻雀的窩體積極其龐大，因為這圓頂形的窩頂必須有足夠的厚度以抵禦瓦片阻擋不住的雨水。牠的窩布置得很粗糙，沒有任何藝術性，但是畢竟相當結實，經得住一季的風吹雨淋。如果找不到一棵有樹洞的樹，麻雀就得這樣從頭做起。現在，這種原始的藝術，無論在材料還是時間上都代價太高，已很少採用了。

兩棵高大的法國梧桐的濃蔭遮蔽了我的住宅，樹枝觸及屋頂。整個美麗的夏季，麻雀都在那裡繁衍生息。牠們數量之

---

[7] 篾匠：用竹子劈成的薄片來製作用品的工匠。——編注

多，令我的櫻桃樹不堪重荷。梧桐交互掩映的青枝綠葉是麻雀飛出巢的第一站，小麻雀在能夠飛行覓食前，都待在那裡嘰嘰喳喳叫個不停；一群群吃得腦滿腸肥的麻雀從田間飛回來，在那裡歇息；成年麻雀在那裡聚頭，看顧家中剛離巢的小雀，牠們一邊訓誡不謹慎的孩子，一邊鼓勵膽小的孩子；麻雀夫婦們在那裡拌嘴，還有些在那裡議論白天發生的事情。從早到晚，牠們就在梧桐樹和屋頂間不停地飛來飛去。然而，儘管牠們這樣不辭辛勞地飛來飛去，十二年間我卻只見過一次麻雀將巢築在樹枝間。有一對麻雀夫婦決定在一棵梧桐樹上築空中鳥巢，但牠們似乎對這個成果並不滿意，因為第二年牠們就沒有在那裡重修新窩，從此我再沒有親眼見過哪隻麻雀將大大的球狀巢安在哪處樹梢、隨風搖晃了。瓦屋頂提供的庇護所既穩固又省力，自然深受雀的偏愛。

我們現在對麻雀最原始的藝術已有了充分的了解。接下來燕子會告訴我們什麼呢？有兩種燕子經常光臨人們的居所：窗燕（城裡的燕子）和煙囪燕（鄉下的燕子）。這兩個名字都取得很糟，無論是學者的術語還是粗俗的口語都一樣。使用形容詞「窗」和「煙囪」，把第一種燕子形容成一個城裡人，而將第二種形容成一個村姑；其實這兩個名字大可以互換，因為無論住在城裡還是鄉村，對牠們來說根本都一樣。限定於「窗」和「煙囪」的精確性非但很少有事實可證明，相反的總是被事

實所駁斥。為了使我的散文更明晰（明晰是散文受到讀者接受的必要條件），並且為了符合我所在地區的這兩種燕子的習性，我將第一種稱為「牆燕」，而將第二種稱為「家燕」。窩的外形是這兩種燕子之間最明顯的區別，牆燕將巢塑成球形，只留一個容燕子勉強通過的小圓孔，而家燕則將巢塑成一隻敞開的口杯。

至於築巢地點，牆燕不像家燕那樣和人親近，從不選擇人們居所的內部。牠們喜歡在戶外築巢，支撐物很高，遠離不識趣的傢伙，但同時一個能遮雨的庇護所對牠又是必不可少的，因為牠的泥巢幾乎跟細腰蜂的巢一樣怕濕，因此牠更喜歡安身在屋簷下和建築物突起的牆飾底下。每年春天，燕子都會來拜訪我，牠們喜歡我的屋子，屋簷向前伸出有幾排磚那麼寬，就像這裡的人們給屋子搭的涼棚一樣，也就是說，屋頂拱曲成半圓形。於是屋簷下便有了一長串排成半圓形的燕窩，上面的磚石為牠們擋住了雨水，朝南的一面又可以接受陽光的溫暖；在所有這些如此整潔、安全又與燕窩形狀相符的隱居所中，燕子唯一的尷尬便是不知選哪一個好。那裡有很多燕子，為數之多，總有一天那裡會成為燕子的殖民地。

除了這種地方以外，我沒見過村裡其他地方被燕子認可為合適的築窩點，除了教堂這座唯一有文物氣派的建築物牆飾底

下。總之，戶外一堵可以擋雨的牆，就是燕子對人類建築物的全部要求。

陡直的峭壁是天然的牆，如果燕子發現峭壁上有一些凌空突出好似擋雨屋簷的突出部分，牠一定會將之選作築巢點，因為這和人們的屋簷沒什麼兩樣。其實，鳥類學家知道，在深山密林、人煙稀少的地方，牆燕會在峭壁的岩石上築巢，只要牠的球形泥巢能在庇護物下保持乾燥。

在我家附近矗立著吉貢達山脈，這是我所見過最奇怪的地理形態，長長的山脈陡然傾斜，連在高處駐足都不可能，能夠登上的那面山坡也得攀援而上。在其中一座陡峭的懸崖下，有一片巨大的裸露岩石平臺，好像泰坦人的城牆，而平臺上是鋸齒狀的陡直山脊。當地人將這獨眼巨人的城牆稱為「花邊」。一天我在這巨石底部採集植物，突然我的視線被裸露石壁前一大群在此繁衍的鳥吸引住了。我一眼就認出了牆燕：牠靜默的飛翔、白色的腹部和附在岩石上的球形燕窩，足使我認出牠來。這一次，我終於從書本以外的地方了解到，如果沒有建築物的牆飾和屋簷可供選擇，這種燕子會將巢築在筆直的岩石壁上。所以在人類建築產生前，牠就開始築巢了。

關於第二種燕子，問題更棘手。家燕比牆燕更信賴熱情好

客的人類，而且可能更懼怕寒冷，因此牠們總是盡可能將巢安頓在人們的居所內。在緊急時刻，窗洞裡、陽臺底下都行，不過牠們更喜歡庫房、穀倉、馬廄和棄置的房間。與人同居一室共同生活，是牠已熟悉、習慣的，牠與細腰蜂一樣毫不懼怕住在人類的地盤裡。牠在農莊的廚房裡安家，在被農家的煙灰燻黑的托樑上築巢，甚至比那種製陶家昆蟲更富有冒險精神，牠們將客廳、儲藏室、臥室和一切像樣的、容許牠來去自由的房間，都變成了自己的家。

每年春天，我都得提防家燕在我家大肆搶占地盤。我很識趣地將庫房、地下室的門廊、狗窩、柴房和其他零散的小空間都讓給牠們，但牠們野心勃勃，對此並不滿足，還要進入我的書房。有一次牠想將巢築在窗簾的金屬桿上，另一次是在打開的窗扇邊上。在牠為築巢鋪上第一塊草墊的時候，我就把牠的巢給掀開，底部朝天，試圖藉此讓牠明白，將巢築在活動的窗扇上是多麼危險，窗扇經常開開關關的，很可能會輾壞牠的小窩，輾死窩中的雛燕，而且窗簾會被牠的泥窩和雛燕的屎尿弄得骯髒不堪。然而我是白費心機，根本無法說服牠；為了中止牠固執的工作，我不得不一直關著窗子。如果窗子開得太早，牠又會銜著泥飛回來重新築巢。

從這次經歷中我才明白，家燕如此強烈地要求我殷勤好

客，會讓我付出怎樣的代價。假如我在桌上攤著一本貴重書籍，或一張早晨剛畫好、墨汁未乾的蘑菇素描，牠一定會在飛過時落下一團泥巴、一灘鳥屎。這些小小的慘劇使我變得疑慮重重，對這位令人厭煩的來訪者，我必須處處小心提防。

我僅有一次沒能堅持抵擋牠的誘惑。那回燕窩安在牆與天花板間的一個角落裡，就在天花板的石膏線腳上。燕窩底下是大理石托架，我通常在上面放一些我要查閱的書籍。由於預料到可能會發生的事，我便將小書架挪到別處去了。直到雛燕孵出，一切都很順利，但雛燕一出殼，事情就全變了樣。食物在牠們無底洞似的肚子裡穿腸而過，一會兒就被消化、分解了。這六個新生兒漸漸變得令人難以忍受，牠們一刻不停地在那裡「撲啦、撲啦」，鳥糞像雨點般灑落在托架上，啊！假如我可憐的書籍還在那裡的話，該怎麼辦呢！儘管我用掃帚清掃，我的書房還是充滿了鳥屎味。再者，這是一種怎樣的奴役啊！這間屋子晚上通常都關著，公燕便睡在外面，而當雛燕漸漸長大時，母燕也睡到了戶外。於是，天剛朦朦亮時牠們便等在窗口了，對玻璃的阻隔懊惱不已。為了給這對悲傷的父母開門，我不得不匆忙起身，由於困倦，眼皮還沈沈的呢。不，我再也不會受牠們的誘惑了，我再也不會允許燕子在一間晚上得關閉的屋子裡棲息，更不會讓牠們進入那間書房。正是我的過分仁慈，招致了那些發生在書房裡的不幸事件。

　　大家都看到了，這種窩呈半口杯形的燕子完全稱得上是
「豢養的」，也就是說，牠居住在我們的房屋內部。從這方面來
看，家燕在鳥類中的地位，就如細腰蜂在昆蟲中的地位一般。
於是，關於麻雀和牆燕的問題又再次出現：在人類的屋宇出現
以前，牠們居住在哪裡呢？就我而言，除了以我的住宅作為庇
護，我從未見過牠們在別處築巢。我查閱過有關書籍，但作者
在這方面的知識似乎並不比我多多少，根本沒人提及中世紀領
主的小城堡，除了平民百姓的居所外，不知道燕子是否曾在這
些小城堡中棲身過。難道是因為牠與人群相處時間太久，且在
其中找到了安逸與舒適，而使人們將這種鳥的古老習性忘得一
乾二淨了嗎？

　　我很難相信這一點，動物對古老的習性並不健忘，在必要
時牠們會回憶起這些習性。現在某些地方仍有燕子不依賴人類
而獨立生活，就像牠們在最原始的時代一樣。如果觀察方法無
法得知燕子選擇的棲息地，那我們期望用類比的方式也許能彌
補觀察的不足。對家燕來說，我們的居所到底意味著什麼呢？
意味著可以抵禦惡劣天氣的庇護所，尤其是抵擋對其半圓形泥
巢構成極大威脅的雨水。天然的岩洞、洞穴以及岩石崩塌形成
的坑窪都可以當作庇護所，也許髒了點，但畢竟是可以接受
的。毋庸置疑的，當人類居所還未出現時，牠們就是在那裡築
巢的。與猛獁象和馴鹿生存在同一年代的人類，也和牠們分享

岩石下的穴居，兩者的親密關係便在那時形成了。然後，慢慢
地，茅屋取代了洞穴，簡陋的小屋取代了茅屋，到最後，陋室
爲房屋所取代；鳥的築巢點也逐步升級換代，最後牠跟著人類
搬進了他們無比舒適的家中。

　　讓我們結束有關鳥類習性這一離題話，回到細腰蜂上來
吧！我們運用收集到的有關資料，對細腰蜂加以分析。我們認
爲，每一種在人類居所中築巢的動物，剛開始時一定都曾經在
人類房屋還很少見的條件下築過巢，以後一旦遇到這種情況，
也還會施展牠們的技藝；牆燕和麻雀已經提供了很好的證據，
而家燕對自己的秘密保守得很嚴，只提供了一些較確實的可能
性。細腰蜂則和家燕一樣固執，始終拒絕透露其古老的習性。
對我來說，細腰蜂的原始居所一直都是個難解的謎。我們的壁
爐內這位充滿熱情的僑民，過去遠離人類時在何處棲身呢？我
認識牠已有三十多年了，而牠的故事總是以問號結尾。在我們
的居所以外，找不到一點細腰蜂窩的痕跡。我使用了類比的方
法，這種方法會給家燕的問題一個大概的答案；我深入岩洞和
朝陽的岩石下的隱藏處進行研究，但毫無所獲，但我仍堅持進
行我那些無用的觀察研究。終於皇天不負苦心人，在我認爲絕
對可行的情形下，幸運三次駕臨於我，補償我的不懈努力。

　　塞西尼翁地區的古採石場上滿是一堆堆的碎石子，那裡堆

積了幾個世紀來的廢料，這一堆堆石子便成了田鼠的庇護所，牠們在乾草墊上嚼著從附近一帶蒐羅來的杏仁、橄欖核、橡實這些澱粉類食物，有時還吃些蝸牛換換口味，蝸牛的空殼就堆在石板下。一些膜翅目昆蟲，如壁蜂、黃斑蜂、螺蠃，會在一堆廢棄的蝸牛殼中挑選合適的螺旋形空殼築巢。為了尋找這樣有價值的東西，我每年都要翻遍幾立方公尺的碎石堆。

在做這些事情時，我曾三次遇見細腰蜂的窩，有兩個窩被安置在一堆石子的深處，貼著一堆比兩個拳頭稍大一點的碎石；第三個巢則固定在一塊平坦的大石頭下，就像地面上的一個穹頂。這三個終日在外面受著風吹雨淋的蜂巢，結構與築在人們屋內的蜂巢一樣，築巢的材料仍然是那種具有可塑性的泥巴，防禦設施也只是一層同樣的泥巴，僅此而已。危險的築巢地點，並沒有讓這位建築師對蜂巢進行任何的改善，這個巢與築在壁爐內壁上的巢並沒有什麼兩樣。因此，第一點已經確認了：在我居住的地區，細腰蜂有時會將巢築在石子堆裡和不完全貼地的天然石板下，但很少見。在寄居於人們的住所和壁爐內之前，牠就是如此築巢的。

還有一點尚待討論。我所見到在石子堆底下的那三個蜂巢，境況都很悲慘，它們全都濕漉漉的，軟得像從泥潭裡挖出來一般，已無法再使用了。蜂房都敞開著，從它的色調以及像

洋蔥表皮似的半透明狀便可一眼認出，裡頭的蛹室已如破絮一般，沒有殘餘的幼蟲。我發現這幾個蛹室的時候正值冬天，應該是見得到幼蟲的。這三間房子並不是細腰蜂羽化飛走後留下的飽經滄桑的舊巢，因為出口處的門都還關著，堵得相當嚴密。蜂房側面開了口，缺口很不規則，昆蟲在出殼時，絕不會如此猛烈地將蛹室撬開。它們顯然還是新巢，是當年夏天剛築的巢。

這些蜂巢破敗的原因是它們沒有受到很好的保護。雨水滲進了那一堆堆石子中，而石板下的空氣中則充滿了水氣，如果再下點兒雪，苦難就更深重了。於是這些可憐的蜂巢開始分解、坍塌，使蛹室半露在外。失去了泥盆的保護，幼蟲便成了屠殺弱者的強盜的戰利品，某隻經過那裡的田鼠，也許已吃了這些鮮嫩的幼蟲，飽餐了一頓。

面對這些廢墟，我心頭起了疑惑，細腰蜂的原始技藝在我們這地區可行嗎？若在亂石堆中築巢，這製陶家昆蟲能確保家人的安全嗎？尤其是在冬季？這是相當令人懷疑的。在如此條件下築巢的例子實在罕見，說明細腰蜂母親非常討厭這些地方；我發現的那些蜂巢的破爛景象，也似乎證明了這些地方的危險性。如果不太溫和的氣候使細腰蜂無法成功地運用先祖的技藝，這不就證明了細腰蜂是個外來者，牠們是從一個更炎

熱、更乾燥、沒有可怕的連綿不斷的雨、尤其是沒有雪的國度
遷移來此的僑民嗎？

　　我很樂意想像細腰蜂來自非洲。很久以前，牠飛越西班牙
和義大利逐步來到法國這裡，長滿橄欖樹的地區差不多是牠向
北擴張的界限。這是個入了普羅旺斯籍的非洲客。聽說在非
洲，牠們常把巢築在石頭底下，我想這不會使牠們討厭人類的
居所，只要牠們能在人類居所中找到安寧就可以了。在馬來西
亞，與牠同屬的細腰蜂也經常光臨人類的住宅，牠們與寄居在
我們壁爐內的細腰蜂習性相同，都同樣偏愛飄動的布料和窗
簾。從世界的這一端到那一端，所有的細腰蜂都同樣愛吃蜘
蛛，愛築泥巢，愛躲在人類的屋簷下。假如我在馬來西亞，我
會將石子堆都翻遍，很可能會再發現一個相似點：石板下的原
始築巢法。

第五章
本能與判斷力

　　當細腰蜂用灰泥塗抹牆上被我摘走的蜂巢原址時，當牠堅持往那間蟲卵已失蹤的蜂房裡填塞蜘蛛時，當牠照例將一間被我用鑷子偷走了卵和所有食物的蜂房封閉時，我們便粗略地了解牠的智力狀況。對石蜂、大天蠶蛾的幼蟲和許多其他昆蟲進行類似的實驗，牠們都會犯同樣不合邏輯的錯誤。牠們按照正常情況下的既定順序完成一系列的築巢行為，即使這些行為由於一次意外而變得毫無用處。這真像一臺水車，一旦發動，就無法中斷自身的旋轉，即使沒有穀粒可磨，仍堅持完成一項無謂的工作。我們能把昆蟲比作機器嗎？這種愚蠢的看法我可不能苟同。

　　在相互牴觸的事實所形成疏鬆流動的泥沙地上，簡直是寸步難行，每一步都有可能陷於各種闡釋的泥沼之中。然而事實

之聲是如此響亮，以至於我毫不猶豫地按照我的理解來解釋表象。昆蟲的心理中，有兩個截然不同的範疇需加以區別，一個是就本義而言的本能，即一種無意識的衝動，引導昆蟲築出最絕妙的窩；就這方面來說，光靠經驗和模仿絕對不可能做到這麼好，是本能強行施加不可變更的法則在牠身上。就是這個本能，也只有本能才能使雌蟲為不認識的後代築巢、儲存食物；是本能來引導昆蟲將螫針刺入獵物的神經中樞，使牠們癱瘓，以便好好儲存這些食物；最後，本能還唆使昆蟲進行那許多既不憑理智、遠見，也不憑經驗的行為，因為如果昆蟲是憑判斷力而行動，牠的行為就應有理智、遠見和經驗參與其中。

這種本能從一開始就是完美的，否則就不可能傳宗接代。時間既不會在這種本能中增加任何東西，也不會削減任何事。對於某一特定的物種，牠過去是什麼樣子，現在和將來仍是這個樣子，這也許是動物所有特徵中最固定的特徵。在實踐本能的過程中，絕對不會比胃的消化功能或心臟的脈動功能更自由、更自覺，運作的各階段都預先訂定了，且必然環環相扣，令人聯想到某種齒輪組，一個輪子的轉動會帶動下一個輪子一起轉。這就是動物機械性的一面，否則那實驗對象，也就是被引入歧途的細腰蜂，所犯的不合邏輯的大錯誤就無法解釋。第一次將乳頭含在嘴裡的小羔羊，在進行吮乳這項艱難的技術時，是否能夠自由、自覺而精益求精呢？在更為艱鉅的築巢藝

術中，昆蟲並不比小羊更自由、自覺、精益求精。

　　但是，憑著昆蟲自身無所知的刻板經驗，純粹的本能（如果就只有本能）會使昆蟲在外界恆常不斷的衝突中手無寸鐵。時空中沒有哪兩點是完全相同的，即使實質不變，附屬的東西還是會改變的，到處都會冒出出乎意料的事。面對一堆混雜在一起的意外事件，就必需有一個嚮導指引昆蟲去尋找、接受、拒絕、選擇，偏愛這個，忽略那個，以及利用機會中的有利因素。這種嚮導，昆蟲當然擁有，甚至很明顯就可以看出嚮導為何；這就是昆蟲心理的第二個範疇。在這一範疇裡，昆蟲憑著經驗變得自覺而精益求精。我不敢將這種能力稱作基本智慧，這種稱號對昆蟲似乎太高了，因而我將之稱為「判斷力」。昆蟲的最高特性之一就是辨別事物，可以將一件事物與另一件區別開來，當然這得在牠的技藝範圍之內才行；但也差不多僅此而已。

　　如果人們將純粹本能的行為與判斷力互相混淆，就會重新墜入無休止的討論之中，這些討論使論戰更激烈，卻根本解決不了問題。昆蟲對牠們自己的所作所為有意識嗎？或許有，又或許沒有。如果牠們的行為屬於「本能」這個範疇，就沒有意識包含在內，而如果牠的行為屬於「判斷力」這個範疇，就有意識存在。昆蟲的習性是可以改變的嗎？如果習性的特徵與本

能有相關性，就絕對不可以改變，而如果是與判斷力相關就可以。讓我們舉幾個例子來說明這種根本性的區別吧。

細腰蜂用已經變軟的泥土、泥漿築蜂房。這就是本能，是這位工作者亙古不變的特性。牠一直以這種方法築巢，將來也是如此。幾個世紀的時間永遠不會給牠什麼教訓，物競天擇的道理也絕不會促使牠去模仿石蜂，不會採集乾燥的泥塵做成灰漿，築成的泥巢還需要一個擋雨的屏障呢。首先，石頭下面一個小小的藏身所就足夠了，但是如果牠能在人類居所裡找到更好的地方，製陶家就會占有這個更好的地方，安身在人類的居所中，而這就是判斷力，精益求精的原動力。

細腰蜂用蜘蛛來餵養幼蟲，這就是本能，無論是氣候、經緯度、時間的流逝、獵物充足或匱乏，絲毫都不會改變牠的菜單，儘管幼蟲對人類所提供的其他食物也很滿意。牠們的歷代祖先都是吃蜘蛛長大的，繼承者都食用類似的菜肴，而將來的後代也不會嘗試其他食物。無論其他情形多麼有利，都絕不會使細腰蜂相信小蝗蟲抵得上蜘蛛，更無法使這一家族樂意接受其他食物。本能將牠們束縛在出生時就有的菜單上。

但如果缺了圓網蛛，也就是細腰蜂最喜愛的獵物，牠就無法再為後代供應食物了嗎？牠還是會在糧倉裡儲滿食物的，因

爲所有蜘蛛在牠看來都是美味。這就是判斷力，其靈活性在某些情況下彌補了本能中太過呆板的層面。在無數紛繁複雜的野味中，這位獵人知道如何辨別蜘蛛類動物和非蜘蛛類動物，只要維持這樣，牠總能爲家人找到食物而不必做本能以外的事。

毛刺砂泥蜂只捉一隻碩大的毛毛蟲給幼蟲當食物，牠將螫針螫在毛毛蟲的神經中樞（即胸腹裡）使牠癱瘓。牠用來制服猛獸般毛毛蟲的技能就是本能，其表現足以壓倒任何將這種技能看作是後天習得的膚淺見解。如果這門技藝從一開始起就完美無缺，使後代可以一直繼承下去，那麼有利的時機、遺傳性、氣候的改善在其中有何作用呢？假如牠今天以一條灰色的毛毛蟲作食物，那明天牠可能會改吃另一條綠色、淡黃色或花花綠綠的毛毛蟲；這就是判斷力，使昆蟲能從變化不定的外表下，極準確地辨認出合乎口味的獵物來。

切葉蜂用薄薄的圓形葉片建造裝蜜汁的羊皮袋，某些黃斑蜂往囊中裝填植物絨毛做毯子，另一些則以樹脂型塑蜂房，這些都是本能。誰敢說那位裁葉工可能最初裁的是絨毛，或者從前某一天或將來某一天，這位絨絮工人膽敢將丁香和玫瑰葉裁成小圓形薄片，甚至說揉合樹脂的昆蟲是從揉合黏土開始做起的？哪個富有冒險精神的腦袋瓜會冒出這些古怪的念頭來呢？誰敢作出這樣的假設？每一種昆蟲都不可挑戰地盤踞在自己的

技藝之中，第一種包含樹葉，第二種有絨毛球，第三種則有樹脂；牠們從來沒有、以後也絕不會彼此互換工作。這就是本能，本能使工作者保持各自的特色。牠們的工作裡沒有革新，沒有秘訣這種經驗的果實，也沒有技巧使藝術逐步發展，從普通到優良，從優良到出色。現在所實踐的行為與過去完全一樣，將來也不會有什麼改變。

但即使工作方式恆久不變，使用的材料還是可能會變化。出產絨毛的植物，由於地域不同，品種也會隨之改變；切葉蜂會將某些植物的葉子切成一塊塊，而牠們在不同地點會發現不完全相同的植物；提供樹脂黏劑的樹木有松樹、柏樹、刺柏、雪松、冷杉等，這些樹的外觀都大不相同。昆蟲在什麼樣的引導下可以採集到所需要的原料呢？一定是倚靠判斷力的指引。

如果要確立昆蟲心理中存在的兩種基本區別能力，也就是純粹本能和判斷力，我認為上述這些細節就足夠了。如果將這兩個範疇相互混合，像人們常做的那樣，就不再有互相理解的可能，所有的清楚之處都會消逝在無休止的爭論疑雲中。在築巢技藝方面，我們就把昆蟲看作是一位手工師傅吧，生來就通曉一門基本原理永不改變的技藝；讓我們給與這位無意識的手工師傅一點智力的微光，使牠們得以在無關重點但又不可避免的情況下理清矛盾；那麼，我相信我們將會更接近在目前的知

識標準可能獲得的眞理。

在研究過昆蟲的本能，以及一旦築巢的正常進程被打亂而使本能產生差錯之後，我們將探討，判斷力在築巢地點和材料的選擇上有何作用。沒有必要在細腰蜂身上花費更多時間了，接下來我們將以其他各式各樣不同的昆蟲做爲研究對象。

棚簷石蜂完全配得上我給牠取的名字，我自認爲有權根據其習性爲牠命名。牠們大量群居於倉庫內，在瓦片內側那一面築起許多碩大、會危及屋頂結實度的蜂巢。除了這些代代相傳並逐步擴建的巨型城堡，棚簷石蜂的工作熱情絕不揮灑在別處，別處也找不到更理想的工作空間來施展牠的築巢技藝了。這裡有廣闊的空間，乾燥的庇護所，適中的溫度以及寧靜的隱身處。

棚簷石蜂
（放大1½倍）

但瓦片下寬敞的空間，不是所有棚簷石蜂都能得到的，自由敞開、光照充足的倉庫是很少見的，這樣的好地方只會落到那些受到命運所眷顧的蟲子身上。其他的蟲子將到何處安身呢？其實差不多隨處都有。還沒走出我的居所，我就發現了牠們築的各種築巢基地，有石頭、木頭、玻璃、金屬、油畫顏料

及灰漿。溫室在美麗的夏季中保持恆溫，而且強烈的光照抵得上曠野中的烈日，因而石蜂常常光顧這裡。牠們今年沒忘記到這裡來築巢，幾十隻幾十隻一群，有的在玻璃上，有的在溫室的鋼筋構架上。有一小群石蜂則安頓在窗洞裡、進門處的簷下，以及牆壁與終日打開的百葉窗之間的空隙裡，還有一些石蜂也許生性憂鬱，喜歡避開群體獨自工作，有的待在鎖孔裡或平臺上的排水鉛管裡，有的則在門、窗的線腳裡或牆壁基石的簡單裝飾裡。簡而言之，只要隱居處在戶外，整幢屋子都會被開發利用，因為正如我們所注意到的，這些幹勁十足的入侵者與細腰蜂正相反，從不進入人類的居所內。至於有的棚簷石峰寄居在溫室裡，其實是表面的、與事實不相符的特例；這座整個夏天都敞開著的玻璃大廈，對石蜂而言，只是一間光線比其他倉庫稍好一點的倉庫。牠們通常對封閉的房屋心存戒慮，最多不過把巢築在最外面一扇門的門檻上，占據門的門鎖，這可是合石蜂口味的藏身處。深入屋內則是令牠厭惡的冒險。

石蜂最終成了人類的不付費房客，牠築巢的技藝則利用人類建築藝術的成果。牠們沒有其他的住處了嗎？其實有，這是毫無疑問的；牠擁有按照古法築起的蜂巢。我見過石蜂在一塊拳頭般大小、有樹籬遮擋的石頭上，有時甚至在一顆裸露的卵石上，築造一些核桃般大小的蜂房群落，或是一些無論體積、外形、牢固度均可與同行高牆石蜂的巢相媲美的圓頂巢。

石塊是最常見的，但並不是唯一可用的支撐物。我收集一些築在樹幹上和粗糙橡樹皮表面凹坑裡的蜂巢，只可惜裡面的居民並不多。在所有以活的植物做為支撐物的蜂巢中，我將提出兩種非常引人注目的蜂巢。第一種築在有大腿那麼粗的秘魯仙人掌表面的溝紋內；第二種則附著在印度無花果這種仙人掌的扁莖上。這兩種肥碩的植物，是否因其猙獰的冑甲而吸引了石蜂的注意力，牠們身上一簇簇的刺，是否被牠們用作蜂巢的防禦體系呢？也許吧，但無論如何，這種嘗試並沒有效仿者，我也再未見過如此的安家方法。我從這兩個發現中得出了唯一確定的結果，儘管這兩種美洲植物構造古怪，在當地植物環境中獨一無二，但它們卻未使石蜂在嘗試時變得猶疑不決、畏畏縮縮。一隻石蜂來到這些新鮮玩意前，占據了植物的溝紋和扁莖，就如牠在一個熟悉的地方所做的那樣；也許牠是族類中第一個這麼做的吧！而且牠立刻就發現，這兩株來自「新世界」的肥碩植物，和本地樹幹一樣適合牠們。

卵石石蜂在選擇支撐物方面絲毫不具靈活度。在我所住的地區，從乾燥的高原上滾下來的石子，是牠築巢的唯一基礎（極少數的個例除外）。在氣候稍微寒冷的地區，牠更喜歡以牆作為支撐物，來保護蜂巢度過漫長的雪季。另外，灌木石蜂還將牠的泥巢固定在任意一種木本植物纖細的枝椏上，從百里香、岩薔薇、歐石楠到橡樹、榆樹、松樹等。將適合牠築巢的

支撐物列表，幾乎可以作爲該地區所有木本植物的一覽表了。

　　巢址的多樣性，有力地證明了昆蟲是憑著判斷力選擇巢址的。與巢址多樣性相呼應的蜂房結構多樣性，使巢址的判斷力變得更加顯著；在這一點上，三叉壁蜂的情形尤爲突出。由於牠築巢用的是極易被雨水侵蝕的泥土，因而牠像細腰蜂一樣，需要替蜂房找一個乾燥的隱居所，而且這隱居所必須完全是現成的，只須稍微打掃、清潔一下就可以使用。

　　我發現，被牠用作隱居所的目標，主要是石子堆底下的蝸牛殼，以及用來加固梯田的那種沒有塗灰泥的石牆。除了利用蝸牛殼外，三叉壁蜂還積極利用棚簷石蜂或一些條蜂（低鳴條蜂、斷牆條蜂、面具條蜂）的舊巢。

　　我們不要忘了還有蘆竹這種不常被利用的植物，若在適當的時候出現，還是極受歡迎的。其實壁蜂對於在木本科植物壁上鑽孔的技術一竅不通，因而這種長著粗壯、中空、圓柱形莖桿的植物，原本對壁蜂沒什麼用處。莖桿的節間處必須稍微裂開，這樣壁蜂才能鑽進去占據這根蘆竹。另外，一段蘆竹的橫截面必須是水平的，否則雨水會使泥巢變軟、坍塌。這段蘆竹還不能橫躺在地上，必須與潮濕的地面保持一定距離。除非人類無心的介入（在大多數情況下都是這樣）和實驗者有意做實

驗，否則壁蜂永遠都找不到一段適合安家的蘆竹。對牠而言，這是一個意外的收穫，在人類想到將蘆竹劈開，做成曬無花果子的篩子之前，牠的族類還不知道有這樣的居所呢。

我們的枝剪是如何使壁蜂拋棄了天然的居所呢？蝸牛殼內的螺旋形坡面是怎樣被蘆竹圓柱形的通道所取代的呢？從一種居所轉換成另一種，是隨著一代又一代壁蜂的不斷衍生，從嘗試到捨棄，從再嘗試到對結果的進一步確認，如此逐步過渡形成的嗎？或者，當發現某段蘆竹適合牠時，牠就立刻入內安家而對古老的蝸牛殼居所不屑一顧了嗎？這些都曾是謎，但現在已解開了。我們就來談談這些謎是怎麼解開的吧。

在塞西尼翁附近有大片大片的粗石灰岩採石場，粗石灰岩是隆河河谷的中新世土壤的特點；人們很早以前就開始開採這裡的粗石灰岩。歐宏桔的那些古紀念碑，尤其是最近由知識界菁英演出索福克勒斯的《伊底帕斯王》[1]那家劇院氣勢宏大的正門，都大面積地使用了這片採石場的石材。其他證據也證實，這些精心雕琢的石材，它們的原產地就是這片採石場。在階梯形溝壑的碎石中，不時會發現一枚銀質的、圓錐形的馬賽

---

① 索福克勒斯：西元前496～前406年，古希臘三大悲劇詩人之一，著名的傳世劇作有《伊底帕斯王》等。——譯注

奧波爾[2]，上面印有一個四輻條的車輪，還會發現刻有奧古斯都[3]大帝或迪拜爾[4]頭像的銅幣，古老的時光便隨著我在一堆堆廢料、碎石中翻翻揀揀而重現，俯拾皆是。各種膜翅目昆蟲，尤其三叉壁蜂，都在這片採石場上以蝸牛殼做為隱居所。

這些採石場位於一片幾近荒漠的大高原上，氣候非常乾燥，在這樣的環境中，忠於出生地的壁蜂幾乎或壓根不能從牠的石子堆遷往別處，無法離開蝸牛殼去遠方尋找另一居所。自從那裡有了一堆堆的碎石之後，除了蝸牛殼，牠很可能就沒有其他棲息處了。一切都說明了，某個採石工人在那裡落下了一枚迪拜爾古羅馬幣或一枚馬賽奧波爾，而今天的壁蜂便是與採石工人同時代的壁蜂的直系後代。所有的情況似乎都確定，採石場壁蜂已深深紮根於使用蝸牛殼的藝術之中；由於祖傳舊習，牠根本不了解蘆竹。好吧，就把牠放到這新居前吧。

冬天，我收集了二十多個蜂丁興旺的蝸牛殼，並放在我書房裡安靜的一隅，就像我在研究昆蟲性別分類時所做的那樣。一段段的蘆竹裝配起來，形成正面鑿有四十個洞眼的小蜂箱，在五排圓柱蘆竹的底下，放著內有壁蜂居住的蝸牛殼，另有一

些小石子和這些殼混雜在一起，以便更逼眞地模擬自然環境。我還在這堆石子裡加了各種空蝸牛殼，在此之前，我已將殼的內部仔細清理一遍，以便爲壁蜂創造更舒適的居住環境。築巢的時候到了，就在牠們出生的屋子旁邊，這些深居簡出的小蟲子將面臨兩種居所的選擇：圓柱形蘆竹，是這個族類從未經歷過的新事物；或是蝸牛殼的螺旋形坡面，也就是祖先居住的老式宅邸。

蜂巢終於精巧地築好了，而壁蜂也回答了我剛才提出的一連串問題。絕大多數的壁蜂只將巢築在蘆竹裡；另一些則仍忠於蝸牛殼，或者將卵分別產在蝸牛殼和蘆竹裡。前者開創了圓柱形建築之先例而摒棄了螺旋形建築，而且沒有絲毫我所能察覺到的猶豫不決。在勘察過蘆竹並確認可以使用後，壁蜂便入內安家了，無需學習、摸索及先人長期實踐而流傳下來的經驗教訓，牠一下子就成了建築大師，在一個與螺旋形洞穴完全不同的平面上，筆直地築著更爲寬敞的蜂房。

幾個世紀的漫長學習、逐步習得的經驗以及遺傳因素，這些對壁蜂的行爲薰陶都毫無價值。牠和牠的祖先都不需經過見習期，就能一下子變成築巢的行家；牠生來就具備築巢所需的能力。有一些能力是不可改變的，屬於本能的範疇，另一些則是靈活多變的，屬於判斷力範疇。用泥巴在一個免費的居所中

圈出幾個小間，在這些小房間中央部位即將要產卵的地方，放置一堆摻和著幾口蜂蜜的花粉，然後母親們為過去從未見過、將來也見不到面的子女準備糧食，最後將蜂房封口，這大致就是壁蜂本能的一面。在這方面，一切都已事先和諧地安排好了，昆蟲只要跟隨其盲目的衝動便可以達到目標。如果偶然遇見免費的住所，雖然在衛生條件、形狀和容量上都有最多變化，但如果只憑本能，昆蟲既不會選擇也不會將之組合使用，那就會有危險。為了應付複雜的環境，壁蜂具備了小小的判斷力，藉此牠便能區別乾與濕、堅固與脆弱、隱蔽與暴露，還能判斷牠所遇到的隱居所是否有價值，並按照可支配的空間大小和形態來布置蜂房。在這方面，技術上的輕微調整是不可避免且必要的；無需任何的學習，亦不靠既得的習慣，昆蟲就擅長此道。前面對採石場壁蜂所進行的實驗就是明證。

儘管壁蜂的智慧極其有限，但還是有些許靈活度的。牠在某一時刻向我們展示的技術並不代表全部本領，身上還具有某些潛能，是專為特定的時刻而預備的。可能接連許多代的壁蜂都用不著這些潛能，但一旦情況需要，這些能量就突然爆發出來，跨越事先必要的嘗試階段，如同蘊藏在石子中的火花一樣迸射出來，與先前的微光並不相干。一個人若只知道麻雀在屋簷下築巢，他會想到樹梢頂上有麻雀築的泥巢嗎？一個人若只認識蝸牛宅邸裡的壁蜂，會料到牠竟把一段蘆竹、一根紙管、

一根玻璃管當作居所嗎？我的近鄰麻雀昂頭便從屋頂飛向那棵法國梧桐；採石場壁蜂不屑再回到出生時的陋室蝸牛殼，卻來到了我創造的蘆竹巢裡。這兩者都向我們表明，昆蟲築巢技藝的改變，是多麼的突然與自發。

第六章

體力的節省

　　什麼能刺激壁蜂運用牠體內處於沈睡狀態的潛能呢？其築巢技藝的變化有什麼作用？不必太費功夫，壁蜂就要向我們吐露牠的秘密。讓我們來檢查一下壁蜂在一個圓柱體內所造的窩。壁蜂築在一段蘆竹或是其他圓柱體內的蜂巢結構，我已詳細描述過，在此我僅概述築巢方法的主要特徵。

　　首先在尺寸上，蘆竹分為三種：小號、中號和大號。我所謂的小號是指那些內徑狹窄，剛好容許壁蜂在內不受拘束地忙於家務的蘆竹，也就是說，壁蜂在裡面可以就地轉身，把蜜汁吐在採集來的一堆花粉中間，然後再把肚子上的花粉刷下來。如果壁蜂在蘆竹莖內無法進行這些工作，如果為了擺一個有利於刷下花粉的姿勢，還得先飛出去再倒退著飛進來，那麼牠絕對不會願意選用這段蘆竹的。而中號的蘆竹，尤其是大號的蘆

竹，提供這位食物供給者有充分的行動自由，不過前者的內徑不會超過一間蜂房的寬度，大小與將來要結造的蛹室的體積相當，但後者的內徑大得有點誇張，因而在同一平面上需要築好幾個蜂房。

經過一番比較，壁蜂更喜歡選擇在小號蘆竹內定居，在這裡築巢的工作變得最簡單，只須用泥巴將蘆竹莖分隔成筆直的一條蜂房帶就行了。依靠著擋在前一個蜂房前面的泥牆，壁蜂母親先豎起一堆摻了蜜汁的花粉，一旦覺得食物量已足夠時，牠便在這堆食物中間產一顆卵，然後，也只有在這時，牠才重新開始做泥水匠的工作，再用泥巴隔出一間新的蜂房。這泥牆當然是作為另一間蜂房的基礎，壁蜂先在裡面儲存食物，然後再將蜂房封口；就這樣繼續下去，直到壁蜂在蘆竹莖內產下足夠的卵，再用一個厚厚的塞子將出口處封住。總之，這種最簡單的築巢法的特徵便是：壁蜂只有在蜂房內儲滿食物後才往前築泥牆，存放糧食和卵的工作是在封頂之前進行的。

乍看之下，這種細節幾乎不值得注意，在將蜂房蓋合之前，難道不應當先將之填滿嗎？可是以中號蘆竹為家的壁蜂不見得如此想，而且其他的昆蟲泥水匠們在這一點上也與牠意見一致，比如說，我們以後要認識的築巢蜾蠃就是這樣。下面的例子更清楚地顯示，壁蜂為了應付特殊情況而預備了一種潛

能，牠可以及時運用這些潛能，儘管有時與習慣性的做法相去甚遠。如果蘆竹的內徑並未超出織造蛹室所需的空間大小太多，不過內壁卻太過寬敞，不適合當作壁蜂吐蜜和存放花粉顆粒的支撐物，那麼壁蜂會將工作的順序完全倒過來：牠先豎起泥牆，然後再往裡面填充食物。

　　沿著蘆竹的內徑環繞一周，壁蜂開始堆一道環形泥牆，牠不停地來來回回搬運灰漿，終於築成了一道完整的隔牆。泥牆側面有一個圓溜的小洞作為出口，剛好容許壁蜂通過。蜂房就這樣被圈出來了，幾乎完全密閉。隨後，壁蜂著手準備食物和產卵。牠一會兒用前足、一會兒用後足，輪番攀住小洞的邊緣，就這樣支撐自身以便吐空嗉囊中的蜜、刷下肚子上的花粉；在進行各種動作時，牠只要花費些微力氣，就能以小洞的邊緣作為支撐點。狹窄的蘆竹莖則直接提供了這種著力點，築泥牆的工作就被往後延，直到牠儲夠了一堆食物並在上面產了卵之後再做。但目前的蘆竹莖太寬了，使得蟲子在空蕩蕩的地方毫無成果地東奔西跑，因此在儲存糧食之前，就得先築起一堵當作糧食供給通道的泥牆。當下工作所花費的功夫比先前方法要大一點兒，首先在材料方面，因為蘆竹內徑比較粗；其次在時間方面，儘管小洞做得很精緻，可是只要泥還沒乾就不夠堅硬而無法使用。因此，珍惜寶貴的時間與體力的壁蜂，只會在找不到小號蘆竹時才選用中號蘆竹。

　　只有在條件很差的情勢下，壁蜂才會接受大號蘆竹，至於是怎樣的情勢我也無法說清楚，也許是爲了急著產卵所迫，由於附近沒有其他的隱身處，牠才會下定決心使用這些太過寬敞的居所。我的圓柱形蜂箱中，第一、第二類蘆竹裡居住的壁蜂數量和我期望的一樣多，可是第三類蘆竹中最多只有五、六隻壁蜂，儘管我很細心地用各種東西裝飾這些蘆竹。

　　壁蜂討厭粗大的圓柱體自有牠的道理。事實上，在粗大的蘆竹莖內進行的工程費時更長，耗費更大，只要檢查在大號蘆竹內築起的蜂巢，我們就會相信這一點。裡頭不是由一條只用橫向泥牆相隔的蜂房帶構成，而是一堆混雜在一起的蜂房；這些蜂房都是粗糙的多面體形，一個靠著一個，似乎想要層層疊加起來卻沒有成功。這是因爲，蜂房想要規則分布所要求的拱頂跨度，已經超出了建築者活動能力所及的範圍。建築物的外形並不美觀，從經濟角度來看更不能令人滿意。在先前的那些建築中，蘆竹內壁充作了大部分的圍籬，壁蜂的工作僅限於構築蜂房間的一道隔牆。而在大號蘆竹內，除了蘆竹莖的一圈可做爲現成的基礎外，一切都要靠壁蜂來築。地板、天花板、多面體形蜂房的各面牆，一切都用泥漿築成，所耗材料之多，幾乎可與石蜂、細腰蜂的蜂房媲美。

　　此外，由於蜂房外形不規則，構築一定相當困難。爲了要

使構築中蜂房的凸角與已建成的那些蜂房的凹角相吻合，牠砌起的牆或多或少有點彎曲，有些水平有些傾斜，各個蜂房的接合面變化不定，相互交叉，致使每個蜂房等於都有一個新的設計，非常複雜，和先前提到那些有著平行圓隔牆的建築大不相同。另外，雜亂無章的秩序，使先前築巢時缺乏精心計算而留下的空間角落，決定了部分性別的分布。由於不同角落的寬敞度不同，因此泥牆圈出的空間體積時而較大，可當作雌性的居所；時而較小，作為雄性的居所。因此，太寬敞的住所對壁蜂有雙重不便：一是大大增加了對材料的耗費，二是使壁蜂把雄性卵產在最底層的雌性卵中間，由於雄卵孵化得較早，最佳位置應在出口附近才對。壁蜂之所以拒絕粗大的蘆竹，只在迫不得已或沒有其他選擇時才接受，是因為牠厭惡多出來的麻煩以及雌雄卵可能會混雜。我對此深信不疑。

因此，蝸牛殼對壁蜂而言，只是個很普通的居所，如果碰到更好的居所，牠會很樂意放棄蝸牛殼的。蝸牛殼內部逐漸增大，介於牠最喜愛的小號蘆竹和僅在缺乏其他築巢材料時才會採用的大號蘆竹之間。蝸牛殼內的最初幾圈由於太窄而沒有被使用，但中段的內徑大小正好與排成一列的蛹室相吻合。這裡的情形跟一截條件極佳的蘆竹內徑差不多，螺旋形弧度絲毫不會改變壁蜂在直線上築蜂房的習慣。在適當的距離處，牠砌起環形隔牆，根據內徑大小決定是否在牆上開個供給糧食的天

窗。就這樣，最初幾間蜂房一個接著一個地成形了，一律都是為雌性卵而預留。然後輪到了蝸牛殼的最後一圈，這裡對一排蜂房來說顯得太過寬敞了，於是正如在一節很粗的蘆竹莖內一樣，過量的建材耗費、蜂房雜亂無章地堆砌在一起，以及雌雄卵的混合又重演了。

談過這種壁蜂後，讓我們再回過頭來看看採石場中的壁蜂。為什麼當我將一些蝸牛殼和一些大小合適的蘆竹同時放在牠們面前時，這些蝸牛殼中的老居民會挑中後者呢？牠們的族類很可能從未使用過蘆竹呀！牠們之中的大部分都鄙視祖先的洞穴，滿懷熱情地採用了我提供的蘆竹莖。當然有幾隻壁蜂依然住在蝸牛殼裡，有的還回到出生的故居，對遺產稍作修補後繼續使用。我自忖，壁蜂對極少使用的圓柱體的普遍喜愛是從何而來的呢？答案只有一個：在兩種可供使用的住所中，壁蜂選擇了那種花最少氣力就可以做成安樂窩的居所。牠將舊巢修繕是為了節省力氣，牠用蘆竹代替蝸牛殼也是為了節省力氣。

昆蟲的築巢技藝是否如同我們一樣，都服從於力求節儉的法則呢？是否這一至高無上的法則控制著人們的工業機器，就如同它控制著宇宙這部大機器一般呢？所有事實似乎都肯定這一點，那麼讓我們更進一步地探討這個問題吧。我們將以其他勤勞的昆蟲為例，尤其是那些工具更齊備、在任何情況下都更

適合於艱苦勞動的昆蟲，牠們勇敢地向工作中的各種困難挑
戰，對陌生的建築物則不屑一顧。石蜂就是其中的一種。

　　卵石石蜂只有在找不到尚未毀壞的舊巢時，才會下決心建
一個嶄新的圓頂巢。雌石蜂彼此看起來像姐妹，也是原居所的
合法繼承人，卻爲了房產而大打出手。根據弱肉強食的法則，
比賽中第一隻取勝的雌石蜂占據了舊巢，牠盤踞在圓頂上，久
久地監視著巢內其他石蜂的一舉一動，一邊還不停地摩搓雙
翅，如果有哪個傢伙膽敢靠近牠，牠就立刻狠狠地撞擊來犯者
把牠趕走。只要舊巢還沒有破爛得不可居住，牠們就會這樣代
代沿用下去。

　　棚簷石蜂不像卵石石蜂般覬覦祖先留下的遺產，牠們熱衷
於利用自己出生時的蜂房；屋簷下那座巨大城市裡的工作就是
從這兒開始的。這些舊居的一部分被慷慨的主人讓給了拉特雷
依壁蜂和三叉壁蜂，其餘的首先進行清潔工作，掃除灰泥殘
片，然後儲備食物、封口。當所有可利用的蜂房都被占據時，
牠們又開始築起一層新的蜂房，覆蓋在原先的蜂巢之上，於是
蜂巢年復一年地越積越大。

　　灌木石蜂的球狀小蜂巢不比核桃大多少。牠們曾讓我猶疑
不定：是否利用舊巢呢？舊巢是否永遠都棄置不用呢？現在這

令人疑惑的問題有了明確的答案，灌木石蜂會妥善的利用舊巢。有好幾次我看見一隻石蜂將牠的家人安頓在一個蜂巢的空蜂房裡，也許牠自己就是在那裡出生的。灌木石蜂也像與牠同屬的卵石石蜂一樣會返回出生的舊巢，並為了占有那個舊巢而和其他石蜂廝鬥。還有一點和那位圓頂藝術家相同的是，灌木石蜂也喜歡獨來獨往，渴望獨自開發、利用微薄的遺產。然而有時候由於蜂巢體積龐大，可以容納許多居民，於是牠們和平相處，各人自掃門前雪，就如在棚簷石蜂巨大的蜂巢一樣。如果蜂群並不龐大，但假如蜂巢在兩、三年內代代相傳並不斷有新蜂房增建上去，通常核桃大小的蜂窩就會變成有兩隻拳頭那麼大的圓炮彈。我在一棵松樹上採到了一個灌木石蜂的蜂巢，足足有一公斤重，體積相當於一個孩子的腦袋，卻只有一根比麥桿略粗的枝椏支撐著巢。偶爾瞥見這樣一個龐然大物就在我歇足處上方搖搖晃晃，加羅人的不幸遭遇閃過了我的腦際。如果樹上滿是這樣的蜂窩，那麼想在樹蔭下乘涼的人就得冒著被痛螫一頓的危險了。

　　泥水匠之後，我們來談談木匠。在所有與木頭打交道的昆蟲中，最強壯的要數木蜂。牠塊頭粗壯，身著黑色絲絨裝，雙翅發紫，外表看上去令人心驚肉跳。雌木蜂會在枯木中鑽出一個圓柱形的洞穴給幼蟲居住。拋在戶外很久的廢托樑、支撐葡萄架的木柱、農家門前一大塊一大塊堆起來已經乾枯的燃料、

樹根、樹幹、各種粗大的樹枝，這些都是木蜂喜愛的場所。牠獨自固執地工作著，在這堆廢料中一點一點地鑽出些有拇指粗細的圓形坑道，乾淨俐落得好像是用木鑽鑽出來似的。地上積了一堆木屑，這是牠艱苦工作的見證。通常從同一入口可進入兩、三條平行的坑道，若坑道數量增多，則坑道長度必須縮

木蜂

減，以容納所有的卵，這樣就可以避免孵化期坑道太長所造成的麻煩：已孵出並急著往外鑽的成蟲和遲遲未孵化的卵間，就不會彼此礙手礙腳了。

　　有了容身之處後，木蜂就開始像以蘆竹為家的壁蜂一樣忙碌起來。牠在蜂房內堆滿食物，產下一顆卵，然後用木屑將蜂房前端堵住。牠這樣不停地工作，直到構成蜂房的兩三條坑道都產滿了卵。積聚糧食及築起隔牆，在木蜂的工作步驟中是不可更動的，任何情形都無法使雌木蜂脫卸牠身上肩負的責任，牠必須親自供給食物給家人，必須用蜂窩將牠的幼蟲們隔離開來飼育。儘管鑽坑道是整個工作中最艱鉅的一部分，但只有這樣才能借助有利時機達到節儉的目的。那麼，無論這位強壯的木匠是多麼不擔心疲勞會壓垮牠，牠是否會利用有利的時機呢？牠是否會使用那些並非牠親自鑽出來的居所呢？

　　牠會的，牠和各種石蜂一樣中意現成的蜂巢，牠也和石蜂一樣，知道完好無損的舊巢有哪些經濟實惠之處。牠們盡可能地安居在上一代住過的坑道裡，但搬進去之前先要將坑道內壁表面刮擦一番算是清掃。木蜂甚至樂意接受那些從未被其他木蜂鑽過的居所。混雜在板條中間支撐葡萄架的粗蘆竹，被木蜂欣喜萬分地視作意外收穫，因爲粗蘆竹向牠無償提供了豪華坑道。在這些蘆竹裡面不需再鑽孔，因此工作量會大大減小。若木蜂在蘆竹上鑿個孔，便可以占據兩個竹節間的空穴，但牠並沒有這樣做，牠更喜歡人們用小枝剪在蘆竹一端截出的開口。如果緊臨的竹節離得太近，使蜂巢不夠長，木蜂會把竹節摧毀。這工作很輕鬆，壓根不像從側面鑽進矽石般硬的蘆竹那麼難，木蜂就這樣花最小的力氣，在狹小的前廳之後又得到一條寬敞的坑道，這是小枝剪的傑作。

　　受了葡萄架上所發生的事情的啓發，我好客地歡迎這黑蜜蜂飛進我的蘆竹蜂箱。試探了幾次之後，牠就接受了我的好意；每年春天我都見牠姍姍飛進我的蘆竹蜂箱，選擇其中最好的蘆竹安身立命。由於我的參與，牠的工作量被減小到了最低程度，牠所要做的僅僅只是築起隔牆。築牆的材料是從刮擦竹莖內壁得來的。

　　繼木蜂之後而來的是刺脛蜂，牠們同樣也是出色的木匠。

我所住的地區有兩種刺脛蜂，一種是帶角刺脛蜂，一種是金灼刺脛蜂。是哪一種錯誤的分類使人們把專做木工的刺脛蜂稱作石匠呢？我曾碰見過第一種刺脛蜂在馬廄門拱頂上一根粗壯的橡木上鑽孔；第二種則更為常見，個頭比第一種小，我經常看到牠在枯木或還活著的桑樹、櫻桃、杏樹、楊樹中安家。牠所築的巢與木蜂所築的一模一樣，只是體積縮小了。從同一入口可以進入三、四條平行緊緊聚在一起的坑道，這些坑道又被用木屑築起的隔牆分隔成一間間蜂房。與大塊頭的木蜂相仿，第二種刺脛蜂也知道抓住機會避開鑽孔這一艱辛的工作，我發現牠將蛹室織造在舊蜂房中的頻率，與織在新蜂房中的一樣高。牠也傾向於利用上一代的舊巢以節省體力。如果哪一天有了足

夠數量的刺脛蜂，我會大膽地對牠們進行蘆竹實驗，我相信牠們一定會採用蘆竹。關於帶角刺脛蜂，我沒有什麼發現可說，因為我只偶然看見過一次正忙著做木工工作的牠。

金灼刺脛蜂
（放大1³/₅倍）

寄居在峭壁上的條蜂證實，所有的掘土昆蟲都具有節儉的傾向。斷牆條蜂、面具條蜂和低鳴條蜂，這三種條蜂在峭壁上掘出通向蜂房的狹長通道，到處散布著蜂房。這些供給食物的通道一年四季都敞開著。當春天到來時，新生的條蜂就可以使用這些通道，只要牠們能在被太陽烤熟的黏土中保存下來就行

了。有需要時，新生條蜂會將通道延長，並分出更多的支路。由於迷宮增加而使舊巢變得像一塊巨大的海綿時，就會因不夠牢固而十分危險。只有在這種情況下，條蜂才會下決心在新的泥層中鑽通道。橢圓形蜂窩、面向通道的蜂房都被用上了。條蜂將最近一次成蟲出巢時損壞的入口修繕好，在內壁刷上一層新的石灰漿使內壁光滑；不需要再做其他工作，蜂房就可以用於儲存蜂蜜和卵了。當舊蜂房都被占據或是數量不夠，或是部分被各種入侵者占領時，條蜂只得將坑道延長，並鑽出新蜂房以安頓其餘的卵。就這樣，牠花費了最小的力氣為蜂群築好了巢。

斷牆條蜂
（放大1½倍）

　　讓我們換另一類動物來結束這些粗略的概述。既然我們已談過麻雀了，我們就來請教一下牠的築巢本領吧！麻雀最初的鳥巢是架在幾根樹枝間，是用麥桿、枯葉和羽毛築成的大圓球。這雖然很耗費材料，但在沒有牆洞或瓦片作庇護時卻是可行的。是什麼原因促使牠後來放棄圓球狀的鳥巢呢？壁蜂放棄了需要耗費更多黏土和體力的螺旋形蝸牛殼，而選擇了經濟實惠的蘆竹，從表面上看，麻雀的選擇正是基於促使壁蜂這樣做的相同理由。以牆上的洞當作家，就免去了麻雀一大半的工作，牠不再需要能擋雨的圓頂和能禦風的厚厚內壁，僅一塊墊

子就足夠了；牆上的洞窟提供了所需的其餘條件。節省下來的精力和物力是非常可觀的，和壁蜂一樣，麻雀是不會對此無動於衷的。

這並不意味著原始技藝已絕跡、已被忘得一乾二淨了；做爲種族不可磨滅的特徵，一旦情勢需要便會即刻顯現出來。今天的一窩窩雛鳥和過去的個體一樣具備這種藝術天賦，不用學習，不用模仿，牠們生來就有祖先們築巢的本領。這種本領就潛藏在牠們體內，必要時緊急情況便能激發這種潛能，牠會突然從無爲狀態進入活動狀態。那一對離開屋頂飛到梧桐樹上築巢的麻雀，就向我們證明了這一點。因而，雖然麻雀仍三不五時地築些球形鳥巢，但這並非像有些人聲稱是麻雀的進步；相反這是種退步，這是重拾以繁重工作爲代價的舊習俗。牠之所以這麼做，與壁蜂由於缺少蘆竹而只得湊合著住在蝸牛殼裡的情形沒什麼兩樣；儘管在蝸牛殼內築巢更艱難，但蝸牛殼卻是隨處可見的。以蘆竹莖和牆洞爲家，這才是進步；以蝸牛螺旋形內殼和球狀鳥巢爲家，這叫做原始。

我想，我從這些相似的事實中得出的結論，證據已經足夠。動物的築巢技藝呈現出這樣一個傾向：花最小的力氣完成必要的工作。昆蟲以牠們自己的方式，向我們證實了節省體力的傾向。一方面，本能要求昆蟲必須保持築巢技藝的基本特徵

不變；另一方面，在具體細節問題上牠有一定的行動自由，以便在有利時機以最少的時間、物力和精力達到目的。最後一點其實是機械工作的三要素。至於蜜蜂解決的高等幾何學問題，只是「力求節儉」這一統治著整個動物界的普遍法則中，一個了不起的特例。用最少的蠟，圈出容積最大的蜂房，外加令人叫絕的技藝，這可與壁蜂用最少的泥漿在蘆竹莖內築出的蜂巢相提並論。泥水匠與蠟匠都服從同一傾向：節儉。牠們知道自己在幹什麼嗎？誰敢針對蜜蜂提出這一點，被牠的先驗的問題糾纏不休呢？其他昆蟲，由於技藝太過粗糙，所知也不多。牠們不會計算，不會思索，只是盲目地遵從普遍和諧的法則。

第七章

切葉蜂

　　昆蟲選擇築巢地點時，會在一定程度上屈從於突然出現的意外情況；但這樣做並不夠，種族是否繁榮興旺，還需要另一個本性呆板的昆蟲所無法滿足的條件。例如燕雀，牠們在巢的最外層使用了大量的地衣，先將厚厚一層苔蘚、細麥桿和植物根鬚放在一個結實的模子裡，然後再鋪上薄薄一層羽毛、羊毛及絨毛混合成的墊子；這就是燕雀用來加固窩巢的慣用方法。但如果恰好缺少地衣，燕雀會不會放棄築巢呢？牠會不會因為找不到通常築窩所需的材料，而置雛鳥的幸福於不顧呢？

　　不會的，這點小問題是難不倒燕雀的；牠對材料很在行，知道哪些植物可以替代地衣。如果缺少狹長條扁枝，牠會採集松蘿長長的鬍鬚、梅花的圓花飾、被一小片一小片撕下來的牛皮葉的薄膜；而如果找不到比這些更好的材料，牠就湊合著用

石蕊屬植物的一簇簇荊棘。當某一種材料在附近很罕見或找不到時，這位講求實際的地衣專家，會勉爲其難地選擇其他在外形、顏色、硬度方面都相差很大的材料。如果缺少地衣，我相信燕雀有足夠的能力懂得放棄，而選用某種粗糙的苔蘚當作築巢的基礎。

這位地衣工人告訴我們的，正是其他同樣與紡織原料打交道的鳥兒一再向我們講述的。每一種鳥都有自己偏愛的植物，只要採摘不遇到困難，這種偏愛基本上不會改變；而且當偏愛的植物缺少時，還有其他許多類似的植物可作補充。與鳥有關的植物學是很值得研究的，爲每種鳥列出築巢所用的植物一覽表，會是一件很有趣的工作。在此我們只引述此類研究的一個特徵，以免離題太遠。

紅背伯勞是我家鄉最常見的一種伯勞，以對絞刑架、對灌木叢荊棘的殘酷愛好而著名。牠將大塊大塊的野味，如剛長羽毛的雛鳥、小蜥蜴、蟈蟈兒、毛毛蟲、金龜子吊在絞架上、荊棘上，任憑牠們慢慢發臭變質。牠對絞架的這種癖好，至少我周圍的鄉村人並不知道。除此之外，牠還有另一種癖好，就是對植物天眞無邪的迷戀；這種迷戀是如此強烈，以至於每個人，連掏鳥窩的小孩都知道。儘管牠的窩體積龐大，但除了一種毛絨絨的淺灰色植物外，牠幾乎不用其他材料。在收穫的農

作堆裡很容易找到這種植物，也就是植物學家所謂的「地匙菌絮菊」；另外還有一種植物用途與之相同，但不常見，叫作日爾曼絮菊。普羅旺斯方言稱這兩種植物為「伯勞的草」，這一俗名有力地說明，這鳥對牠的植物有多麼忠實。一定是伯勞在選擇材料時這樣少有的專一，即使是農人這樣極平常的觀察者都印象深刻。

我們所面對的真是一種排他性的品味嗎？其實不是。儘管平原上滿是絮菊屬植物，但是這種草在乾燥的丘陵地帶就稀少難覓了；另一方面，伯勞不會飛去很遠的地方尋覓這種草，牠只在棲息的樹或灌木叢附近尋找適合築窩的草。乾燥的土地上長著許多薇柏草，葉子細小有絨毛，花朵一小簇一小簇地類似小泥球，跟絮菊長得很像。但這種草的葉子很短，不利於編織，倒也是真的。另一種長絨毛的植物屬野生不凋花，伯勞把它長長的細枝橫七豎八地鋪在巢裡，這樣一個鳥巢就成形了。在最喜愛的植物匱乏時，伯勞就是這樣應付的，無需越出同一植物科系，牠就能在所有長著絨毛的細枝中，找到絮菊的替代植物並加以利用。

伯勞甚至會採一點菊科以外的各種植物。下面所述是我在牠的窩中採集到的植物列表。伯勞築巢所用的材料大致可分為兩類：絨毛植物和無毛植物。我採到的第一類植物為比斯開[1]

旋花屬、白脈根屬、石竉屬、蘆葦屬的莖梢花球；第二類為苜蓿屬植物、菽草、草原生香豌豆、薺屬、外地蠶豆、小孢子菌，以及草原生早熟禾。絨毛植物如比斯開旋花屬幾乎布滿了整個鳥窩，無毛植物如苜蓿屬植物則構成鳥窩的骨架，用於支撐一堆軟塌塌的小孢子菌。

要把我收集到的這些植物，製成一份完整的伯勞築巢所用植物一覽表，其實還早得很，但在收集過程中，一個意外的細節觸動了我。我發現各種植物的莖末梢上都是含苞未放的花蕾；另外，所有的細枝，雖然是乾的，卻仍保持著鮮活的綠色，這表示植物曾經陽光快速曬乾。除了少數例外，伯勞通常不會撿拾久經風霜而枯黃變質的碎葉片，牠用喙割下鮮草，將之放在陽光下曬乾，待褪色之後再使用。有一天我偶然遇見伯勞正蹦蹦跳跳地用喙啄一株比斯開旋花的細枝，牠割下草料，然後把草料攤在地上。

伯勞的例子以及我們應當援引的所有紡織工、篾匠、伐木工類型的鳥的例子，都向我們證明，在選擇築巢材料時，鑑別力起了多麼重要的作用。而昆蟲是不是像鳥這麼有天賦呢？如果牠們也以植物作為築巢材料，是否只會選用一種植物呢？除

---

① 比斯開：西班牙的一個省。——譯注

了特定的植物外，牠們是否對其他植物一無所知呢？還是恰恰相反，爲了築巢，牠們可以在眾多不同植物中憑著鑑別力自由選擇呢？對於這些問題，切葉高手切葉蜂能給予出色的回答。雷沃米爾詳實地記述了切葉蜂築巢的過程；我在此處刪除了某些細節，有興趣了解這些細節的讀者，請參閱雷沃米爾教授的《回憶錄》。

常在自家花園裡看看的人，也許有一天會在丁香樹葉和玫瑰樹葉上發現奇怪的切割痕跡，有些呈圓形，有些呈橢圓形，彷彿是閒極無聊時，巧手握著剪刀輕輕剪出的花飾。有的地方，整棵小灌木的樹葉幾乎只剩葉脈，葉片都被一小圓塊、一小圓塊地割走了。是切葉蜂，一隻身體呈淡灰色的小蜜蜂，裁出了這些花邊。牠有大顎作爲剪刀，有身體的旋轉當作圓規，憑著目測，一會兒畫出橢圓，一會兒畫出圓圈。牠把裁下的葉片縫成方形骰子狀的羊皮袋，用來盛裝摻了蜜汁的花粉團和卵；最大的橢圓形葉片當作羊皮袋的底和內壁，最小的圓形葉片則專用來當作蓋子。每一隻羊皮袋大體上相同，頭尾相接，排成一列，各排的羊皮袋數量不等，有的甚至超過十二個，但通常都不到十二個。總之，這就是切葉蜂的辛勤工作成果。

從雌切葉蜂所築的隱蔽所中抽出一段圓柱形蜂房群，看上去是一個不可分的整體，彷彿一條在地上掘出的坑道，墊了樹

葉地毯形成管道。然而事實與表面現象並不相符，稍微用力一捏，圓柱體就碎成幾段了。這些相同的片段都是彼此相鄰而又獨立的蜂房，有著各自的底部與頂蓋；如此的自動分裂使我們得以了解切葉蜂的築巢過程。牠的築巢法與其他蜜蜂的方法基本上一致，並非先用葉子築一個共用的大套子，再砌起一堵堵橫隔牆把大套子劃分成一個個蜂房，而是築完了一個再築下一個，把一個個蜂房串起來。

築成的蜂房還必須有一個匣子把牠們固定在原位，並使其適度彎曲；切葉蜂最初織出的葉片袋子缺乏穩定性，匣子的作用是將一片片樹葉固定在一起，一旦沒有了匣子的支撐，這許多只是並排放置而沒有膠著在一起的樹葉就會滑脫。再過些時候，當幼蟲織造蛹室時，會在葉片的縫隙間滴入些許絲液，把葉片尤其是充作蜂房內壁的葉片黏起來，於是起初軟塌塌的羊皮袋變成了堅硬的匣子，葉片就不會再散開了。

保護匣同時可作為裝配羊皮袋的模子，但它並非雌切葉蜂的作品。像大部分壁蜂一樣[2]，切葉蜂不懂得直接為自己造一間居所的藝術，只得借宿在其他昆蟲的巢裡，而且是各種各樣的昆蟲的巢。條蜂遺棄的坑道，大蚯蚓在地裡鑽出的狹長巷

---

② 壁蜂的築巢見《法布爾昆蟲記全集 3──變換菜單》第十七章。──編注

道，神天牛幼蟲在木頭裡鑽出的洞，卵石石蜂的陋室，三叉壁蜂在蝸牛殼裡的舊巢，偶然碰見的一段段蘆竹，牆上的縫隙，這些都是切葉蜂會使用的居所，牠們根據自己種類特有的品味選擇這種或那種巢。

　　爲了使論述更精確，我們將結束泛泛之談，專門來研究一種切葉蜂。我首先選擇白腰帶切葉蜂，倒不是因爲牠有什麼特別之處，而僅僅因爲，我的筆記中有關這種蜜蜂的記錄涉及面向最廣。牠通常的居所是蚯蚓在黏土質斜坡上鑽出的狹長坑道。無論豎直還是傾斜，這一坑道都深不見底，膜翅目昆蟲在其中會覺得環境太潮濕。此外，當成蟲出殼後，從地底深處往上穿越一堆堆的坍塌物爬出坑道十分危險，因此切葉蜂通常只

白腰帶切葉蜂
（放大1³/₅倍）

使用坑道的上半部，最多二十公分深。這狹長坑道剩下的部分有什麼用處呢？沿著坑道可以往上爬，對敵人進攻將會很有利，可是，地底下的破壞者也可以沿著這通道從後面襲擊那一串蜂房，將整個蜂巢摧毀。

　　危險已經被預料到了。在築第一個裝蜜汁的羊皮袋之前，這種蜜蜂使用只有切葉蜂家族才用的材料，築起一道堅固的屏障將通道堵塞。樹葉碎片被草草地堆在一起，但由於量夠多，

便構成了牢固的障礙。在這個樹葉堆成的壁壘中，常常可以發現幾十片捲成圓錐狀的葉片，一個挨著一個好像一堆蛋卷。在這一防禦工事中，做工細緻似乎沒有什麼用處，至少大部分葉片都不規則。顯然這些葉片是蜜蜂匆忙、胡亂地裁剪出來的，並沒有參照築巢用的樹葉模型。

這道屏障的另一個細節引起了我的注意。切葉蜂選用作為屏障的葉片都很肥碩、脈序粗大、毛茸茸的。我在其中認出了葡萄藤的嫩葉，色澤淺淡，布滿了絨毛；開紅花的岩薔薇葉，兩面都長著毛氈似的絨毛；毛又長又密的聖櫟嫩葉；光滑但堅硬的英國山楂樹葉；大蘆竹的葉，據我所知是切葉蜂所使用的唯一一種單子葉植物。相反的，在築巢材料中，我發現光滑的葉子占大多數，主要是野玫瑰花樹和普通槐樹的葉子。那麼，這蜜蜂似乎能將兩種材料區別開來，但在選材時不會過於嚴格而拒絕任何混淆。邊緣為鋸齒狀的葉片，突齒被用力一鑿就會脫落，通常充作屏障的基礎；普通楊槐的小葉片葉面細膩，邊緣整齊，更適合於修築蜂房。

要在蚯蚓鑽出的坑道裡築巢，就得先在蜂巢後部築一道壁壘，這是合理的預防措施，在這一點上，切葉蜂是非常值得稱讚的。只是，儘管切葉蜂因此而名聲赫赫，但這堵防禦性屏障有時卻什麼都抵禦不了，這未免令人氣惱。這從另一角度顯示

了本能中的反常，我在前一章已舉過一些例子。我曾記錄過這樣幾條坑道：葉片一直塞到坑道口，與地面齊平，但坑道裡根本沒有蜂房，甚至連個雛型都沒有。這些防禦工事太過荒唐，毫無用處，然而蜜蜂竟然不是馬馬虎虎地將工作草草收場，反而是無比勤勞地繼續這無謂的工作。我從一條坑道中取得百來片排成一堆蛋卷狀的葉子；從另一條裡取得一百五十片。若要保護一個產滿了卵的蜂巢，二十四片甚至更少的葉子就足夠了。那麼這位切葉者過度堆積葉片，究竟是為了什麼呢？

我很願意這麼想：由於相信居所存在著隱憂，牠便堆積大量樹葉，希望使壁壘的厚度能與危險程度相當。然後，當可以開始築巢時，牠卻失蹤了，也許是被一陣北風吹走了，也許是在一場災禍中喪生。但事實上，切葉蜂的築巢大事不可能只依賴於這種防禦方式，這一點證據確鑿，因為那幾條坑道內的壁壘一直堆到與地面齊平，連放一顆卵的空間沒有，絕對沒有。不過我仍在揣測，這位固執的蛋卷製造者到底有什麼目的呢？牠是否真的有目的呢？

我不假思索地回答「否」。我的否定回答，是以我對壁蜂的觀察作為根據的。我曾在別處描述過，當三叉壁蜂在生命即將終結，卵巢也已枯竭時，牠是如何把剩下的一點力氣耗費在無謂的工程上。牠生來就非常勤勞，退隱生活的清閒令牠如坐

針氈，牠還是需要找點工作做，當作消遣。由於沒什麼更好的
事情可做，於是牠就開始砌隔牆，把一條管道分隔成許多將要
一直空著的蜂房，最後用厚厚的塞子將一些內部空空如也的蘆
竹莖口封住。這位遲暮老者就是如此將最後一點精力耗費在無
用的工事上頭。其他會築巢的蜜蜂也有類似的行為。我見過一
些黃斑蜂不惜花費氣力做很多棉球，用來塞住牠從未產過卵的
坑道；我還見過一些石蜂按部就班地築巢、封蜂房，可是牠既
不會在蜂房裡囤積食物，更不會在裡面產卵。

　　因而，切葉蜂堆起的厚而無用的壁壘，是牠產卵完畢後的
工作成果。雌切葉蜂在卵巢枯竭後仍努力工作不懈，牠本能地
切割、堆積葉片，甚至當這個工作最重要的目的都已不存在
時，牠仍聽從本能的驅使，不停地割啊、堆的。卵雖然沒有
了，但氣力尚存，牠仍像剛開始時為了保衛家族而不得不做的
那樣竭盡全力。當行動的目的喪失時，行為的齒輪仍在運轉
著，而且似乎按既有的速度持續運轉著。到哪裡去找比這更鮮
明的證據，來證明昆蟲具有受本能激發的無意識行為呢？

　　我們再回過頭來看看切葉蜂在正常情況下的築巢技藝。在
築起了防禦性屏障後，牠立刻著手砌一排排蜂房，各排蜂房數
目相差很大，就如壁蜂砌在蘆竹內的一樣，一排砌十二間蜂房
的情形很少見，最常見是五或六間。每間蜂房所用的葉片數量

也相差很大。葉片分為兩種：一些是橢圓形的，用於構築盛放蜜汁的巢；另一些是圓形的，用來當作蓋子。我數了一下，第一種葉子平均有八到十片。儘管這些葉子都被裁成橢圓形，但是大小並不相等，按大小可分為兩種，蜂房外壁的葉片較大，每一片都幾乎覆蓋了外壁的三分之一，且彼此略為重疊，葉片下端彎折成凹曲形，構成羊皮袋的底部；而蜂房內壁的葉片明顯小許多，用來加厚內壁，並填滿大葉片留下的空隙。

那麼這位與樹葉打交道的女裁縫，知道要根據不同的工作而改變裁剪方式。首先是大葉片，可使蜂房迅速成形，但會留下縫隙；然後是小葉片，能彌補有缺隙的部分。蜂房的底部尤其需要修繕，由於僅靠大葉片構成的凹曲面不足以構成一個滴水不漏的盅形蜂房，這蜜蜂必然會在不嚴密的接合處放置兩三片橢圓形葉子，以使蜂房更完美。

葉片剪裁大小不一還帶來了另一好處。所有葉片中最長的三、四片葉子最先被貼在蜂房外壁上，長度超出了蜂房口；接下來貼的葉片都較短，縮在後面，這樣就形成了一道凸邊，如同門窗的榫頭；這膜翅目昆蟲把許多小圓葉片壓扁成凹面封蓋，這道凸邊就支撐住小圓葉片，並防止葉片觸及蜜汁。換句話說，封口處的這道圍邊僅由一排葉片組成，壁身則由兩、三排葉片構成，這樣就縮小了蜂房的內徑，使蜂房具有密封性。

蜂房口的蓋子一律用圓形葉片組成，這些葉片大體相同，數量時多時少；有時我只數到兩片，有時竟發現葉片多達十張，緊緊地疊在一起。有時這些葉片的直徑精確得幾乎分毫不差，以至於小圓葉片的邊緣恰好搭在榫頭的邊緣，借助圓規進行的切割也不過如此。有時葉片的邊緣略微超出封口處，為了將邊緣納入封口內，就得用力將之彎曲成小盅狀。精確的直徑是最先放置、最接近蜜汁的小圓葉片的特徵，這樣的葉片就形成了一個扁平狀活塞，既不會占用蜂房空間，以後也不會像凹角穹頂的天花板那樣妨礙幼蟲。接下來放置的小圓葉片，直徑都稍大而且數量很多，只有被用力壓成凹面才適合封口處。這種凹面似乎是蜜蜂刻意製造的結果，因為這可以充作下一間蜂房曲形底部的模子。

在一列列蜂房築成之後，切葉蜂還得用一道防禦性籬笆把坑道入口處堵住，就像壁蜂用泥塞封住牠的蘆竹一樣。於是蜜蜂重新開始切割葉片，卻沒有什麼確定的模式可依，就如剛開始在深不見底的蚯蚓洞裡為蜂巢底部構築防禦工事一般；牠裁出了一堆形狀大小各異、毫無規則、邊緣常常有天然鋸齒的葉片，這些葉片中沒有幾張的大小與待封堵的蜂房口相等，但靠著這一層又一層的葉片，牠終於做成一道難以入侵的圍牆。

我們就讓切葉蜂繼續在別的坑道裡產卵，那些坑道將以同

樣的方式布滿卵。我們暫且駐足看一看牠的裁剪技藝。牠的巢
由大量葉片構成，這些葉片可分爲三類：構成蜂房壁身的橢圓
形葉片，用作封蓋的圓形葉片，以及用作前後屏障的不規則葉
片。要得到第三種葉片毫不困難，從一片葉子上扯下一塊突出
部分，就有了一塊邊緣呈齒形的裂片，裂片上的缺口有助於使
工作簡化，更有利於剪裁。直到這一步還沒什麼值得注意的，
這只是件粗活，連外行的生手都可以做得很好。

　　關於橢圓形葉片，問題就有所不同。是什麼事情指引切葉
蜂把做羊皮袋的精美料子——普通楊槐的小葉——裁剪成美麗
的橢圓形呢？是什麼理想的模型指引著牠的剪刀？牠按照何種
度量來裁剪葉片大小？有人會想當然地認爲這種昆蟲等於一個
活圓規，能靠著身體的自然彎曲描出橢圓形曲線，就像我們以
肩膀爲軸心揮舞手臂畫出圓圈一樣。一種盲目的機械裝置，純
屬機械運作的結果，是唯一與幾何學相關的因素。若不是因爲
在大張的橢圓形葉片中，夾雜有用來填補壁身空隙的橢圓形小
葉片，我也許會聽信這種解釋。一支能根據環境而自動改變半
徑和彎曲度的圓規，在我看來是一種很值得懷疑的機械。應該
有比這更好的解釋，封蓋的圓形葉片便告訴我們這一點。

　　如果切葉蜂單憑其身體構造特有的彎曲度切出了橢圓形葉
片，那牠是怎麼能夠切出圓形葉片的？這新的輪廓線在形狀和

大小上都與橢圓如此不同，我們是否要假定這部機器還有其他的齒輪？此外，難題的真正癥結不在這裡。這些圓形葉片大多數都與羊皮袋口吻合，精確度極高。蜂房完工後，蜜蜂飛到百步開外的地方製作封蓋。牠飛到一片葉子上準備切割圓形小葉片，可是牠對於將封蓋的那只罐子會有什麼印象，還想得起多少呢？完全沒有，牠從未見過那只罐子；牠是在地底下，在一片漆黑中工作，至多能靠觸摸而對蜂房的情況有所了解，但因為罐子不在那裡，這種了解當然不是當下此刻，而是過去對此的了解，這對一件作品的精確性毫無助益。然而，待切割的小圓葉片應該有一個確定的直徑。若是太大了，就不能放進蜂巢口；若是太窄了，就封不住蜂房，葉片很可能直墜到蜂蜜上把卵給悶死了。在沒有模型的情形下，如何給小圓葉片適當的尺寸呢？蜜蜂卻毫不猶豫，就像牠迅速地扯下一片不規則的、適於做隔牆的裂片一樣，牠以同樣的敏捷割出一張圓形葉片，而這葉片無需再加工就與罐口尺寸相符。這種幾何學上的奇蹟其實見仁見智；但在我看來，即使假定切葉蜂憑著觸覺和視覺對蜂房有了印象，卻還是無法解釋這個問題。

　　一個冬天的傍晚，爐火正旺，氣氛很適合圍爐夜話，於是我向家人談起了切葉蜂的問題。「你們知道，廚房裡，有一個日常用的罐子少了蓋子；這是貓幹的好事，牠在架子上竄來竄去，把蓋子碰下來摔成了碎片。明天是趕集日，你們之中有人

將去歐宏桔買點日用品回來，走之前可以先檢查那只罐子，以便記住罐口大小，但不要測量。僅憑記憶的幫助，你們誰能從城裡帶回一個不大也不小、剛好與罐口吻合的蓋子嗎？」大家異口同聲地說，如果不量尺寸，沒有人能買回這樣的一個蓋子，至少也得帶一段等同於罐口直徑的麥桿。對尺寸的記憶是不夠準確的；我們也許會從城裡帶回一個大小差不多的蓋子，如果恰好買到一個不大不小正好合適的，那運氣可太好了。

其實，切葉蜂在這方面的資訊比我們少多了。牠的腦袋中並沒有蜂房的形象，既然牠從未見過牠的蜂房，那牠就不必在小販的貨堆裡挑挑揀揀；我們之所以這麼做是因為，用比較的方式可以幫助我們回憶。在遠離居所的地方，切葉蜂得一下子就切出一片與罐口正好合適的小圓葉片，這對我們來說是不可能的事，但在牠而言則如同遊戲。在這場遊戲中，尺、麥桿、模具、資料記錄等對我們都是必不可少的，而這隻小小的蜜蜂卻什麼都不需要。在料理家務方面，牠的本領比我們高。

有人向我提出異議。難道蜜蜂在灌木叢上工作時，不會截下一片面積比罐口略大的圓形葉片，然後帶著葉片飛回蜂房，把多餘的一點點部分切掉，直到蓋子的大小恰好與罐口相符為止嗎？這種照著模型而進行的修改似乎可以解釋一切，是再正確不過的；但蜜蜂真會進行修改嗎？首先，一旦一張葉片被扯

下來後，蜜蜂還能回過頭來再對葉片進行一番切割，這一點我就不大認同，因為當牠再度將小小的葉片精確地削成圓形時，顯然缺少一個支撐物。當一個裁縫想裁出一件衣服卻沒有桌子用來攤衣料，他一定會把衣料給剪壞；同樣的，在一張沒有固定物支撐的葉片上，切葉蜂一定很難運用剪刀，做出來的成果也會很差勁。

另外，要否定切葉蜂回到蜂房後會對葉片進行修改，除了操作困難這條理由外，我還有更好的證據。蜂房的封蓋是由一堆有時多達十幾片的小圓葉片所構成，我們知道，樹葉的背面顏色較淺、葉脈粗壯，而正面則很光滑，顏色更綠。封蓋上所有小圓葉片都是背面朝下、正面朝上，這就說明了，切葉蜂是照著樹葉被採來時的姿勢來放置它們。讓我解釋一下。蜜蜂切割葉片時是停在葉子的正面上，割下一片後，蜜蜂用腳抱住葉片，於是起飛時，葉子的正面就貼著蜜蜂的胸口。在路上蜜蜂根本不可能把葉片翻面，於是葉片被採摘時是什麼樣子，被放下時仍是那樣，即背面朝向蜂房裡邊，正面則朝向蜂房外側。如果為了將封蓋的直徑減縮到與罐口的直徑一樣，而必須對葉片進行修剪，不可避免地得將葉片翻面；葉片被搬運、抬起、翻轉，在這個方向上切一下、那個方向上削一下，而一旦最後定位，就會因操作上的偶然性而可能是反面朝內或正面朝內。然而這情形從未出現過，葉片堆放的次序並沒有變化：顯然切

葉蜂從一開始就剪出了大小合適的小圓葉片。在實用幾何學方面，切葉蜂勝過了我們。我將切葉蜂築出的蜂房與封蓋看作是又一個從機械作用上無法解釋的本能奇蹟；這難題就留待科學家們去思索吧，我還是接著往下講。

　　柔絲切葉蜂在條蜂的舊坑道裡築巢，不過我知道牠還有另一種更優雅、更適於安身的居所，就是大型天牛在橡樹上的舊巢。天牛在一間墊了莫列頓呢的大蜂房裡完成變態，發育成熟後，這擁有長角的鞘翅目昆蟲破殼而出，沿著幼蟲事先用堅固的工具鑿出來的前廳飛出巢外。如果這間隱居所因為位置較高而一直保持乾淨，沒有散發皮革味的棕色液體滲出，那麼這間被天牛棄置的洞穴，立即就會有柔絲切葉蜂前來拜訪。柔絲切葉蜂覺得這裡是所有切葉蜂居所中最豪華的，這裡具備了一切舒適安逸的條件：絕對的安全，幾乎不變的溫度，乾燥的環境，以及寬敞的空間。無論是哪位幸運的母親擁有了這樣一套居室，不管是前廳還是臥室，牠一定都會充分利用。牠所有的卵都有地方可放；至少我從未見過其他蜂巢中的卵像此處一樣密集。

柔絲切葉蜂
（放大1½倍）

　　我發現了一個容納十七間蜂房的蜂巢，據我統計，這是切

葉蜂家族蜂房數的最高記錄。大部分蜂房都築在天牛蛹的臥房裡；由於寬敞的巢對於一排蜂房顯得過大了，所以蜂房被排成三列平行線，而前廳的部分則排成一排，最後再砌上一道壁壘。這種切葉蜂所使用的材料以英國山楂樹葉和銅錢樹葉為主。無論是蜂房的葉片或是用來作為隔牆的葉片都不規則。邊緣呈尖利鋸齒狀的山楂樹葉，實在不適合用來裁剪美麗的橢圓形葉片。似乎只要扯下來的葉片大小合適，形狀如何牠便不太在意了；而且牠也不太講究不同種葉片的銜接順序，例如幾片銅錢樹葉之後是幾片葡萄藤葉、山楂樹葉，之後又接著幾片荊棘葉、銅錢樹葉等。採摘葉片並無條理可循，憑著牠們變化無常的喜好，這蜜蜂會到處採集一點葉片。然而無論如何，銅錢樹樹葉還是採集得最多，也許是出於節省體力的緣故吧。

我注意到，這種灌木的樹葉並非被切成一塊一塊的使用，而是只要大小適當就會被整張利用。這些葉子呈橢圓形，面積不大，正合蜜蜂的喜好。這些優點使蜜蜂不必再去切割葉片，牠拿剪刀把葉柄截斷，不需再做什麼，就帶著一片絕妙的葉子，洋洋自得地飛走了。

我將兩間蜂房拆散後，數了數總共有八十三張葉片，其中最小的圓形葉片有十八張，這十八片原是用來做為封蓋的。照這樣計算，蜂巢裡的十七間蜂房裡就有七百四十張葉片，這還

不是全部；要在天牛鑿出的前廳裡築起一道厚厚的壁壘，整個蜂巢才算竣工，而在這道壁壘中，我數到了三百五十張葉片，因此葉片總數達到一千零六十四張。把神天牛的舊居裝修一新要飛多少次、剪多少刀啊！若不是了解切葉蜂孤僻、小心翼翼的性情，我也許會將這樣一個浩大的工程歸功於好幾隻雌蜂的通力合作呢！但在如此情形下，群體行動是不能被接受的。一隻勇敢的切葉蜂，僅僅一隻，孤獨而執著地工作，就足以採集令人不可思議的一大堆葉片。如果工作是牠輕鬆度過一生的最好方式，那麼在牠生存的幾個星期中，牠的生命一定不曾經歷過煩惱。

我很願意贈與牠最好的頌歌，這是辛勤的工作者應得的；我還要頌揚牠封閉蜜罐的本領。疊成封蓋的葉片是圓形的，與構成蜂房及最後屏障的葉片完全不同。也許，除了最初幾片接近蜂蜜的葉片外，柔絲切葉蜂裁切其餘的葉片時略顯含糊，不如白腰帶切葉蜂那麼精細；但沒關係，這些多達十幾張的葉片重重疊疊，足以把羊皮袋口塞得密密實實了。在切割葉片時，這蜜蜂就像照著壓在衣料上的模版裁剪衣料的女工一樣，對自己的技術充滿自信；然而牠裁剪時既沒有模型，眼前也沒有待封的罐口。在這一話題上再鋪展開來就太囉嗦了，所有的切葉蜂在封罐口方面，本領都一樣好。

　　而材料方面的問題，就不像幾何學問題那麼令人匪夷所思了。每種切葉蜂只使用一種植物，還是有一定的植物品種，可以從中自由選擇呢？我前面所述已預示了第二種假設，而且我已對蜂房一間間地研究過了。清點蜂房所用葉片的數量，證實了這種假設，同時也使我發現牠在葉片選用上的多樣性，這是我起先沒有預料到的。以下是我家附近的切葉蜂所用植物一覽表，毫無疑問地，這份一覽表還相當不完整，有很多地方需要靠以後的觀察來擴充。

　　柔絲切葉蜂，採集下列植物的葉片以構築牠的羊皮袋、封蓋和壁壘：銅錢樹、英國山楂樹、葡萄藤、野玫瑰樹、荊棘、聖櫟、唐棣屬植物、篤蓐香、鼠尾草葉、岩薔薇。前三種植物提供大部分築巢所用的葉子，最後三種則只有零星幾片。

　　兔腳切葉蜂，我總見牠在我的院子裡忙得團團轉，但只是為了採集葉片。牠最喜歡採集丁香樹葉和玫瑰樹葉，我見牠不時也採點刺槐樹葉、溫桲樹葉、櫻桃樹葉。在農村，我還曾偶然發現牠單用葡萄藤葉築巢。

　　銀色切葉蜂，我的又一位客人，和上一種切葉蜂一樣喜愛丁香樹和玫瑰樹；但牠採摘的樹葉還有石榴樹葉、荊棘葉、葡萄藤葉、紅色歐亞山茱萸樹葉和雄性歐亞山茱萸樹葉。

　　白腰帶切葉蜂鍾情於普通刺槐，也大量使用葡萄藤葉、玫瑰樹葉、山楂樹葉，有時還適度使用蘆竹、開花的岩薔薇。

　　斑點切葉蜂以卵石石蜂的圓頂房、壁蜂破舊的巢和黃斑蜂築在蝸牛殼內的隱蔽所為居，除了野玫瑰樹葉和山楂樹葉外，我還不曾見過牠採集其他樹葉。

　　儘管這份植物一覽表很不完整，但至少告訴我們，切葉蜂對植物的喜好並非專一、排他的，每一種切葉蜂都能接納好幾種外觀極不相同的植物。切葉蜂採摘的灌木必須滿足的第一個條件是靠近蜂巢。為了節省時間，切葉蜂拒絕遠行。事實上，每次我發現一個切葉蜂築的新巢時，立刻就能在附近毫不費力地找到被蜜蜂割走了葉片的樹或灌木。

　　另一個重要條件是葉片質地必須柔軟、細膩，尤其是當作封蓋的最初幾張葉片，以及充作羊皮袋內壁的所有葉片。其餘的葉片，由於製作不需那麼精細，因而質地可以粗糙一些。另外，葉片必須有韌性，易於捲曲成與坑道相符的圓柱體。岩薔薇的葉子既厚又凹凸不平，難以滿足這一條件，因此這種葉子被用於築巢的量極少。或許切葉蜂一不留神採了幾片岩薔薇葉，一旦發現並不適用，便停止光顧這種毫無用處的灌木。完全成熟的聖櫟葉子更加堅硬，牠們從來不用，柔絲切葉蜂只趁

聖櫟還幼小時採摘嫩葉，且不會用太多。葡萄藤的葉子如絲絨一般，是上好的材料。我也曾看見兔腳切葉蜂在丁香樹叢中充滿熱情地採集葉片，丁香樹叢中混雜著各種不同的灌木，葉片寬大而光滑，似乎應該很稱這位健碩的切葉者的心意。這些灌木包括了柴胡屬植物、金銀花、針尾類假葉樹屬、黃楊等。為什麼柴胡和忍冬無法提供這麼棒的小圓葉片呢？只要切斷黃楊葉柄就有了一張現成的好葉片，就像柔絲切葉蜂與牠的銅錢樹一樣。偏愛丁香樹的切葉蜂對柴胡和忍冬壓根不屑一顧，是出於什麼理由呢？我猜是牠們覺得這些葉子太堅硬了。如果沒有丁香樹，切葉蜂是否會對這些植物另眼相看呢？也許吧。

最後，撇開柔軟與距離近這兩個條件，在切葉蜂選擇植物上具有決定性作用的，我認為就只有灌木的覆蓋率了。這樣就可以解釋切葉蜂為何大量使用葡萄葉了，因為葡萄是人們普遍種植的植物；而山楂樹和野玫瑰樹遍布樹籬，隨處可見，因而各種切葉蜂也都使用它們，但也不會因地域不同而輕視許多不同種類但效用相同的植物。

我們受到教導，由於隔代遺傳的作用，前代的個體習性經由代代相傳而逐漸固定下來。如果人們所說是真的，那麼我們家鄉的切葉蜂經過幾世紀的教育，就成了本地植物品種的專家，那麼，在牠們種族第一次遇見的植物面前，就會完完全全

是個新手,於是一定會將陌生的樹葉視作罕見的可疑物而拒絕
接受,尤其當這種植物旁邊有牠們世代沿用、非常熟悉的葉子
時特別明顯。這是個值得特別研究的問題。

　　兩個研究對象,即兔腳切葉蜂和銀色切葉蜂,是我實驗小
院中的常客,牠們對於上述這個問題提供了明確的答案。我知
道這兩位切葉者常去哪些地方,在牠們的工作間,即玫瑰樹叢
和丁香樹叢中,我種了兩種奇怪的植物。我覺得這兩種植物質
地柔軟,能滿足切葉蜂要求的條件,它們是原產日本的阿藍斯
樹和來自北美洲的維吉尼亞假龍頭花。此後發生的事證明我的
選擇是正確的。那兩種蜜蜂在陌生的植物上採起葉片來,和在
本地植物上一樣兢兢業業,牠們從丁香樹飛到阿藍斯樹,從玫
瑰樹飛到假龍頭花,離開這個又飛向那個,對熟悉的與陌生的
植物並不加以辨別。如果單憑根深蒂固的習慣,牠們在下手剪
葉子時,根本不可能如此準確、如此得心應手,然而牠們卻是
第一次與這種質地的葉片打交道呀。

　　銀色切葉蜂可以接受更具結論性的實驗,由於牠自願在我
的蘆竹蜂箱內築巢,在一定程度上,我可以自行決定為牠創造
一個什麼樣子的植物景致。我把蘆竹蜂箱移至荒石園中的迷迭
香叢中。迷迭香的葉子薄薄的,並不適於築巢,我便在蜂箱旁
放了幾株異國植物盆栽;這些植物主要是墨西哥總狀花序羅皮

茱，以及印度一年生植物長辣椒。由於就近便能找到築巢的材料，這位切葉者就不會去更遠處尋覓材料了。羅皮茱尤其合牠的意，以至於整個蜂窩幾乎都用這種植物，只有少部分是採自長辣椒。

我原本沒準備對第三種切葉蜂進行研究，可是牠卻自動送上門來了，牠就是愚笨切葉蜂。二十多年以前，整個七月間，我都能看見牠把一種普通的、帶有色紋的天竺葵花瓣切割成圓形和橢圓形。牠的勤勞卻毀了我儉樸的窗臺（這樣說並不過分），一朵花剛綻放，這位幹勁十足的切葉者就飛來把花瓣剪成月牙形。牠對顏色並不在意，無論紅色、玫瑰色或白色，所有花瓣都得悲慘地挨上幾剪刀。那時我抓了幾隻做成標本，如今牠們成了我盒中彌足珍貴的老紀念物了，算是對掠劫花的一種補償吧。我後來再未見過這令人頭痛的蜜蜂。現在沒有了天竺葵花，牠用什麼築巢呢？我不知道。儘管如此，這位纖巧的女裁縫一直都在裁剪一種新近從開普敦買來的異國花，好像牠的整個種族從未裁過別的花似的。

綜合上述得出的結論，最初昆蟲築巢技藝的固定性強加給我們一些想法，然而現在似乎與之相反。為了構築羊皮袋，每種切葉蜂都會根據自己種類特有的品味選擇這種或那種植物，但不會排斥其他植物；牠們並沒有確定不變的、完全隔代遺傳

下來的植物品種選擇性，而是因地制宜，根據周圍的植被情況來採集葉片。即使是同一間蜂房，各個層面所用的葉片也有所不同。對牠們來說什麼都好，無論是異國他鄉的還是土生土長的，無論是特別的還是平常的，只要切出的葉片合用就行。灌木的枝椏纖維，有時聚攏成一團，葉片則或大或小，或綠或淡灰，或晦暗或亮澤，但指引蜜蜂的並不是灌木的外表，也不是牠淵博的植物學知識。在被切葉蜂選為切割工坊的矮樹叢中，牠只看見一樣東西：適宜築巢的薄片。伯勞對於有著毛茸茸細長枝條的植物十分著迷，當牠找不到牠偏愛的絮菊時，會尋找其他類似的絨毛植物；切葉蜂的資源更廣，牠對植物本身並不感興趣，而只關心葉子。如果葉片大小正好，質地乾燥不會長黴，且柔軟性佳而易於捲曲成圓柱體，牠就十分滿足別無所求了。因此，牠們採摘的植物範圍幾乎無法確定。

這些事先並無誘因的突變，是頗值得深思的；那些曾在我家窗臺上劫掠天竺葵花的無恥傢伙是怎麼學會這本領的？天竺葵的花瓣有的純白，有的鮮紅，色彩極不調和，可是牠卻絲毫不受其影響。沒有任何跡象顯示牠在採集來自開普敦的植物方面是個新手，即使牠的祖先的確曾使用過這種花；可是，這種天竺葵是最近才進口的植物，這一習慣還沒來得及在牠身上根深蒂固呢。還有銀色切葉蜂，我為牠創造了一處異國樹林，牠又是在哪裡認識我栽種的異國植物的呢？牠絕對是才剛認識這

種植物，因爲我們村裡從未有過這種畏寒的灌木、溫室裡的植物，然而牠卻動手了，並且一下子就成了切割這種陌生樹葉的藝術大師。

人們經常告訴我們，本能是經由長期學習逐漸獲得的，才能是幾個世紀辛勤工作的成果；切葉蜂向我顯示的卻恰恰相反。牠們告訴我，儘管築巢技藝的精髓一成不變，但牠們能夠在細節上進行創新；同時牠們向我證實，這些創新是突然的而非漸進的，既沒有事先的醞釀，也沒有事後的改進與傳遞，否則在林林總總的樹葉中，切葉蜂應該早就做好了選擇才對，既然認定某種灌木是最適用的，那這種灌木就該提供築巢所需的全部材料，尤其當這種灌木遍地都是時更是如此。假使連築巢工藝上的創新能力都可以遺傳，那麼一隻壯著膽子在石榴樹葉上裁剪小圓葉片，並發現裁出的葉片很好用的切葉蜂，就該激起牠的後代對類似材料的喜愛，那麼今天我們就會發現一些忠於石榴樹的切葉者，在原本的材料選擇方面非常專一且排他的勞作者。然而，事實否定了這些論說。

人們還說：「讓昆蟲築巢的技藝產生一點變化吧，無論這種變化多麼微小；這變化會愈演愈烈，最終導致一個新的種族和固定的物種。」這一變化論是阿基米德[2]宣稱能扛起世界槓桿體系的支點。切葉蜂就向我們展現了如此一種微變和一些巨

變：所用材料的不確定。以此爲支點，那些理論槓桿能抬起什麼呢？什麼都抬不起吧！無論牠們裁剪的是天竺葵精緻的花瓣還是丁香樹硬梆梆的葉子，切葉蜂的現在、將來都與過去一樣。這就是每一種切葉蜂在築巢細節上的恆定性向我們證明的事情，儘管牠採集的葉子是如此多種多樣。

---

② 阿基米德：約西元前287～前212年，古希臘數學家、發明家，理論力學的創始
　人。生於希臘殖民地，西西里島的敘拉古城。——編注

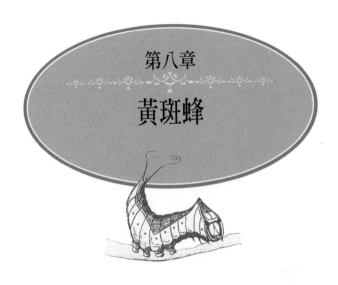

第八章

黃斑蜂

　　昆蟲在築巢材料的選擇上有一定的自由，除了切葉蜂以外，以植物絨毛爲原料進行加工的黃斑蜂也能證明這一點。我的家鄉有五種黃斑蜂：佛羅倫斯黃斑蜂、冠冕黃斑蜂、偃毛黃斑蜂、色帶黃斑蜂、肩衣黃斑蜂。牠們會在隱居所裏鋪上植物絨毛織成的毯子，但沒有一種黃斑蜂會自建一所住宅。像壁蜂和切葉蜂一樣，牠們居無定所，放蕩不羈，各自隨意撿拾其他昆蟲的工作成果作爲蔽身之所。肩衣黃斑蜂鍾情於髓質枯竭的荊條、被各種會鑽孔的蜜蜂營造成一條孔道的乾荊條。在那些會鑽孔的蜜蜂中，蘆蜂列於榜首，儘管牠是蜂中「侏儒」，但可與木蜂匹敵，是一位強有力的枯木鑽探者。面具條蜂所建的寬敞通道很適合佛羅倫斯黃斑蜂，論身材牠可是黃斑蜂中的老大。如果冠冕黃斑蜂繼承了毛腳條蜂的前廳甚或簡陋的蚯蚓洞，牠就自認滿足了。若是找不到比這些更好的居所，牠有時

會住進卵石石蜂破敗不堪的圓頂屋內。肩衣黃斑蜂與牠趣味相投。我曾無意中發現一隻色帶黃斑蜂與一隻泥蜂同居一屋。這兩位一主一客，一起住在一個沙地孔穴裡，倒也和平相處，相安無事；色帶黃斑蜂通常隱居在殘垣斷壁的縫隙深處。除了這些屬於他人工作成果的隱居所外，還有深受各種絨毛收集者及

肩衣黃斑蜂
（放大2½倍）

壁蜂喜愛的，切成一段一段的蘆竹。此外我們還要再加上一些最出人意表的隱居所，比如一塊類似匣子的空心磚、迷宮似的門鎖等，這樣我們就有了一份較完整的黃斑蜂居所目錄了。

　　繼壁蜂和切葉蜂之後，我們第三次發現了黃斑蜂對現成的寬敞住宅也有不可遏止的需求；沒有任何一隻黃斑蜂是自食其力的。我們能找出其中的原委嗎？讓我們來看看幾位勤勞的築巢者吧。條蜂在被陽光烤得堅硬的岩屑堆中挖出坑道和蜂巢，牠所做的工作不是建築，而是挖掘；牠所做的也不是堆砌，而是清掃。條蜂用大顎使勁地掘著，一粒沙子一粒沙子地掘著，最後終於完成了一項浩大的工程，挖出了輸送食物的小通道和產卵必需的蜂房。此外，牠得將坑道及蜂房那過於粗糙的內壁磨光，並粉飾灰泥。經過漫長的工作，居所終於落成了。如果要條蜂接著往裡面填塞棉絮，採集絨毛植物的絨毛並做成毯

子，墊在可以裝盛蜜汁花粉團的囊中，會發生什麼事呢？要製
造出這麼多的奢侈品，光靠蜜蜂的驍勇是不夠的。挖掘工作既
費時又費力，使牠再沒有閒情逸致去精心裝飾家居，因而蜂房
和坑道仍將是光禿禿的。

木蜂給了我們相同的回答。當木蜂用牠從事木工工作的曲
柄鑽，在椽子上耐心地鑽出一個一拃①深的小孔時，牠還有能
力像柔絲切葉蜂那樣，把葉子切割成千百張碎片來鋪就自己的
蜂巢嗎？不，牠缺少時間。就像切葉蜂，若是沒找到天牛的寢
室可用，就得自己在橡樹上鑽個窩，牠同樣沒有足夠的時間這
麼做。因此，木蜂在經過了艱苦的鑽孔工作之後，僅用木屑將
孔道簡單地分隔成幾個蜂房，草草安頓家人。

築巢的艱苦工作與裝飾家居的藝術化工作似乎無法並肩而
行。昆蟲就像人類一樣，建造房屋的人不會做裝飾，而裝飾房
屋的人並非專精於建造房屋。由於缺少時間，大家只得分工合
作了。分工為一切藝術之母，使工作者能出色地完成自己的任
務；如果要一個工作者獨自完成整個工程，那他必定停留在粗
糙的實驗階段。動物的工藝活動與人類有點相似，只有依靠許
多默默無聞、自己尚未意會到正在創造傑作的工作者的協助，

---

① 一拃：張開手掌後，姆指和小指兩端的距離。——編注

藝術才能臻於至善。而對於切葉蜂的葉簍和黃斑蜂的棉囊，我看不出還有其他理由能說明，爲何必須要有一個現成的居所。如果其他昆蟲藝術家在進行精細工作時必須有一個庇護所，我

織毯蜂
（放大2倍）

會毫不猶豫地向牠們提供一個完全現成的居所。雷沃米爾曾跟我們提過織毯蜂，這是一種用虞美人花的花瓣築巢的蜜蜂。我不認識這種切花瓣的蜜蜂，我從未見過，但牠的技藝足以告訴我，牠必須在其他昆蟲比如蚯蚓挖出的坑道裡安身。

　　只要觀察一下黃斑蜂的窩就會深信，這個窩的建造者不可能同時是一位執著的挖土者。牠那剛鋪上棉氈但尙未塗蜜汁的棉囊，最能體現昆蟲築巢藝術的優雅，尤其是棉花無比雪白瑩亮；色帶黃斑蜂加工出的棉花通常都是這樣的。在所有值得我們欣賞的鳥巢之中，沒有任何一種在絨毛的精細度、外形的優雅和毯子的精緻程度上，能與這令人嘆爲觀止的棉囊相提並論，就連我們靈巧的雙手借助工具也難以逼眞再現。這蟲子所用的工具，與揉泥團的泥匠和編樹葉的篾匠所用的工具沒什麼兩樣，那牠是如何將一小團一小團運至巢中的絨毛做成一塊十分均勻的毯子，然後將毯子鞣成針箍形的蜜囊呢？對這一問題我不想再深究。鞣氈大師的工具，是腳與大顎，這跟拌灰漿的

蜜蜂、切葉片的蜜蜂一樣。儘管牠們所用的工具相同，但得到的結果卻多麼不同啊！

要親眼觀察黃斑蜂的築巢活動似乎是件極為不易之事，由於牠們活動在肉眼無法窺見的隱蔽處，而要讓牠在光天化日之下工作，卻又非我們力所能及之事。有一個辦法，我當然已經使用過了，可是至今未見任何成效。冠冕黃斑蜂、偃毛黃斑蜂及佛羅倫斯黃斑蜂，這三種黃斑蜂相當樂意住在我的蘆竹蜂箱內，尤其是第一種黃斑蜂。我只需用玻璃管替代蘆竹莖就可以觀察黃斑蜂的工作，而且不會打擾牠們。這方法對觀察三叉壁蜂和拉特雷依壁蜂也非常有效，正是借助於那透明的居所，我才窺見到牠們日常生活中的所有小秘密。然而，為什麼玻璃管對觀察黃斑蜂就不起作用，而且在同樣情形下要觀察切葉蜂也失效了呢？我一直盼望能夠成功，然而事與願違。蜂箱中的玻璃管裝了四年，然而鞣棉氈的黃斑蜂和切葉蜂卻從來不屑選擇在玻璃宮殿中築巢，一次都沒有，牠們似乎更喜歡蘆竹做的小茅屋。我會不會迫使牠們按我的意願去做呢？我還沒有放棄這種嘗試。

讓我來說說這期間我的點滴見聞吧。當黃斑蜂在蘆竹中築起或多或少幾間蜂房後，便用一團厚厚的、通常比蜜囊絨絮更粗糙的絨毛球將出口處堵塞，這絨毛球就相當於三叉壁蜂的泥

罍、拉特雷依壁蜂咀嚼的碎葉團，或是切葉蜂切碎的葉片。所有這些不付房租的房客，都會仔細地將居所的大門密實地關住，而牠們通常只使用那間居所的一部分。壁罍的形成過程從外部幾乎就可以觀察到，我只需耐心地等候好時機。

黃斑蜂終於到了，帶來了用作圍牆材料的絨毛球。牠用前腳把絨毛球撕碎、展平，然後大顎不斷一合一張，合住時往絨毛球裡戳，張開時則往外抽，就這樣使那一團團絨毛變得非常柔軟，最後再用前額將一層新的絨毛氈糅到前一層上，這樣就行了。接著蜜蜂飛起，一會兒又帶著另一團絨毛飛了回來，重複剛才的步驟，直到絨絮壁罍與出口齊平爲止。我們可別忽略了這一點，儘管現在黃斑蜂所做的工作還十分粗糙，根本比不上牠製作棉囊的細緻程度，然而這卻可以讓我們了解這位藝術家築巢的大致過程。牠用腳梳理絨毛，用上顎將其細分，再用前額壓緊，令人讚歎的棉囊就在這些工具的作用下成形了。這就是大致的築巢過程，但如何了解其中的藝術性呢？

讓我們將這個疑問放在一邊，先來看看可以觀察到的事實吧。我的觀察目標主要是冠冕黃斑蜂，牠是我蜂箱裏的常客。我打開一段約二公分長、直徑爲十二公釐的蘆竹，底端被一列由十個蜂房組成的棉囊占據了，從表面看起來，蜂房之間沒有任何分界，好像一根連續的圓柱體。此外，各個蜂房都被緊密

地黏合在一起，一個黏連著另一個，以至於如果拉扯圓柱體的一端，這棉花建築雖不致散開，但一間蜂房卻整個被扯了下來。看上去一個圓柱體好像只有一間蜂房，實際上是由一系列蜂房組成的，除了位於最底端的蜂房外，每一間都是單獨建造，與上一間彼此獨立。

如果不剖開黃斑蜂軟軟的、充滿了蜜汁的蜂房，就無法看出蜂房的層數；再不然就得等到結造蛹室以後，那時我們可以透過結節（受到封蓋絨絮壓縮的地方）的數量得出蜂房數目。要解釋這種普遍的結構很容易，黃斑蜂以蘆竹莖作為模具，在一個棉囊內鋪上絨毛氈。如果沒有蘆竹莖來限制棉囊的形狀，黃斑蜂照樣能塑出一個同樣優美的頂針形棉囊，在牆壁及地面的縫隙間築巢的色帶黃斑蜂可以作證。棉囊築好之後，要朝裡面儲存食物並產卵，接著是封閉蜂房。黃斑蜂所用的封蓋不同於切葉蜂那種嵌在出口處一堆小圓葉片的幾何形封蓋，牠將一塊層疊的絨絮蒙住棉囊口，絨絮的邊緣被黏合在出口邊緣上。蜜囊和封蓋黏合得如此緊密，因此兩者合而為一，難分難解。一間蜂房完工後，黃斑蜂緊接著在上面修築第二間蜂房，這間蜂房有自己獨立的地板。在這步工作開始之前，牠先精心地將第二間蜂房的地板黏合在第一間蜂房的天花板之上，這樣就把兩層蜂房接合起來了，以此類推，直至最後所有蜂房都被密密地黏合在一起，形成了一個連續的圓柱體，而彼此獨立的棉囊

的雅致就消失不見了。切葉蜂差不多也以同樣的方式將蜂房疊成一列黏在一起，從表面也看不出蜂房間的層次界限，只是黏合得不那麼緊密罷了。

讓我們回到那段向我們提供了這些細節的蘆竹頂端吧，在那兒排了一整排十個蛹室的圓柱體之後，還留有一段約五公分長的空間。壁蜂和切葉蜂都習慣將這些長長的前廳空置著，而黃斑蜂卻在蘆竹口塞上一大團比用於築蜂房的絨絮更粗糙且不那麼潔白的絨絮，整個蜂巢就大功告成了。相比之下，用於封蓋的材料在細膩度上略顯遜色，但在牢固度上高出一籌。不同的部分所用的材料並不相同，我們經常發現昆蟲在選材上的這一特點，這使我們認為，昆蟲懂得辨別何種材料更適合用作幼蟲柔軟的吊床，而何種材料更適合作為保護蜂房的壁壘。有時牠們所作的選擇非常明智，就像冠冕黃斑蜂的蜂巢所證明的那樣。儘管蜂房是用二至點矢車菊上採來質量最好的白絨毛築成，但入口處的柵欄，卻常只是一堆從彎彎曲曲的毒魚草上採來的星形絨毛，淡黃的顏色與蜂巢的其餘部分很不協調，兩種絨毛的不同作用極其鮮明突出。為了呵護幼蟲細嫩的肌膚，必須有個柔軟的搖籃，因而雌蜂收集的都是絨毛植物上最好的莫列頓呢。與那種用羊毛裝飾內巢、用小塊木柴加固外巢的鳥相比，蜂並不遜色，牠將耐心採集到的、數量稀少但極為精細的棉絮，專門給幼蟲當作墊子；而為了封鎖門戶，牠則在門口布

滿蒺藜及硬樹枝上的星形鬚毛，將敵人攔在門外。

　　這一精妙的防禦工事不是黃斑蜂唯一的防禦系統。肩衣黃斑蜂的疑心病更重，牠在蘆竹前端不會留任何一點空隙。在一列蜂房築成後，牠立刻就在空著的前廳裡堆上一大堆雜七雜八的碎屑，都是牠從蜂窩附近隨意撿來的沙礫、小土塊、木屑、泥粒、果實、碎葉、蝸牛的乾糞便，以及其他可能找到的任何礫石。於是，這一堆真正的壁壘將蘆竹給塞滿了，僅留下離蘆竹口兩公分左右的空隙，剩下的空間則留給最後一團棉塞。當然，敵人是無法跨越那雙重壁壘侵入巢中的，但牠們會繞開障礙。褐翅小蜂會飛來，將牠長長的探針戳進蘆竹莖上難以覺察的裂縫，然後往裡面注入牠那可怕的卵，最終把城堡裡的居民全部殲滅，一個不留；於是肩衣黃斑蜂處心積慮修築起的防禦工事就這樣瓦解了。

　　如果切葉蜂尚未提供讓人觀察得知的機會，那麼在這裡應該特別指出一點：當昆蟲的卵巢明顯耗竭時，牠仍將繼續消耗自己的能量，不為產卵、只為快樂工作而築一些無用的巢。有絨毛封口但裡面什麼都沒有的蘆竹並不少見，有些蘆竹則有一、兩間既無食物亦無卵的蜂房。採摘絨毛做成棉氈並堆成壁壘的本能總是非常強烈，促使昆蟲堅持不懈地工作，直至生命終結，儘管可能毫無結果。蜥蜴尾巴折斷後仍在搖動，一會兒

蜷曲，一會兒伸直。我從這些生理反射動作中所窺見的，固然不足以說明什麼事，卻也大體反映昆蟲堅韌、勤勞的形象，甚至不再有什麼事情可做，牠們也還一直為自己的藝術而辛苦勞作。對勤勞的昆蟲來說，休息只有一種，那就是死亡。

關於冠冕黃斑蜂的居所我們已談得夠多了，現在讓我們來看看其中的居民和糧食吧。蜜汁呈淡黃色，色澤均勻，為半流質體，非常濃稠，不會滲過不防水的棉囊而向外滲漏。卵就浮游在這堆食物的表面，頭栽入花粉團中。追蹤幼蟲的成長過程也不乏其趣，主要是因為牠的蛹室是我見過最奇特的蛹室之一。為此我準備了幾間便於觀察的蜂房，用剪刀將棉囊側翼截去一部分，使食物和蠶食者都暴露出來；我把這間已被剝開的蜂房安放在一根短短的玻璃管中。最初幾天一切都平淡無奇，那條可憐的小蟲子總是將頭泡在蜜汁裡大口大口地吸吮著，漸漸地長大長大，終於有一天……但在研究幼蟲的衛生習慣之前，我們還是先看看更表層的現象吧。

所有的幼蟲，無論哪一種，若靠母親堆在狹窄巢中的食物餵養，都得遵從一些衛生條件；而這些條件是遊蕩的幼蟲所不知道的，牠覺得哪裡好就往哪裡去，能找到什麼就吃什麼。無論是第一種隱居者還是第二種遊蕩者，都不能完全吸收食物，多少會產生一點點污穢、殘渣。遊蕩者對自己的污穢之物毫不

在意，總是隨處排泄糞便排除麻煩，但第一種隱居者的幼蟲，身處塞滿食物的小屋裡，牠將如何處置牠的食物廢渣呢？一種可怕的混合似乎不可避免。讓我們想像一下，那喝蜜汁的幼蟲浮游在流質食物之上，不時地往裡面排泄糞便將食物玷污；牠的臀部只要稍微一動，所有東西就會攪和在一起，而對於這嬌嫩的嬰兒來說，這是多麼粗劣的荣肴啊！不，這不可能，這些挑剔的美食家一定有方法解決這可怖的問題。

其實每一種昆蟲都有一種非常獨特的解決方法。有些幼蟲，如俗語所說，抓住了牛角從難處著手，為了不弄髒食物，牠們一直憋到用餐完畢才排泄，只要食物還沒有全吃完，牠們就會將肛門緊閉；這種方法似乎不是所有幼蟲都能做到。的確有些昆蟲如飛蝗泥蜂和條蜂就是這麼做，在所有食物都吃光後，牠們才將從開始進食就積聚在腸中的糞便，一次全都排放出來。

另一些昆蟲，尤其是壁蜂，採取折衷的解決辦法，牠們等到巢中的食物被吃掉一部分，空出了足夠大的空間時，才開始清除腸道裡的垃圾。另一些昆蟲更迫不及待，因為牠們可以在糞便上加工，便可以更早地服從那共同的規則。憑著天才的靈感，牠們把令人憎惡的糞便做成了可用於建築的礫石。我們對百合花金花蟲的藝術已有所知，牠用自己柔軟的糞便做了一件

可供避暑的外套[2]；這是一種看起來十分土氣、令人不悅、噁心的藝術。而冠冕黃斑蜂則屬於另一個流派，牠用自己的糞便製作出一些傑作，如鑲嵌工藝品和優雅的馬賽克般，你壓根看不出它原來有多麼卑賤。讓我們透過那透明的玻璃管，觀察牠們的這些技藝吧。

食物差不多被吃掉一半時，黃斑蜂就開始頻繁地排便，一直持續到食物消耗殆盡爲止。牠的糞便是淡黃色的，勉強有大頭針針頭那麼大。糞便被排出後，幼蟲向後一拱就將之拱到蜂房邊緣去了，然後吐幾根絲將糞便繫在那裡。其他昆蟲要等到食物吃完才開始吐絲，可是黃斑蜂與眾不同，早早就開始吐絲，並與進食交替進行。污穢物就是這樣與蜜汁遠遠地隔開，沒有混淆的危險。垃圾最終越積越多，在幼蟲四周形成了一道幾乎綿延不斷的屏障。這種半絲半糞的糞便頂篷就是蛹室外殼的粗模，或更確切地說，是一種鷹架，礫石在最終被派上用場前就堆在那上面。在加工馬賽克的工作開始之前，這倉庫可確保所有糧食都不受污染。

無法扔出去的東西，就將之懸在天花板上才不造成麻煩。這麼做已經不錯了，而將之做成一件藝術品，這就更絕了。等

② 詳見《法布爾昆蟲記全集 7──裝死》第十四章。──編注

到蜜汁不見了，幼蟲這就開始正式織造蛹室。牠用一層絲將自己裹住，這層絲先是純白的，然後被一種黏膠性質的漆染成淡紅棕色。這層網眼稀鬆的紗布慢慢織成，牠距離懸在鷹架上的糞粒也越來越近，最後終於抓住了糞粒，將之牢牢地嵌入織物中。泥蜂、巨唇泥蜂、步岬蜂和其他的鑲嵌工，就是這樣用沙粒來加固蛹室外殼不夠牢固的緯紗；不過待在棉囊裡的黃斑蜂幼蟲，就只能用牠所能擁有的唯一固體材料來代替礦石顆粒。對牠而言，糞便就是沙礫。

可是，黃斑蜂的作品並不因此遜色。恰恰相反，當蛹室織成後，沒有目睹其製作過程的人很難說出這件作品的質地。蛹室外殼的色澤和優雅勻稱的外形，令人想到用細竹條編成的竹簍，想到鑲嵌著異國情調小珠子的工藝品。起初我對它非常好奇與著迷，不停地思量，這位棉囊中的隱者究竟是用什麼東西將蛹的居所裝飾得這麼漂亮，但是沒有找到答案。今天我終於了解其中的奧秘，對這蟲子的創造性讚賞不已，因為牠竟能將最令人噁心的材料變得實用而優美。

我還發現了蛹室的另一驚人之處，牠頭部的一端是短短的圓錐形突起，尖端被鑽了一個窄孔，使裡外可以相通。這一建築特色是所有黃斑蜂都共有的，不論是與樹脂或是與植物絨毛打交道的黃斑蜂都是如此，而在這一族群之外，就再見不到這

種特色了。

　　為什麼幼蟲不像對待其餘部分一樣，給這個部分鑲上糞粒，而是任其裸露呢？這個窟窿基本上是暢通的，抑或至多只在基部蒙了一層織得很鬆的紗布，而這究竟有什麼用處呢？依我所見，幼蟲對此十分重視。我目睹幼蟲精心編織蛹室尖端的過程，多虧有那個窟窿，才使我得以追蹤幼蟲的活動。牠耐心地將圓錐形孔道底部加工得又光又圓，近乎完美，而且牠不時會閉緊兩顎，伸入孔中，顎尖使孔道向外略微突出，然後再將大顎適度張開，就像分開圓規的兩足一樣，使內壁擴張並調節出口。

　　我先不貿然下定論，只設想蛹室被鑿通的尖端，是對呼吸必不可少的進氣煙囪。無論蛹室有多密實，蛹待在其中都得呼吸，就像鳥蛋中的雛鳥也得呼吸一樣。蛋殼表面幾千個微細小孔使殼內的濕氣得以蒸發，也使雛鳥所需的外界空氣得以適量滲入。泥蜂和巨唇泥蜂的石頭小匣子儘管十分堅固，卻具有類似在污濁空氣與純淨氣體之間換氣的方法。黃斑蜂的蛹室會不會完全相反，本身並不透氣而我不知其原因呢？無論如何，這種不透氣性不可能歸因於糞便做成的馬賽克，因為採脂黃斑蜂的蛹室中可沒有馬賽克，但牠也有一個極佳的空氣調節尖端。

　　我們能不能從浸透絲紗的生漆中找到問題的答案呢？我在
「是」與「否」之間徘徊不定，因為很多蛹室都塗有同樣的生
漆，卻不具備與外界交換空氣的能力。總之，由於仍無法確認
蛹室尖端小孔的必要性，我姑且假定，黃斑蜂的蛹室尖端是一
個呼吸的閘口；而其他所有織造蛹室者都將蛹室完全地封閉
住。是採絨毛者也好，採樹脂者也好，牠們究竟為什麼要在蛹
室上留一個大孔？這問題還是留待以後再考慮吧。

　　在探究了這些生物學上的奇趣後，我還要來探討一下本章
的主題：築巢所用的植物來源。透過追蹤黃斑蜂的採集過程，
或者在顯微鏡下檢查牠所加工的絨毛，我發現我家附近的各種
黃斑蜂都毫無區別地採摘一切絨毛植物，當然這一發現費了我
大量的時間和耐心。菊科植物提供了大部分絨毛，尤其是下列
幾種：二至點矢車菊、圓錐花序狀矢車菊、藍刺頭、大翅薊
屬、蠟菊、日爾曼絮菊等；接著是唇形花科植物，比如普通夏
至草、黑臭夏至草、假荊介屬、鼠尾草屬植物；最後是茄科植
物，屬於毛蕊花屬的大毛蕊花和深波葉毛蕊花。

　　大家已經看到，儘管我記錄下黃斑蜂的採集植物一覽表很
不完整，但包括了好幾種外觀極不相同的植物，諸如綴著紅色
絨球的大翅薊它那高傲的大燭臺式枝幹、長著天藍色頭狀花序
的藍刺頭那卑微的莖幹、毒魚草寬大的薔薇花飾、二至點矢車

菊瘦削的葉片、銀光閃閃的衣索比亞鼠尾草濃密的鬚毛，以及不凋花屬植物短短的絨毛，這些植物之間在形態上毫無相同之處。對黃斑蜂而言，這些普通植物學上的特徵並不重要，只有一樣東西在指引著牠——絨毛的質量。只要這植物身上或多或少地覆蓋著柔軟的絨毛就行，其他的對牠來說都不重要。

除了絨毛要精細外，被採摘的植物還要滿足另一個條件，那就是已經乾枯了；只有乾枯植物的絨毛才值得剪下。我從未見過黃斑蜂在鮮活的植物上採集絨毛，這樣就避免了絨毛發霉，充滿了汁液的一堆絨毛極易長黴。

黃斑蜂對牠所認定的適用植物非常忠實，牠會出現在上次採摘過後裸露部分的邊緣，繼續採集絨毛。牠用大顎刮著植物莖幹上的絨毛，把小撮小撮的絨毛慢慢傳到前腳上，前腳則將這絨球緊緊摟在胸前，並把迅速增多的絨毛揉成一個小圓球。當這只絨球有一顆小豆子那麼大時，牠用大顎將絨球叼回，咬在牙間，就這樣飛走了。如果我們有足夠的耐心，而且只要牠尚未開始加工棉囊，就會看見牠幾分鐘後又回到同一地點。收集食物的工作會使採集絨毛的工作中斷一陣子；然後第二天，第三天，如果同一株植物上濃密的鬚毛還沒有被刮淨，黃斑蜂就會在同一根莖幹、同一片葉子上繼續刮著。這工作似乎一直持續到修築隔牆的棉塞需要用到更粗糙的絨毛為止；築隔牆的

絨毛常常是和築巢的精細絨毛一起採集的。

我們肯定，在當地的土生植物中，可以讓黃斑蜂採集絨毛的植物範圍很廣；另外我們還想知道，牠是否會使用一些不爲牠的種族所知的異國植物？在牠的大顎第一次刮到的絨毛植物面前，牠是否會現出某種程度的猶豫呢？我已在荒石園種植了南歐丹參鼠尾草和巴比倫矢車菊，這裡即將成爲採集場，而採集者將會是冠冕黃斑蜂，牠也是蘆竹蜂箱內的房客。

南歐丹參鼠尾草，一種普通的野菠菜，屬於法國植物品種中的一種，這點我已經知道，但現在這個品種卻是從國外引進的。據說可能是一位帶著榮耀與滿身創傷從巴勒斯坦東征歸來的十字軍騎士，爲了治癒他的風濕病，並包敷面部刀傷，他從勒馮帶回這種野菠菜，於是這種植物就從中世紀領主的小城堡內向四周散播，但它始終忠於城堡的城牆。從前這種植物曾被當作香料，由高貴的領主和夫人們栽種在牆邊；到今天，封建貴族的廢墟仍是它們偏愛的紮根之處。騎士和城堡都已消失了，這種草卻留存了下來。歷史也罷，傳說也罷，南歐丹參鼠尾草的來源並非主要問題。儘管法國某些地方有這種野生植物，但在沃克呂茲地區，野菠菜一定是大家陌生的。爲了採集植物標本，多年來我走遍了全省，可是也只遇見過一次這種植物。那是三十多年前在卡宏的一片廢墟中，我折了一根插穗，

從此十字軍的野菠菜就一直伴隨著我長途跋涉。我蟄居的小院內現在生長著許多叢野菠菜，但小院之外，除了牆腳邊，我在別處就再找不到這種植物了。因此，在這方圓幾百里內，它完全是一種新的植物，在我來此播種這種植物之前，塞西尼翁的黃斑蜂還從未採過它的絨毛呢。

黃斑蜂並未過量採集巴比倫矢車菊上的絨毛，這是我為了遮蓋院中貧瘠的石子地而最先引進的植物；牠們從未見過如此巨大的、來自幼發拉底河流域的矢車菊，莖稈如孩子的手腕般粗，三公尺高處長著一簇簇黃色絨球，寬大的葉子平展在地下形成了巨大的薔薇花飾。本地植物中沒有任何植物長成這樣，甚至連大翅薊也不例外。對此黃斑蜂毫無準備。面對這樣的發現，牠們會做些什麼呢？牠們一定會占有這些異國植物，就如面對慣常的供應商一般，矮小的二至點矢車菊一樣毫不猶疑。

在離蘆竹蜂箱不遠的地方，我放了幾株曬得恰到好處的南歐丹參和巴比倫矢車菊。冠冕黃斑蜂立刻就發現這將是個大豐收。牠一試便認定絨毛質量極佳，因此在築巢的三、四個星期內，我天天看見牠在採集絨毛，一會兒在南歐丹參上，一會兒在矢車菊上。我看牠似乎更喜歡巴比倫矢車菊，也許因為這種植物的絨毛更潔白、更細膩、更濃密吧。我仔細觀察牠們用大顎刮絨毛、用腳將茸毛揉搓成團，我看不出這與牠們在藍刺頭

及二至點矢車菊上採集絨毛有什麼不同。牠們就像對待本土植物一樣，對待這兩種分別來自幼發拉底河和巴勒斯坦的植物。

於是，採集絨毛的黃斑蜂，就從另一方面論證了我們觀察切葉蜂時得出的結論。在本地植物品種中，黃斑蜂並沒有明確的採集範圍，只要能找到築巢材料，牠會很自然地從一種植物採到另一種植物，無論是異國的還是本土的，都一樣接納。從一種到另一種植物、從普通的到罕見的、從習慣的到特殊的、從熟悉的到陌生的，這種轉變是突然完成的，沒有漸進的啓蒙傳授。昆蟲對築巢材料的選擇不需要經過見習期，亦不需要習慣的教導。牠們的築巢技藝，會由於個體突然的、非遺傳性的創新而在細節上變化無常，因而否定了演化論的兩大要素：時間與遺傳性。

第九章

採脂蜂

　　法布里休斯[1]所確定的黃斑蜂種類，仍然爲我們今天的分類學所接受。當時，昆蟲學家極少研究活生生的昆蟲，人們只研究昆蟲屍體，這種實驗室的解剖方法至今似乎仍未絕跡。人們睜大眼睛仔細觀察昆蟲的觸角、大顎、翅膀、腳，卻從不思考一下，這些器官在昆蟲的工作過程中發揮了什麼樣的作用。對昆蟲的分類簡直就跟水晶分類一樣，結構就是一切；生命及其最大的特性、智力、本能，都無足輕重，登不了昆蟲學的大雅之堂。

　　的確，幾乎只對屍體進行研究的方法，在一開始是必須

---

① 法布里休斯：1745～1808年，丹麥昆蟲學家，林奈的弟子，對他那個時代所知的幾乎所有昆蟲進行了系統分類。——譯注

的。收集昆蟲標本，把牠們釘在盒子裡，是人人都可以做得到的，但是，隨這些昆蟲進入牠們的生活，研究牠們的工作和習性，卻完全是另一碼子事了。沒有閒工夫、有時也缺乏興趣的專業詞彙分類者，手拿放大鏡，分析著死去的昆蟲，給這昆蟲工人命名，卻並不知道牠生產的是何物。由此說來，「粗俗難聽」只是許多名稱最輕微的缺陷，某些稱謂本身就是極大的錯誤。例如，人們不是把刺脛蜂這種搬運石頭的蟲子叫作「做木工，並且只做木工」的蜂嗎？特別是有些已經廣爲人知的昆蟲職業，在編寫種類的特性簡述時，不能給予清楚闡明的時候，類似上述前後不一致的情形就在所難免了。我希望，昆蟲學將在未來取得不凡的進步，人們將注意到，他們珍藏的標本也曾有過生命，並從事某種職業；解剖學著作將在生物學著作中留出些許位置來。

由於法布里休斯使用了「黃斑蜂」這個名稱，使人聯想到對花的愛慕，所幸他沒有沾染上那個時代的通病。即使如此，他也沒有論及黃斑蜂的特徵。在相當程度上，所有的蜜蜂都具有相同的愛好，所以我認爲沒有理由覺得黃斑蜂比其他蜂更熱衷於採蜜。如果這位丹麥學者早知道牠們用絨毛築巢，也許會給牠們取個更符合邏輯的名字。至於我，我用的是一種在科學詞彙裡不流行的詞，我將把牠們稱作「採絨蜂」。

這一術語需要加以限制。根據我的新發現，的確，以前的黃斑蜂種，即昆蟲分類學者所指的黃斑蜂種，在我的家鄉，就包括兩個從事截然不同職業的群體。一種是我們已經知道的，只採集絨毛的黃斑蜂；另一種的淵源尚待我們去探究，牠採集樹脂而對絨毛完全沒興趣。為了忠實於我的「形象貼切」原則，即盡量以所生產產品來為工人命名的原則，我把這種蜂稱

七齒黃斑蜂
（放大1⅗倍）

作「採脂蜂」。受限於我觀察所得到的資料，我將黃斑蜂這個族群分為兩個具有同等地位的類別，我要求給牠們各自一個特殊的名字，畢竟用同一個名字稱呼絨毛梳理工和樹脂採集工是不合邏輯的。我把按照此規則進行變革的榮耀獻給有關人員。

堅持不懈給我帶來了好運，我在沃克呂茲的好幾個地方發現了四種採脂蜂，還沒有人想到牠們從事著獨特的行業呢。今天，我在附近重新又找到了一些黃斑蜂，牠們是七齒黃斑蜂、好鬥黃斑蜂、四分葉黃斑蜂和拉特雷依黃斑蜂；前兩種藏身於舊的蝸牛殼裡，另兩種有時躲藏在泥土中，有時則築巢於大石下。首先讓我們來關心一下蝸牛殼裡的居民吧。我已經在第三冊裡提到過幾句，論述過牠們的性別劃分。雖然是由別的問題引起而附帶提及的，我也應該對當時的敘述做一下補充。現在

我就回過頭來更深入地討論。

　　塞西尼翁那古老採石場裡的碎石堆，寄宿在蝸牛殼中的壁蜂經常到這裡來尋找用於築巢的蝸牛殼。這裡也為我提供了居住在類似地方的那兩種採脂蜂。當田鼠在石板底下，在牠睡覺的乾草墊周圍留下了一大堆空甲殼時，就有希望發現塞滿了爛泥的蝸牛殼，以及不時亂七八糟地與泥巴蝸牛殼攪在一起、用樹脂封住的蝸牛殼。兩種蜜蜂結伴工作，一種只用黏土，另一種只用樹脂做的黏著劑。採石場的雜物使這裡遍布掩護所，老鼠的餐後點心提供了足夠的住處，優越的地理環境為這種同居生活提供了適當的條件。

　　有些地方的死蝸牛很少，一個個四散分布在類似田間牆垣的縫隙那樣的地方。在那兒，每一隻蜂都離群地占據著牠發現的新居，但在這裡，我們的收穫總是雙倍甚至三倍，因為這兩種採脂蜂經常造訪相同的碎石堆。於是我們搬起石頭，在叢叢堆堆中挖掘一番，直到極其潮濕的窪地提醒我們，再深入下去已經沒有意義了。有時只要掀起第一層泥土，有時在兩拃深的地方，我們就能找到壁蜂棲居的殼，採脂蜂的卻少得多。記住，要有耐心！工作不一定能結出最豐碩的果實，工作也不總是充滿樂趣的。為了翻轉那些極端粗糙不平的礫石，我們的手指尖疼痛難忍，表皮脫落後，變得像在磨刀工人的石磨上磨過

一樣光滑。雖然整個下午都做這樣的事，累得我們腰酸背痛、手指痛癢，然而只要能找到一打壁蜂的窩和兩、三個採脂蜂的巢，我們就心滿意足了。

壁蜂所用的蝸牛殼一下子就可以認出來，牠們的殼口用泥土做的封蓋堵住，而黃斑蜂的蝸居就需要一番特別的檢查才行，否則就有帶回幾口袋笨重廢物的危險。一隻死去的蝸牛在碎石堆中被發現了，殼裡是否住著採脂蜂呢？沒有嗎？其實從表面根本看不出來。黃斑蜂的傑作在螺塔的底部，離大大敞開的螺口很遠，而我們的視線根本看不到螺旋的裡面。我對著陽光，朝這個無法確定的蝸牛殼看了一眼，如果牠是完全透明的，說明裡面空無一物，我便把它放回原地，留待將來蜜蜂用它築巢；而假如第二圈螺旋是不透明的，那就表示裡面藏有東西。到底是什麼東西呢？是被水灌進去的泥土，還是腐爛動物的殘留物？得真正看過才知道。我拿出一隻隨身攜帶的小鏟子，這是我用於研究必不可少的工具。我在底部那圈螺旋的中間撬開了一個大窗口，如果我看見一層混合著礫石渣的樹脂閃耀著，那麼可以斷定我擁有一個採脂蜂的巢了，但是為了獲得一次成功，得付出多少次失敗的代價啊！我有許多次在塞滿泥巴或充溢著死屍般臭氣的蝸牛殼上，徒勞無功地開了窗口啊！在雜亂無章的碎石堆裡採拾，在陽光下審視，用小鏟子撬開，而結果幾乎總是要丟棄。就這樣一幕幕反覆重演，我才得到了

這一章裡面得之不易的資料。

　　第一個出殼的是七齒黃斑蜂。從四月起，就能看到牠們在採石場的垃圾和柵欄矮牆間笨重地飛來飛去尋找蝸牛殼。和牠同時出生的三叉壁蜂，則在四月的最後一個星期開始築巢工程。採脂蜂經常和三叉壁蜂棲居在同一堆石頭中，一個蝸牛殼靠著另一個蝸牛殼。七齒黃斑蜂很早就開始築巢，並且與正在築巢的壁蜂比鄰而居，這對七齒黃斑蜂來說是有好處的，但我們馬上就可以看到，這種鄰居關係，會使較晚出生、以採脂為業的好鬥黃斑蜂，陷入多麼大的危險之中。

　　被採用的蝸牛殼，最常見的是普通的灑水蝸牛殼，有的已成形，有的正在生長中。森林蝸牛和草地蝸牛被採用的機會雖然少得多，不過也能提供合適的住宿空間；假如我所找的地方還有別種蝸牛殼，只要具有充足空間，一定都可以使用。我的兒子埃米爾為我從馬賽附近取來的那個蜂巢就是見證，這回黃斑蜂棲居在藻生蝸牛殼中，這種蝸牛體積龐大，規則的螺旋如同菊石一般；在所有的陸地甲殼類中，牠是最引人注目者之一。這個完美的蜂巢既是軟體動物又是膜翅目昆蟲辛勤工作的傑作，值得在描述任何別的蜂巢之前先把牠描繪一番。

　　這個蝸牛殼的最後一圈螺旋，占了從開口起三公分的長

度，裡面什麼也沒有。在淺淺的三公分深處，可以清楚地看到
一層隔牆，隔牆建在我能看到的這個位置，是因為通道的直徑
不大。在普通有花紋的螺殼裡，由於洞穴迅速擴大，所以昆蟲
會把巢築在比較靠後面的位置，而如果想要看到最後的隔牆，
正如我已說過的，得在側面開個洞口。因此，當作天花板的那
個隔牆，所在位置的深淺取決於通道直徑的大小。蛹室得有一
定的長度和寬度，使蜂王能按照甲殼的形狀在螺旋中上下自
如，而當通道直徑適宜時，從最後一圈直到螺口都會被占據，
於是螺口處的蜂房封蓋就完全裸露在外。這種情況只有在森林
蝸牛殼、成年的草地蝸牛殼以及幼小的花紋蝸牛殼中才能見
到。我們現在先不要強調這種特殊性，因為其重要性以後自然
會得到證明。

　　無論蜂巢建在螺殼裡或前或後的哪個部位，蜂巢表面最後
都要鑲嵌粗糙且多角的小碎石，並牢牢地以黏著劑固定。這種
黏著劑的性質還有待確定，材料呈琥珀黃，半透明，較脆弱，
可溶解於酒精，燃燒時火燄會冒煙，並散發出強烈的樹脂味。
根據這些特徵，問題就顯而易見了：這種膜翅目昆蟲所用的黏
著劑，是以從針葉樹類滲出的、像眼淚般的樹脂作為原料的。

　　我甚至認為我可以確定是何種植物的樹脂，雖然我從未在
昆蟲採集樹脂時見過牠。在我尋找採脂蜂的那片碎石堆附近，

長著一片茂密的刺檜林。那裡沒有半棵松樹，柏樹則只在相隔很遠的民居周圍才有。而且，在那些我們等一下要看到的、有助於蜂巢防禦功能的植物碎屑中，常有刺檜的柔荑花序和松針。尋找黏著劑的昆蟲為了節約時間，很少遠離牠熟悉的地方，因此樹脂應該是從小灌木中採來的，而且用於製作壁壘的材料也正是從這些灌木叢下面挑來的。另外，這並不是這附近一帶獨有的情況，從馬賽帶來的那個蜂巢裡也有很多相同的碎屑。所以，我認為刺檜是最常提供樹脂的樹，但當缺少這種最受喜愛的灌木時，也不排除用松樹、柏樹以及其他針葉樹種。

　　馬賽蜂巢的房門封蓋上的碎石是岩質多角的，但大多數塞西尼翁地區的蜂巢卻是矽質、圓形的。蜂對鑲嵌倒是既不講究原料的形狀也不講究顏色，牠搜集所有夠硬又不太大的石子，沒有特別的選擇性。有時牠會發現一些使作品更標新立異的東西，馬賽蜂巢便是一例，展現了一個完全整潔、鑲嵌在礫石中的小小陸上貝殼——灰蛹螺。我在附近找到的一個蜂巢，則是一隻被鑲成漂亮圓花窗形的螺殼條紋蝸牛。這些具有藝術性的微小細節，使我又想起阿美德黑胡蜂的蜂巢，那巢上滿是小小的甲殼；似乎有許多昆蟲對裝飾用的貝殼感興趣。在以樹脂和礫石做的蓋子後面，就是占據了一整圈螺殼的路障，這是利用鬆散的碎屑修築成的，與在蘆竹中保護肩衣黃斑蜂的絲質壁壘一樣。

　　眞奇怪！這兩個稟賦如此不同的建築師，居然採用了相同的防禦體系，只不過一個用泥土，另一個用黏著劑。馬賽蜂巢的路障採用的原料是鈣質礫石、小塊泥土、木柴碎屑、幾片青苔，特別是刺檜的柔荑花序和松針。塞西尼翁的蜂巢是築在花紋螺殼裡的，建造壘壁的材料大致相同。我看到裡面主要用的材料，是小扁豆般大小的碎石以及刺檜的柔荑花序和松針，然後是蝸牛的乾糞便和一些罕見的陸上小甲殼類。同樣的，將這些材料攪在一起，偶爾再加上一點蜂巢附近發現的新東西，就組成了我們所知道的肩衣黃斑蜂巢的護城牆；這種黃斑蜂還同樣善於使用在陽光下曬乾的蝸牛細糞條。最後要注意的是，這些彼此間不協調的材料，就像剛被昆蟲採集來時一樣，相互之間毫無聯繫地堆積在一起。樹脂完全不會滲透到裡面，所以只要把封蓋捅破，把螺殼翻過來，隔間層就會倒下來掉到地上。採脂蜂並不打算把所有的材料都膠合、加固，也許是因爲牠無力產生這麼多的黏著劑，也可能是因爲，如果做成一整塊的路障，會成爲幼蜂無法逾越的障礙，又或者牠認爲礫石堆只是附屬城牆，做爲備用品，粗陋地立在那裡。

　　雖然存在這些疑惑，但我至少發現，這昆蟲並不認爲路障是必備的。在較大的蝸牛殼裡，牠會定期製作路障，因爲這種蝸牛殼的最後一圈太大了，形成了一個空蕩蕩的門廳。而在體積不大的螺殼裡，路障就被忽略了，比如在樹脂封蓋與螺孔對

齊的森林蝸牛殼裡就是這樣。我在石堆裡找到的蜂巢裡面，有保護牆的和沒有保護牆的幾乎一樣多。在採絨毛的那一群裡，肩衣黃斑蜂也不一定執著於修築用木屑和碎石砌成的護城牆。我知道牠們有些巢的所有花費就只是棉花。對於這兩種黃斑蜂來說，碎石圍牆只在某些情況下有用，但我並不知道其中的奧秘爲何。

在封蓋和路障這些前線防禦工事之後便是蜂房，其位置的深淺視螺殼的直徑而定。蜂房的前後都由純樹脂做的牆壁隔開，沒有一丁點礦物摻雜其中。蜂房的數量十分有限，通常不超過兩個，前面的那一個因爲得益於通道增大的直徑，所以體積較大，用作雄蜂的居室，因爲相對於雌蜂而言，雄蜂體型比較魁梧；後面的那個蜂房較小，用於容納一隻雌蜂。在前面一卷中，我已經強調過那個需要我們思考的奇妙問題，即關於卵的成對產出和雌雄相間隔的問題。不用做別的事，只要用一些橫隔牆，蝸牛殼逐漸增大的坡面，就給雌雄兩性提供了適合各自身材的居室。

第二種在蝸牛殼裡築巢的採脂蜂是好鬥黃斑蜂，在七月孵出，頂著八月的酷暑築巢。牠修築的巢與那些在春天忙碌的同類所修築的巢如出一轍，因此當你從牆洞或石頭底下掘出一個內藏蜜蜂的蝸牛殼時，根本不可能確定牠屬於這兩種蜂中的哪

一種。要得到確實的資訊，唯一的辦法是在二月的時候敲碎螺

好鬥黃斑蜂
（放大2倍）

殼、撕破蜂的蛹室。那時，夏採脂蜂的巢尚居住著幼蟲，而春採脂蜂的巢裡已經是成蟲了。如果不用這種粗暴的方法，就只能等到羽化的時候才能解開疑團了，因為兩種蜂巢彼此非常相像。

　　兩種蜂的蜂房也長得一樣，但是蝸牛殼的大小、種類有各種樣式，會碰到哪種只是出於偶然。一樣的樹脂封蓋，內部都嵌著小石粒，外表基本上很光滑，有時裝飾以小甲殼；一樣都用多種碎屑築起屏障，但不一定每個蜂巢裡都有；同樣都有兩間隔開的大小不等的房間，由雌雄兩性分別占據。所有事情都一樣，甚至連黏著劑的來源也都是刺檜。要深入描述夏採脂蜂的巢時也許會有所重複，只有一件事情引出了新的細節。

　　我猜不透是什麼原因，使這兩種昆蟲把牠們蟄居的蝸牛殼前面大部分地方空出來，而不像壁蜂那樣，把直到螺口的整個殼都占滿。牠們平均每次產兩個卵，產卵分成幾個間斷的時期，那麼每次產卵是否都必須要有新的居所呢？採集來的樹脂是半流動狀的，當通道的空間超過了某個限度時，樹脂是否就不適合用來修築跨距過大的拱頂了呢？收集來的黏著劑是否過

於昂貴，以至於難以在最後那圈碩大的螺旋裡修築蜂房所必需的多道隔牆？我沒有答案能回答這些問題，只能呈現一個無法解釋的事實：在一個大的蝸牛殼裡，前面那部分，差不多最後整整一圈螺旋，都作為空蕩蕩的門廳。

對於七齒黃斑蜂這種春採脂蜂來說，同樣的住處，一半以上的空間閒置著，是非常合適的。牠與壁蜂一般年紀，兩種蜂經常還是住在同一條石板下的鄰居。黃斑蜂這位用黏著劑的建築師，與用泥土的壁蜂這位建築師同時築巢；倒不用擔心牠們之間會互相侵略，因為兩隻面對面辛苦工作的蜜蜂，都各自充滿防衛心地監視著自己的財產呢。假如有侵占的事情發生，蝸牛殼的主人一定會維護自己作為第一個殖民者的權利。

對於好鬥黃斑蜂這種夏採脂蜂來說，情況卻大相逕庭。當壁蜂築巢的時候，牠還只是幼蟲，最多是蛹，因此牠那個空空蕩蕩的住所並不平靜。這個空出一個面積寬敞的前廳的螺殼不會吸引成年的採脂蜂，因為這種蜂也喜歡把家安在蝸牛殼的深處，但這空間卻非常適合壁蜂，壁蜂會在蝸牛殼裡把房子塞滿，直到出口處為止。採脂蜂空出來的最後一圈是無與倫比的最佳居室，沒有什麼理由能阻止壁蜂將其據為己有。事實上，壁蜂確實霸占了這個空間，而且往往是為了可憐的下一代。

在黃斑蜂用樹脂做的蜂巢封蓋上，有一個用泥做的封蓋塞子，利用這塞子，壁蜂接管了原本黃斑蜂認為螺旋中太窄、不適合其工程的部分。在這上面，壁蜂一層層地堆砌蜂房，然後在整個蜂巢上再覆蓋一層厚厚的防禦蓋子。總之，壁蜂的整個工程進行時，就像蝸牛殼裡什麼都沒有似的。

當七月來臨時，這座房子裡的兩戶房客將不可避免地成為一場悲劇性爭鬥的主角。位居下面的採脂蜂幼蜂如今已經是成蜂了，牠們掙脫褓褓，推倒樹脂做的隔牆，穿過礫石堆成的路障，尋求自由；而上面的壁蜂，還是幼蟲或新生的幼蟲，要待在繭裡直到明年春天，牠們把通道完全阻塞住。因此，為了衝破自己的巢而體力已經削弱的採脂蜂，再也沒有力氣從這些地下墓穴的底部重新爬起來了。雖然有些壁蜂的隔牆被打開了缺口，有些蛹室已經破得不能再破了，但最後這些經過徒勞的努力而筋疲力盡的囚犯，只得在不可動搖的土質建築前投降和死去。帶芫菁和青蜂（火焰青蜂）這兩種寄生蟲，前者依靠儲備

火焰青蜂
（放大1⅗倍）

糧過活，後者以吃幼蟲維生，牠們就更不能勝任清除垃圾的浩繁工作了，因此牠們也是死路一條。採脂蜂被活埋在壁蜂建築之下的悲慘結局，不是不發一語或寥寥數語就能打發的罕見事例。相反的，我發現這種情況經常發生，頻率之

高引起了我的思索。

　　將本能看作是「後天習得」的學派，會把在昆蟲工作過程中偶然發生的、芝麻綠豆大的有利事件，當作一種進步的出發點，而這種進步透過遺傳及時間的推移越來越顯著，最後終於成為整個種類都具備的能力。其實，完全沒有什麼確定的事實能支持這一說法，而且其肯定的說明中不乏假設性的托詞：「姑且認為」、「假定」、「有可能是這樣的」、「沒有理由不相信」、「也許是」等等，可說是師父這樣推斷，弟子也毫無創新。哈伯雷說：「如果天塌下來，所有的雲雀都將被壓住。」是的，但是天好端端地在那裡，而雲雀也還在飛翔。這個人又說，如果事物是這樣的，本能就可以變化和更動了。是的，但是你難道能確信事物是按照你所說的那樣發展的嗎？

　　我把「如果」兩字從我的研究領域裡刪掉。我既不假設什麼，也不虛擬什麼。我只收集鐵一般的事實，因為只有事實才值得信任；我將其記錄下來，然後思索，在這堅實的基礎上推導出結論。剛才我所描述的人們，是用這些措詞得出結論的：你告訴我們，任何有利於昆蟲的變化，都是透過一系列幸運的個體傳遞下來的。這些個體更健全、能力更強，牠們放棄了舊的習性，並取代了原先最初的種類；這些種類乃是殘酷競爭的犧牲品。你向我們證實，從前，在一個年代久遠的晚上，一隻

蜂偶然間發現一個死去的蝸牛殼，並將之據為己有。這個住所寧靜安全，很討牠的歡心。經過隔代遺傳，逐漸地，蝸牛殼甚至更適合牠的子孫後代居住，於是，牠們在石頭底下尋覓蝸牛殼。這樣經過一代又一代，習慣使然，牠們就把蝸牛殼當作祖傳的居所。也是出於偶然的原因，蜂兒發現了一滴樹脂，它柔軟、可塑性強，非常適合用於構築殼裡的隔牆，而且它硬得很快，能使天花板變得牢固結實。蜜蜂試過這個樹脂做的黏著劑後認為很好，後來的蜂也對這可喜的革新讚賞有加，尤其是使它臻於完善之後。逐漸地，蜂房封口的礫石堆和燧石路障這兩種新的設施又被發明出來，這個巨大的進步使整個族群獲益匪淺。防禦工事使最初的建築作品更為完善，就這樣，居住在蝸牛殼裡的採脂蜂本能就此產生，並且發展起來了。

這個美妙的、有關本能起源的說法，缺少了一種不起眼的東西：單純的真實性。即使是對微賤的生物而言，生活總是存在著一體兩面，即好的一面和壞的一面。避免這個，追尋那個，簡言之，這就是對所有行為所做出的總結。動物和我們一樣，生活中有甘甜美好的一面，也有苦澀艱難的一面，減輕後者與增強前者同樣重要，這對動物和人類來說都是一樣的。

幸福就是避免不幸。

　　既然蜂把築在蝸牛殼底部的樹脂蜂巢這一偶然的發明，如此忠實地繼承了下來，那麼毋庸置疑，牠也應該把晚孵出的下一代得以避免災禍的方法，同樣忠實地傳遞下去了。從被壁蜂堵塞的地下墓穴深淵中逃出來的幾位蜂媽媽，應該記憶猶新，牠們應該對於穿過土堆時所做的絕望鬥爭，仍然保留著深刻的印象；牠們應該激起兒孫們對深宅大院的害怕，因為外族人隨後將前來築巢；牠們應會習慣性地傳授自救的方法給兒孫們，也就是要採用中等大小的蝸牛殼，這樣蜂巢就會築到螺口處。為了種族的繁榮，放棄寬敞的前廳，顯然比發明很多侵略者都知道如何越過的路障要重要得多，因為這樣就可防止後代在不能穿越的建物底下窒息，從而大大提高存活率。

　　長期以來，已經有許多體積不太大的蝸牛殼被試過了，這是一定的，我可以舉出很多事實為證。那麼，這些非常有益的、為了尋找獲救方法而進行的實驗，是否因為祖先的叮嚀而被普遍應用了呢？根本沒有。採脂蜂頑固地迷戀著大蝸牛殼，似乎牠的祖先從來沒有經歷過因為被壁蜂強占了前廳而造成的災禍。這些事實正式確定之後，結論就應聲而出了：既然採脂蜂不能遺傳到可防止禍害的意外變革，那麼牠也就不能遺傳到可產生積極效應的變革。無論這場偶然的事故給母親留下了多麼難以磨滅的記憶，卻不能在後代身上產生絲毫影響。偶然性與本能的起源並沒有絲毫聯繫。

除了蝸牛殼的這些房客之外，還有另外兩種採脂蜂，牠們倒是從來不在蝸牛殼裡築巢，即四分葉黃斑蜂和拉特雷依黃斑蜂。這兩種蜜蜂在我的家鄉都非常罕見，況且由於牠們生活隱蔽、離群索居很少出現，所以大大增加了觀察的難度。某塊大石頭底下一個暖和簡陋的坑，朝陽斜坡上某個蟻窩的廢棄交叉路口，地下幾寸深處某個金龜子的空巢，還有也許經過細心整理的任意一個洞，據我所知，這些就是牠們僅有的住宅了。牠們在這些地方建造蜂房，砌成一堆，一間一間地緊挨著，組成一個扁球體，上面除了一層遮蔽的蓋子外，什麼掩護都沒有。對四分葉採脂蜂來說，這個扁球體有拳頭那樣大小，而拉特雷依採脂蜂的球體有一個小蘋果那麼大。

乍看之下，我很難確定這種奇怪的球狀物到底是用什麼做的。這東西呈淺褐色，十分堅硬，有點黏黏的，帶有一股瀝青味，外部嵌著一些礫石、一點土粒和幾隻大螞蟻的腦袋。這種將螞蟻當作戰利品的行為，並不一定表示牠們性情殘忍，蜂砍下螞蟻的頭並不是為了裝飾房子。像蟄居在蝸牛殼裡的同類一樣，牠們也需要加固房屋，得在住宅周圍採集堅硬的細小顆粒；而經常出現在屋子四周的乾螞蟻腦袋，對牠們來說就是跟小石子一樣有用的碎石。每一隻蜂都使用不費太大力氣就能找到的東西。蝸牛殼裡的居民為了修築路障，十分重視蝸牛的乾糞便；而牠的鄰居，大石塊和斜坡的主人，因為周圍有螞蟻出

沒不絕，就利用死螞蟻的頭，而如果缺乏蟻頭時，則用別的東西代替。除此之外，用於防禦的鑲嵌就顯得很稀疏了，我們發現，昆蟲對此並不十分重視，因為牠們深信自己置身於城堡般的銅牆鐵壁之中。

蜂巢的材料首先使人聯想起某種原蠟，比熊蜂的蜂蠟粗糙得多，或者比某些來歷不明的柏油要優越得多。但接著我就改變了看法。在這種不明物質裡，我發現了透光的裂縫，而且我還觀察到這種蠟遇熱會軟化，燃燒時火焰帶煙，還能溶解在酒精中，總之它具有樹脂所有的明顯特徵。這麼說來，這裡還有兩種針葉類樹脂的採集者。在我發現牠們蜂巢的地方，有阿勒普松樹、柏樹、刺檜和常見的刺柏。這四種樹中，哪一種給蜜蜂提供了黏著劑呢？我沒有任何線索，也沒有任何理由可以解釋，到底樹脂原來的琥珀色，在這兩種蜂的蜂巢中是如何變成深褐色的；這種顏色使人聯想起瀝青的顏色。昆蟲收集的樹脂是否由於時間長而變質了，還是被爛木頭的腐汁弄髒了呢？當牠攪拌的時候，是不是在裡面摻和了某種褐色的成分呢？我認為這是有可能的，但還不能加以論證，因為我始終沒有看過蜂兒如何採集樹脂。

雖然我還不能解決這個問題，但另一個更有意思的問題倒十分明顯了，特別是四分葉黃斑蜂的巢中，大量使用樹脂這種

材料。我在裡面竟然數到十二個蜂房之多，即使是卵石石蜂的蜂巢也很少有比這更龐大的。為了修築如此耗資龐大的建築，採脂蜂得從松樹中大量採集樹脂，就跟築巢的蜜蜂從碎石子路上大量採集灰漿一樣。在牠們的工坊裡，不再像是在蝸牛殼裡那樣，用兩、三滴樹脂精打細算地建造隔牆了；從地基到屋頂，從厚厚的圍牆到房間的隔牆，整座建築所用的黏著劑足夠在幾百個蝸牛殼裡造隔牆，因此，「採脂蜂」的稱號尤其應授

四分葉黃斑蜂
（放大1½倍）

與這位使用樹脂的建築大師。牠的競爭夥伴拉特雷依黃斑蜂，尤其值得被我們充滿敬意地提起，因為牠的身材更嬌小。而其他使用樹脂的蜜蜂，即在蝸牛殼裡築隔牆的其他傢伙，則被遠遠地拋在後面，只能名列第三了。

　　現在，有了這些事實作為依據，就讓我們來研究一下吧。黃斑蜂，這個族群以蜂巢的精巧構造，而被所有的分類學大師公認為品質卓越，其中包括了兩個職業截然不同的團體：「絨絮製氈工」和「樹脂採集工」。也許還有別的品種，當牠們的習性被更清楚地了解後，也會加到這個大家庭來，從而增加其成員所從事行業的種類。我局限於所知甚少，因此不明白在使用工具，也就是身體器官的關係方面，使用絨毛和使用樹脂

的蜜蜂之間到底有何區別。誠然,當黃斑蜂種被載入分類冊的時候,並沒有忽略科學的嚴謹程度;在放大鏡下,人們檢查了牠們的翅膀、顎、腳、花粉梳,以及一切有利於劃分這一種群的細微末節。當專家們做了這一細緻的檢查後,如果還有什麼器官的不同之處未被發現,很可能因為這種差別根本不存在。結構上的相異點,不可能逃過那些見多識廣的生物分類學家準確的眼睛,因此,這個種群在結構上是同質的,但是牠們所從事的行業卻是根本不同的。工具相同,而工作不同。

我把新發現的不一致處帶給我的困擾,告訴了波爾多傑出的昆蟲學家佩雷先生,他認為他已經在昆蟲雙顎的構造中找到了謎底。我從他的著作《蜜蜂》中摘錄了以下這段話:

採絨絮的雌蜂的雙顎邊緣有五、六個細齒,這是牠用於刮去和拔除植物表皮細毛的絕佳工具,作用就像梳子或梳棉機。而採脂的雌蜂沒有細齒狀的雙顎邊緣,牠的雙顎邊僅是彎曲的,前面有個缺口(這在有些種類裡是十分明顯的),邊緣單獨構成一顆真正的牙齒,但這顆牙很鈍,不大突出。總之,大顎只是一種能夠將黏稠物質分離並加工成小團的好勺子。

對於兩種行業的解釋,沒有比這更好的說法了。大顎既是收取廢絨絮的耙子,又是汲樹脂的勺子。如果我沒有好奇地打

開我的盒子，親自近距離仔細觀察這些使用黏著劑和絨毛的昆蟲工人，那麼我可能就只知道這些，並且非常滿意地到此爲止了。淵博的前輩，請允許我謙卑地將我所看見的告訴您。

我檢查的第一種蜂是七齒黃斑蜂。多麼棒的勺子啊！強壯的雙顎呈伸長的三角形，上面平坦，下面凹陷，上頭沒有能稱爲鋸齒狀的東西。的確如前所述，這是一個收集黏黏的小丸子的絕妙工具，昆蟲在做牠那份工作時非常靈活，就像鋸齒形的雙顎很適合採絨毛一樣。即使是做一件瑣屑的工作，比如採兩、三滴黏著劑，這也是一件極好用的工具。

輪到第二種住在蝸牛殼裡、稱爲好鬥黃斑蜂的採脂蜂，情況開始變糟了。我發現牠的雙顎上有三個鋸齒，但是不大，而且沒有突起。姑且先認爲這不算什麼，雖然牠與七齒黃斑蜂所做的工作一模一樣。到了四分葉黃斑蜂，情況就糟透了。這個採脂蜂之王，採摘的黏著劑團大得像拳頭，牠的同類得把這麼大一團分成幾百份才能用在蝸牛殼裡砌隔牆。原來在勺子的僞裝下，牠拿的卻是耙子，在牠大顎那寬闊的刀刃上，豎著四顆跟最熱衷於採棉花的蜜蜂一般尖銳、一樣深的利齒，即使佛羅倫斯黃斑蜂這個厲害的織棉行家的梳理工具，也不能與牠相比。這隻採脂蜂擁有像鋸子那樣的齒狀工具，卻一趟趟地背回大團樹脂；這些材料運回來時還不是硬的，而是呈半流動黏稠

狀，以便能和以前採回的樹脂混合在一起，並加工成蜂房。

經過證實，拉特雷依黃斑蜂也具有用耙子收集軟軟的樹脂的可能性。這樣說絲毫沒有誇張牠這個工具的作用，牠用三、四個稜角分明的鋸齒來武裝兩顎。總之，在我所認識的僅只四種採脂蜂中，一種長著「勺子」（如果這個詞能貼切地表達工具的用途），另外三種都長著「耙子」，而且能採集最大的樹脂團的那隻，恰恰就是耙子上的鋸齒最銳利的；但根據波德雷昆蟲專家的觀點，這種工具應該是屬於採棉蜂的。

起初那個讓我滿心喜悅的解釋，實在錯得令人難以接受。大顎是否帶齒，根本不能說明牠們為何從事兩種行業。那麼在這種摸不著頭緒的情況下，我們能否借助於整體結構這個籠統而難以描述的概念來解釋呢？也不行，因為在壁蜂和兩種蟄居蝸牛殼的採脂蜂一起工作的同一些石頭堆裡，我在相隔較遠的地方新發現另一種使用黏著劑的蜜蜂，牠和黃斑蜂的結構一點關係都沒有。牠就是身材小巧的蝶蠃（阿爾卑斯蝶蠃）。

在一個普通的小蝸牛殼裡（可能是森林蝸牛的殼，呈螺狀），阿爾卑斯蝶蠃會用樹脂和礫石造出最華美的蜂巢。以後我將更深入地描述牠的傑作。對於認識蝶蠃的人來說，任何將牠與黃斑蜂作比較都是不可原諒的錯誤。幼蟲的菜單、外形、

習性等等，都使牠們成為截然不同的群體，彼此相差甚遠。黃斑蜂以蜜汁餵養全家，蜾蠃用的則是獵物。牠身體輕盈，體形瘦削，即使是最敏銳的眼睛也不能在牠的身體結構上讀出牠從事的職業，而這個愛好捕獵的阿爾卑斯蜾蠃，就是以這樣的身材，與愛好蜜汁的、笨重的採脂蜂一樣都採集樹脂；牠甚至做得更好，因為牠鑲起小石子來比黃斑蜂漂亮得多，而且絲毫不失堅固。牠的兩顎既不像勺子，也不似耙子，而像一把長長的末端有點鋸齒狀的鉗子。牠可以用兩顎的末端，跟那些配備其他工具的競爭對手一樣，同樣靈巧地收集黏稠的樹脂滴。我認為，蜾蠃的例子可以證明，無論是工具的形狀還是工人的外形，都不能用來解釋工人所從事的工作。

　　我想到的還不止這些。我百思不得其解的是，對一種昆蟲來說，是什麼樣的動機使牠從事這種或那種行業呢？壁蜂用爛泥或嚼碎的樹葉團來分隔蜂房，石蜂用水泥來築巢，細腰蜂用的是一罐罐黏土，切葉蜂用一件件小圓葉片，黃斑蜂把絨毛黏壓成袋子，採脂蜂用黏著劑把小石子黏在一起，木蜂、刺脛蜂在木頭裡鑽孔，而條蜂在斜坡下挖地道。為什麼有這麼些工種？對昆蟲來說，為什麼得做這個，而不是做那個呢？

　　我已經發現答案：牠們受制於生理構造。某隻昆蟲具備卓越的採集和黏壓絨毛的工具，卻沒有剪樹葉、揉黏土、攪樹脂

的工具。可用的工具決定了所從事的職業。

我不否認這很簡單，人人都能發現。對那些沒有興趣或沒有時間去追根究底的人來說，知道這些就足夠了。某些大膽概論的流行，充其量只是方便地滿足了我們的好奇心，並沒有其他更積極的意義；這就免除了研究工作，而研究總是得花費很長的時間，有時還很辛苦，甚至披上了科學的外衣。沒有任何事情比一個能用三言兩語解釋的世界之謎，更能迅速變得流行起來的。愛思考的人卻跟不上這麼快的節奏，為了知道某些東西，他心甘情願知道得很少。他把自己研究的領域劃得很小，滿足於可憐的收穫，只要保證成果的高品質就好了。在贊同以工具決定職業的觀點之前，他想要看一看，用自己的眼睛親眼瞧瞧；而他所觀察到的還遠遠不夠確證那句斬釘截鐵的浮誇之談。讓我們來分擔一些他的疑問，仔細了解一下情況吧。

富蘭克林給我們留下了一句箴言，用在這裡非常合適。他說：「一個好的工人既應該會用鋸子刨，也應該會用鉋子來鋸。」昆蟲這個工人太優秀了，以至於一定會運用到這位波士頓智者的建議，在牠的工作裡充滿了以刨代鋸、以鋸代刨的例子；牠的靈巧彌補了工具的不足。不必追溯到更遠，我們剛剛不是看到各色各樣的工匠採集、使用樹脂，有些用勺子，有些用耙子，有些甚至用鉗子嗎？所以，如果不是某種天賦的秉性

把昆蟲局限在專門的領域，那麼無論是配備什麼樣的工具，牠都能為了樹葉離開絨毛，為了樹脂放棄樹葉，或為了砂漿告別樹脂。

下面這段話一定會被人斥責為令人厭惡、自相矛盾，不過並非漫不經心從筆下溜出來，而是經過深思熟慮的。就讓我們聽聽下面這個假設，並從反面推敲一番吧。假設一位享有卓越成就的昆蟲學家，像拉特雷依一樣著名，他一心致力於研究結構的所有具體細節，但卻對昆蟲的本能一無所知。沒有一隻死了的昆蟲是他不認識的，但他從不研究活的昆蟲。這是位不折不扣、出類拔萃的分類學家。我們懇請他檢查任何一隻飛來的蜂，並根據蜂的工具說出其職業。

說實話，他做得到嗎？那麼誰又敢讓他接受這樣的實驗呢？難道個人的經驗還沒有使我們完全信服，僅僅對動物做的檢驗，還不能告訴我們牠所從事的行業種類嗎？蜜蜂後足上的粉筐、腹部的節，明白地告訴我們牠採花蜜和花粉，但儘管在放大鏡下進行了多次的探究，人們對其特殊的技藝仍然毫無所悉。在人類的各行各業裡，鉋子代表著木匠，用抹刀的是泥水匠，而剪刀是裁縫的標誌，針則是繡工的專利。在動物的行業裡也是這樣的嗎？那麼請向我們展示，何種工具明確代表昆蟲泥水匠的抹刀、可證明昆蟲木匠身分的半圓鑿、真正標誌著昆

蟲切割工身分的大剪刀；向我們展示這些工具時，請告訴我
們：「這是用於修剪樹葉的，那個是給木頭鑽孔的，另外那個
則是用來拌水泥的。」由此知彼，請根據工具來確定職業吧。

　　顯然，你做不到，也沒有人能做到；如果沒有直接的觀
察，昆蟲工人的專長就始終是個不解之謎，即使最精明強悍的
人也束手無策。這種無能為力不就有力地證實了，在動物界紛
繁複雜的行業中，除了工具還有別的影響因素嗎？當然每個專
家都必須有牠必備的工具，但大都是些差不多的工具，廣泛適
用於各個工種，可與富蘭克林所說的工人使用的工具相媲美。
同一個帶鋸齒的顎，既能採摘絨毛，也能切割葉子、攪拌樹
脂，還能揉泥漿、磨碎朽木以及拌砂漿；為絨毛加工以及把樹
葉弄成半圓形墊片的跗節，在砌土牆、造土塔、嵌石子等方面
的技藝也毫不遜色。

　　那麼存在這上千種行業的原因何在呢？在事實的啟示下，
我只看到了一個原因：思想決定內容。一個原始的靈感，一種
先於外形而存在的天賦，引導著工具，而不是服從於工具。器
械不能決定行業的種類，工具不能造就工人。首先得有目的和
意圖，而昆蟲則無意識地為了這種目的和意圖而行動。我們是
為了看東西而長眼睛的呢，還是我們之所以看是因為我們長了
眼睛？功能造就了器官，亦或器官造就了功能？在這兩個選項

中，昆蟲毅然選擇了第一個。牠告訴我們：「我的行業不是我所擁有的器械強加給我的；但我使用這一器械，就好像它是為了我與生俱來的天賦而存在的。」昆蟲以牠們的方式告訴我們：「功能對器官起了決定性作用，視覺是眼睛存在的動機。」牠最終為我們重溫了維吉爾的深刻思想：

　　精神之力足以揮動大鐵錘。

第十章

築巢蝶蠃

　　如果還必須有別的證據來證明「器官不牽制功能，工具不決定作品」，那麼蝶蠃將為我們提供十分明顯的證據。在構造上，無論整體還是部分，這類昆蟲彼此都非常相似，而這種相似性使牠們成為一個在結構方面最單純的種類之一。雖然這些昆蟲具備同樣的工具，但牠們卻從事各種彼此之間毫無關係的職業。除了外形的相似，唯一能聯繫這個習性不一致的族群因素就是：所有的蝶蠃都是捕獵者，牠們用刺釘住小蚯蚓、小毛毛蟲和鞘翅目昆蟲弱小的幼蟲來養家糊口。

　　但是，為了達到這個共同的目標，用於建造安放蜂卵並儲藏獵物的倉庫，建築方法卻各不相同。如果我們對這個種類的生物學知識了解得更加清楚，也許就能發現，不同流派的建築家就如這種蝶蠃的類別一樣多。由於機會限制，我只能針對三

種蜾蠃進行研究。這三種蜾蠃擁有同樣的工具，雙顎都是彎曲的鉗子形，末端呈鋸齒狀，可是各自專攻的行業卻極不相同。

　　第一種，腎形蜾蠃，我已經另外寫過有關牠的專文。牠在堅硬的土裡挖掘很深的隧道，然後用清理出來的雜物，在井口豎立一座飾有格狀紋的彎曲煙囪，同樣的材料以後還要用來圈圍牠的居所。我會認識這種蜂，是在被太陽烤焦的黏土質斜坡前，我一會兒與教我拉丁語發音的雞冠鳥聊天，一會兒跟教會我耐心的狗說話，藉此打發漫長的等待時光。我的那隻狗正躲在樹蔭下，肚子埋在潮濕的沙子裡乘涼呢。腎形蜾蠃很罕見，我就在牠的蜂巢裡窺探牠的「專門技術」，但牠不常回巢。現

腎形蜾蠃
（放大2倍）

在每年春天，我都能在我家院子裡的一條小徑上，看到一個密集的蜂群。每次有什麼工程要進行時，我都要用小標竿把蜜蜂的小鎮給圍起來，生怕有人不小心踩翻了這精緻的、用土粒堆起來的煙囪。

　　第二種，阿爾卑斯蜾蠃，以採脂為職業。由於缺少天賦，沒有同行那樣的挖土工具，所以牠自己不挖房子，而是喜歡在空甲殼這種借來的住宅裡築巢；森林蝸牛殼、發育得還很不完善的花紋蝸牛殼，是我所知道的牠僅有的寄居處，也是石子堆

底下唯一適合牠的居所。在七月和八月，牠就是在這些石子堆下，與好鬥黃斑蜂一起工作。

由於使用蝸牛殼免除了艱苦的挖掘工作，牠就專心致力於鑲嵌。與善於挖掘的蜜蜂的臨時格狀飾紋相比，牠的藝術傑作更加精巧美觀。牠所用的材料，一部分很可能採自刺檜的樹脂，另一部分則是些小碎石子。牠的方法與蟄居蝸牛殼中那兩種採脂蜂大相逕庭。採脂蜂在房子封蓋的朝外那一面，將體積不等、質地不一、有時還帶有土質、一塊塊稜角分明的大石子完全浸沒在黏著劑裡，以便將這件用石子隨意砌成的作品的瑕疵，用樹脂塗層掩蓋起來。在朝裡那一面，黏著劑沒有把間隔填滿，黏合起來的一塊塊石子歪歪斜斜，露出不規則的突起。還記得礫石是用來做房子的最後封蓋，而分隔一間間蜂巢的牆則完全是用樹脂做的，不摻雜一點礦物顆粒。

阿爾卑斯蝶贏卻採用另一種建築方式，牠用更好的方式運用石頭，以便節省樹脂。在外部的那一面，一些大小差不多的圓形矽質顆粒，一顆挨著一顆地排列在一層還很黏稠的黏著劑上。這些顆粒有大頭針的頭那樣大，都是由這位昆蟲藝術家從散在土中各種各樣的碎渣中，一顆一顆挑選出來的。當作品成功完成時（這種情況經常出現），會使人聯想起某種用碎鑽粗略加工而成的刺繡工藝品。蝸牛殼裡的黃斑蜂是不講究的粗

工，牠們能接受用口器找到的任何東西，比如有稜角的鈣質碎片、矽質的礫石、貝殼的殘片、堅硬的小土塊等；蜾蠃則較為挑剔，通常只用火石珠子鑲嵌。這種對寶石的愛好是否源自這種顆粒的耀眼、透明和光澤呢？昆蟲是否為了自己精美的寶石盒而沾沾自喜呢？答案應該與那兩種住在蝸牛殼裡的採脂蜂，有時在蓋子中間鑲嵌小螺旋狀裝飾性圓花窗的道理一樣，為什麼不呢？

無論如何，這個珠寶愛好者對牠那些美麗小石子的喜愛程度，已經到了無所不用的地步。把螺旋分成一個個房間的隔牆，長得與蜂巢的封蓋別無二致，都會在前面的牆壁上鑲嵌透明的火石，因此在蝸牛殼裡就有三、四個房間了，而在螺尖裡最多只有兩個。雖然狹窄，但形狀美觀，防禦堅固。

另外，防禦設施並不限於鋪砌各式各樣的屏障，如果把蝸牛殼放在耳旁搖晃，能夠聽見石塊撞擊發出的聲音。蜾蠃確實像黃斑蜂一樣非常善於修築路障作為堡壘，我在蝸牛殼的側壁上打開一個缺口，把裡面活動的石子堆倒出來，這些石子堵住了最後一道隔牆和蜂巢封蓋之間的門廳。有一個細節值得注意，倒出來的東西並不都是同質的，殼裡雖然大多數是光滑的小石子，但還摻雜著大塊的鈣質碎片、貝殼碎片和土塊。在選擇用於鑲嵌的火石時非常細心的蜾蠃，把隨便拾得的碎片當作

填塞料,那兩種採脂蜂用路障封鎖蝸牛殼時,也是這樣做的。

　　為了保持敘事的嚴謹度,我得補充一點,沒有黏合的碎石堆不一定出現,這一點也與黃斑蜂的行為相似。令我深深感到遺憾的是,我不能把阿爾卑斯蜾蠃的生活史寫得更多一點。我很少看到這種昆蟲,只是偶爾在冬天裡找到牠的巢,要在石子堆裡艱苦地搜尋這種蜂巢,冬季是唯一有利的季節。無論是在蜂巢還是在我的玻璃瓶中孵出的居民,我都非常熟悉,但是我卻沒有見過牠們的卵、幼蟲和糧食。

　　為了補償,我擁有第三種蜂——築巢蜾蠃,牠為我提供了所有我想知道的詳細情況。這種蜂和阿爾卑斯蜾蠃一樣,不懂得如何蓋房子,牠們需要一應俱全的住宅。跟壁蜂、切葉蜂和採絨毛的黃斑蜂一樣,牠也要一條圓筒形的長廊,這條長廊或者是天然的,或者是由掘土的昆蟲挖成的。牠的才能和粉塗工一樣,善於把通道分隔開來,隔成一間間房間。

築巢蜾蠃
(放大1⅗倍)

　　正是透過這三個種類的蜜蜂,我有機會認識到這三種蜜蜂的習性,牠們從事三種大不相同的職業:挖掘工、採脂工和粉塗工。在

這三種行業的蜜蜂身上，我看到完全相同的工具，使我對最精微的放大鏡也產生了強烈的不信任感。我懷疑這種說法：由於某種器官的變化，迫使一種昆蟲在樹脂上鋪砌石子面，迫使另一種昆蟲為地下坑道修築帶有格狀飾紋的煙囪，還迫使別的某種昆蟲用泥牆分隔陌生的圓柱體。不，絕對不是這樣。器官不能決定功能，工具也不造就工人。雖然使用類似的器具，蜾蠃這個大家庭的成員所進行的卻是各不相同的工作。每一個類別都有其特定的專有技術，是牠們的技藝來命令工具，而非受命於工具。如果我沒有檢查全部的蜾蠃種類，真不知道要等到哪一天才能得出這個結論！有許多行業的工具並不特別，正期待我們去了解啊！我想向有關人士建議，沿著這條道路繼續研究下去，僅僅是為了將這個複雜的群體弄清楚些。我希望，將來能根據職業對這個群體進行清楚的分類。

　　暫且讓我們把這些共同性放到一邊，先來看看築巢蜾蠃的故事吧。我對其私生活的了解，超過了任何膜翅目昆蟲，而這些充足的資訊，我將之歸功於環境，因為環境，使得由甜蜜回憶帶來的事實，價值感倍增。好幾次，我從條蜂陳舊的走廊中抽出一串築巢蜾蠃的蜂巢。我知道這種昆蟲的房子不是牠用雙顎挖掘出來的，牠的工作只限於構築隔牆；我認得牠黃色的幼蟲和細細的琥珀色蛹室，除此之外，我便對牠一無所知了，直到收到女兒克萊爾寄給我的一個包裹，裡頭裝著許多段蘆竹，

這使我欣喜若狂。

　　由於從小在動物園裡長大，這親愛的孩子對我們以前在昆蟲頻頻光臨的夜晚所作的談話，還保留著深刻的記憶；她敏銳的目光可以本能地從偶然的發現中，迅速挑出對我的昆蟲學研究有所幫助的東西來。她住在歐宏桔的郊區，家裡有一個鄉村式的雞棚，其中一部分棚壁使用沿水平線層層排列的蘆竹。去年（一八八九年）六月中旬左右，她去雞棚時注意到有許多非常忙碌的胡蜂，鑽進截去一段的蘆竹叢中。這些胡蜂飛出來的時候，都扛著土塊或發臭的小蟲子。事情露出了端倪，希望朝向我們微笑了，於是我有了非常棒的研究題材。當天晚上，我收到一包蘆竹和一封描述詳細情形的信。

　　胡蜂，克萊爾這樣稱呼牠，以前雷沃米爾在提到同種的某類蜂時也這樣稱呼，但兩者的習性卻大不相同。克萊爾在信裡告訴我，胡蜂獵取一種身材矮胖、有黑點、散發著強烈苦杏仁味的獵物，將之囤積在蜂巢裡。我告訴女兒，這種獵物是楊樹金花蟲的幼蟲，是鞘翅為紅色的鞘翅目昆蟲。如果把範圍擴大一點，牠屬於瓢蟲類，是仁慈上帝最普遍的生靈。昆蟲和牠的幼蟲應該都生活在鄰近的幾棵楊樹上，把樹葉啃得一塌糊塗。我還補充說，一個千載難逢的良機到了，應該毫不猶豫地加以利用。因此，我給女兒發出了一連串指令，諸如監視這個、觀

察那個等等；隨著蘆竹裡的居民越來越多，我還得請女兒為我的昆蟲實驗室提供幾段蘆竹和載著幼蟲的小樹枝。於是，在歐宏桔和塞西尼翁之間就建立了一種合作關係，兩方面觀察到的情況互相補充，互相印證。

讓我們快點回到那包蘆竹上來吧。第一次檢查蘆竹的情況，我非常滿意。裡面有些東西重新喚起了我早年的熱情：蜂巢變成裝獵物的簍子，在食物旁的卵即將孵化，新生的幼蟲吃第一口食物，幼蟲開始長大，紡織工編織著牠們的蛹室，一切都像我所希望的那樣。除了我養在土堆裡的土蜂之外，好運從來沒有像這樣降臨到我的頭上。讓我們按照順序來，一項項看看這些豐富的資料吧！

已經有許多寄生蜂向我們展示了昆蟲是如何分辨住房、擇良木而棲。現在，這個捕獵幼蟲的傢伙效法壁蜂、切葉蜂和採絨毛的黃斑蜂，棄置祖先的房子不用，卻使用已經由人類的小枝剪準備好入口的圓柱形蘆竹。人工切出的出口非常方便，代替了品質不佳的天然切口。蠨蠃最初的住宅是條蜂廢棄的走廊，或者是由隨便哪個昆蟲挖掘工在地裡挖的、狹小骯髒的隱蔽所。沐浴在陽光下、毫無潮濕感的木質管道最受蜂的喜愛，一發現這樣的管道，昆蟲就迫不及待地採用。蘆竹做的長廊是極好的住宅，比任何選擇都要優越，因為我從來沒有在條蜂的

牆壁前，發現過比歐宏桔雞棚裡更密集的蜾蠃群。

被入侵的蘆竹要水平放置，這也是蜂兒要求的條件之一，不過這僅是爲了使由泥土、棉花、樹葉圓墊這些可透水材料堵起來的房門能夠擋雨。蘆竹隧道的直徑通常在十公釐左右，而蜂巢占據的長度則是變化多端的。有時蜾蠃只占據人類用小枝剪截過後留下的那一段竹節，長或短則由碰上的竹節截面而定。爲數不多的幾間蜂巢就把可使用的空間給擠滿了，但是通常如果節間太短而不值得開發利用，昆蟲就會把底下的隔膜鑽孔打通，以便爲入口暢通的前廳再加上一段完整的竹節。在這樣一個長度超過二十公分的住宅裡，蜂房的數目可以達到十五個左右。

蜾蠃除去一層隔牆來擴大住宅面積，由此可以看出牠具有雙重才能：粉塗匠的才能和木匠的才能。另外，就像我們即將看到的另一種情況，木工技藝對牠來說是非常有用的。三叉壁蜂是另一個喜歡在蘆竹裡安家的傢伙，但牠也不是用簡單的辦法就可以取得深宅大院。無論那截蘆竹多麼短，我發現牠總是把第一層隔膜留著不動，而蜂巢就背靠著這層隔膜排列。牠絕對不會開個洞穿過薄弱的屏障，當然如果願意，牠是可以這麼做的，因爲牠羽化的時候，必須咬破蜂巢的天花板和最後的封蓋，相比之下這些是更艱鉅的工作。牠的雙顎上有足夠鋒利的

工具，可惜牠不知道屏障外面還有一條陰暗的長廊。既然蜾蠃並不清楚蘆竹的來歷，那麼牠又是如何得知壁蜂所不知道的事情呢？何況壁蜂在使用蘆竹方面還是牠的前輩呢。

除了要擴大面積而切開隔膜這個創新做法之外，蜾蠃作為一位隔牆的粉塗匠，和壁蜂倒是不相上下。這兩種蜂的工作成果如此相似，以至於如果僅僅查看牠們的建築物，人們會分不清房屋的主人是誰。在不均勻的間隔之間，兩者都有同樣的隔牆，同樣的細土墊圈，以及同樣從灌溉渠或河岸邊掘來的、非常新鮮濕軟的泥製墊圈。從材料的外表看，蜾蠃的泥土似乎是從鄰近的艾格河激流兩岸弄來的。

建築物的身分只有在具體的細節中才能顯現出來，關於這些細節，我首先是在壁蜂的特殊手法中發現的。讓我們回想一下牠築隔牆的奧秘吧。如果蘆竹的直徑不大，那麼首先得在蜂巢裡儲備食物，然後在前面豎一堵隔牆，用以劃定蜂巢的範圍。這堵隔牆是一氣呵成的，中途沒有絲毫停頓。如果蘆竹確實有一定的容量，那麼在給蜂巢儲備食物之前，壁蜂會先著手修築隔牆，同時在牆側面鑽一個孔，一個「便利性」的天窗，從那裡就能更方便地卸下蜂蜜並存放蜂卵。蜾蠃和壁蜂一樣，熟知這個天窗的秘密；我是透過透明玻璃觀察到這件事的。在大的蘆竹裡，牠同樣發現，在放進獵物之前，先圍住蜂巢是非

常有利的；牠用一扇小洞門關上蜂巢，從這扇門可以運送儲備
的食品和產下的卵。當門裡一切就緒時，天窗就被一個用漿狀
混合物做的塞子給堵起來了。

當然，不像我曾看見壁蜂在我的玻璃試管裡工作，其實我
並沒有看見蝶蠃如何修築附帶小窗的隔牆，但是完工後的作品
本身即明白說明了牠採用的方法。在小號的蘆竹裡，隔牆的中
央並沒有什麼特別的東西，而在大號的蘆竹裡，隔牆中央有一
個用塞子堵住的圓洞，這塞子向內突起而不同於其餘部分，有
時顏色也與眾不同。顯而易見的，那些小的隔牆是一氣呵成的
作品，而大蘆竹裡的那些隔牆則是斷斷續續才完成的。

正如我所見到的那樣，如果單單依靠住宅提供的資料，要
想把蝶蠃和壁蜂的蜂巢區分開來是十分困難的，然而有一個非
常奇怪的特徵，卻可以不用剖開蘆竹，便能使細心觀察的眼睛
知道主人是誰。壁蜂使用與隔牆質地相同的泥土，做成厚實的
塞子來關上家門。不用說，蝶蠃也應該知道這種防護辦法，牠
也將房門堵得很結實，但在壁蜂樸實的工藝基礎上，蝶蠃運用
了更加先進的手法。由於土質堵塞物的外部容易因冰凍和潮濕
而變質，因此牠塗抹了厚厚一層泥土和碎木質纖維的混合物，
好像我們在酒瓶蓋上塗抹紅色封蠟一樣。

這些纖維和長期浸潤在空氣中的粗韌片纖維一樣，我在其中往往會看見取自經過日曬雨淋而變質變白的蘆竹。螺蠃用牠的長鉋刀把蘆竹刨成碎屑，然後咀嚼、弄碎。胡蜂和長腳蜂就是這樣在變軟壞死的木頭上，取得牠們用來製作灰紙的原料。但是蘆竹的主人無意將銼屑用於造紙，要把碎屑弄到那樣細膩的程度還早得很呢，牠只要能將之弄碎並篩選一下就滿足了。與肥沃的濕軟泥攪拌在一起的纖維小塊是上好的柴泥，在抗碎方面比單純的泥土要強得多，因為這裡面濕軟泥的成分，與隔牆和大門塞子的成分是一樣的。這巧妙的塗層，效果十分顯著，在惡劣的氣候條件下使用了幾個月之後，壁蜂那只有泥土的屋門已經破爛不堪了，而螺蠃的呢，由於在外面覆蓋了一層纖維混合物，所以仍然毫髮無損。我們把柴泥蓋子這個發明專利記在螺蠃的頭上，然後再看看別的。

楊樹金花蟲
（放大2½倍）

說完蜂巢之後，就輪到食物了。螺蠃家族只享用一種獵物：楊樹金花蟲的幼蟲。春末，這種幼蟲會與成蟲一起，把楊樹的樹葉啃食殆盡。在我們看來，獵物吸引螺蠃的條件並不是外形，更不是氣味。這是一種身材矮胖、結實的蠕蟲，肥肥的，皮膚光禿禿的，白白的肉色底有著一排排又黑

又亮的斑點，特別是腹部，有十三行這種黑色的點，其中四行在上面，兩側各三行，下面還有三行。背部四行的排列結構不同，正中間的兩行只是普通的黑點，側面兩行則呈一個個無頭圓錐形的小小隆起，毛孔頂上還有孔。除了最後兩節，背上每節腹節都有一個小錐，或左或右地立在那裡，同樣的，後胸和中胸上也分別有一個小錐隨意隆起，這兩個小錐比別的大許多。總之，共有九對隆起。

如果有人惹惱了這傢伙，從牠身上的這些小火山口裡，就會彎彎曲曲地湧出一種強烈的苦杏仁味，或者更確切地說，應該是硝基苯味道的乳白色液體，也就是通常所說的密斑油。這種味道濃得嗆人，噴射這種化學藥劑是一種防禦法，只要用一根麥桿搔牠癢或用鑷子抓住牠的腳，那十八個油瓶就會立即發射，撥弄牠的手指會變得惡臭難聞，只好噁心地扔掉這隻散發臭味的蟲子。假如牠想要跳到人的身上，用那九對裝著硝基苯的噴霧器使人嫌惡，我得承認，牠將會成功地達到目的。

但人類只是牠最不需要擔心的敵人；可怕的是蜾蠃，牠們會不顧藥劑的噴射，抓住金花蟲脖子皮膚上的藥水噴霧器，然後用針刺個幾下就讓牠蜷成一團，所以首先要防備的是蜾蠃這惡棍，但這可憐的蟲子卻沒有什麼好辦法。鑑於獵人只喜歡吃這種獵物，我們只能相信，在蜾蠃看來，金花蟲這種藥劑聞起

來美味非凡，防禦用的體液反而變成致命的誘餌。其他的自衛
手段也是如此，每一個有利之處都不免對應著不利的另一面。

　　我不記得在哪裡讀過，有關一種南美苦蝶和其他沒有苦
味、外型相似的蝴蝶的故事。前者由於帶有苦味而受到鳥類的
尊敬，而後者卻成了鳥熱衷的美食。這些受害者到底做錯了什
麼呢？牠們雖然沒能擁有那種難聞的苦味，但至少模仿了外形
和顏色花紋；我想鳥還是曾被這種偽裝欺騙過。

　　這是為了生存而改變外形的一個鮮活例子。由於我一向對
這類美麗的臆想故事沒有什麼興趣，所以我只能憑著模糊的記
憶把事情複述個大概。苦蝶真的是由於牠的味道才逃脫殺身之
禍嗎？有沒有任何鳥類是喜歡苦味的呢？對於喜歡苦味的鳥來
說，那種用於防禦的味道是不是反而更具誘惑力？我也沒有從
我那種在圍籬內小石子地上的巴西蘇木得到什麼啟發，但是，
我在那兒發現了一種蟲子，牠雖然有討厭的味道，散發令人作
嘔的氣味，卻跟別的蟲子一樣，仍有被牠吸引甚至更加狂熱的
天敵。如果說為了生存而做的奮鬥，使牠擁有藥水瓶，那麼這
種奮鬥真是愚蠢啊！蟲子應該不要帶這藥水瓶的，這樣牠就能
避開最可怕的敵人螺贏，這敵人正是被氣味所吸引的。

　　沒有苦味的蝴蝶給我們上了另一課。為了躲避鳥，牠們披

上了和苦蝶相似的外衣。呵！誰能好心地告訴我們，為什麼在
這麼多長得光溜溜的、小鳥視之為美味佳肴的幼蟲中，竟然沒
有一個敢穿上帶有金花蟲式黑色鈕扣的外衣呢？就算沒有這種
發臭的瓶子，牠們至少也應該具備可以令其天敵厭惡的外表。
真是無知的小東西！牠們居然沒有想到，可以用擬態來保護自
己。我們不要責備牠們吧，這不是牠們的過錯。牠們就是牠
們，沒有哪個鳥喙能夠改變牠們的外貌。

金花蟲用於防禦的液體具有汽油的特性，能在紙上染出透
明的印痕，蒸發後又會消失。這種液體呈乳白色，有令人討厭
的氣味，誇張的氣味與實驗室的硝基苯相似。如果不是缺乏時
間和工具，我會很樂意對這種獨特的動物化學產品進行一番研
究的。我相信，這種東西可以像蠑螈和蟾蜍的乳狀分泌物一
樣，用試劑加以研究。我把這個問題留給化學家們。

除了這十八個油瓶外，這種蟲子還有另一種保護裝置，既
可以用於防禦，同時也能用於活動。蟲子可以隨意將腸道尾端
鼓成琥珀色的大囊泡，從那兒滲出一種無色或淺黃色的液體。
要辨別出這種液體的氣味非常困難，因為用來收集液體的細紙
帶，總是由於接觸到蟲子而受到污染變臭。但是我堅信，我從
中聞到稍弱的硝基苯味道。在背囊的分泌物和腸囊泡的分泌物
之間，是否存在著某種聯繫呢？這是很有可能的。我猜想其中

還有些特殊的功效，蜾蠃做爲對此知之甚詳的專家，接下來將
告訴我們，牠有多麼欣賞這種液體。

等待來自獵人的證據時，我們證實了蟲子會使用肛門囊泡
幫助成長。由於腳太短，所以這蟲子是個操縱著囊泡的雙腿殘
疾者。我們還證實了，幼蟲變態時以肛門固定在楊樹樹葉上，
這一資料的意義會在適當的時候顯露出來。變態時，幼蟲的皮
一邊向後褪，一邊保持完整連續，而蛹被半包裹在蛻下的皮
中。到了破殼而出的時候，成蟲掙脫了枷鎖，而兩件舊衣服，
一件半裹著另一件，便留在樹葉上，由肛門固定著。蛹期大約
十二天就足夠了。啊！我似乎沒有理由再停留在金花蟲的幼蟲
身上浪費時間了；我該說的不該超過我的領域，也就是蜾蠃的
故事。

我們已經知道，蜾蠃的獵物在陽光下啃食楊樹葉。我看著
蟲子被放進蜾蠃的儲藏室裡。我計算過一截蘆竹裡的房間數，
裡面有十七間屋子，裝滿或差不多裝滿了糧食，其中有些還存
放著蟲卵，其餘的則住著剛剛孵化、才吃一口食物的幼蟲。在
供給最充足的房間裡堆著十條蟲子，最差的房間裡則只有三
條。我還發現，在一般情況下，越是上面的樓層糧食越少，越
是下面糧食越充足，但沒有十分明確的疊加規則。這可能與雌
雄兩性不同的食量有關：雄蜂的身材較小，比較早熟，牠們居

住在上面的房間，吃得不多；而雌蜂比較健壯、晚熟，牠們住在下面，享用豐盛的飯菜。我認為，糧食數量不同的另一個因素，可能取決於獵物的體型大小、肉質老或嫩、肉多或少。獵物不論大小，都是完全不能動的，我用放大鏡無法觀察到獵物觸鬚的擺動、跗節的微顫、腹部的搏動，這些是狩獵性膜翅目昆蟲的受害者最常見的生理現象。什麼都沒有，完全沒有任何生命跡象。被蝶蠃螫傷的幼蟲果真死了嗎？儲備的食物真已經是屍體嗎？才不是呢，牠們紋風不動，可是這並不能排除一息尚存的可能性。下面的證據著實令人吃驚。

首先，我逐一檢查那綑蘆竹裡的蜂巢，我發現已經完全發育成熟的大個兒金花蟲幼蟲，尾部經常與房間的牆壁相連。這個細節的意義十分明顯。幼蟲是在臨近變態期時被捕獲的，牠雖然被螫針刺傷，但仍做了習慣性的準備工作。牠牢牢地倒掛在最近的支撐物上，不管是土隔牆還是蘆竹管壁上，就跟固定在楊樹上一樣。牠的外表是如此有精神，肛門的連接又是如此準確，使我燃起了希望，希望看到牠被刺傷的皮膚裂開、蠕蟲出現。我的希望並沒有絲毫誇大，這是建立在事實的基礎上的。這些事實的奇怪程度，並不亞於我後面將要陳述的事情。但是，事情的發展並未回應我幾乎信以為真的希望。當我把幼蟲從屍體堆裡連同其支撐點一起抽出，安置在安全的地方後，沒有任何一隻為了變成蛹而固定住的幼蟲，還做出準備工作以

外的事情。然而這個行為已經足夠說明問題，牠告訴我們，既然蟲子還有力氣對變態做出必要的準備，那麼幼蟲體內的確還有剩餘的生命力，暗中維持著生機。

另一個現象也否定了蜾蠃所儲備的食物是屍體的可能性。我把十二隻從蜾蠃倉庫裡取出的幼蟲放入玻璃試管中，並蓋上棉花塞子。潛在的生命跡象便是，蟲子始終保持新鮮，皮膚在白中泛著淡玫瑰色；死亡及腐敗的訊號就是蟲子會變成褐色。好吧，十八天以後，其中一隻蟲子開始變成褐色。三十一天後，另一隻被確認死亡。四十四天後，其他六隻還是胖嘟嘟、鮮活的。最後一隻蟲子持續健康的狀態達兩個月之久，從六月十六日到八月十五日。不言可喻，在同樣的條件下，拿外表沒有挫傷的幼蟲，用二氧化碳使之真正死亡，這些幼蟲沒有幾天就會變成褐色。

正如我所預料，築巢蜾蠃產卵的特點與以前觀察腎形蜾蠃所得到的情況完全一樣。懷著因確定了一件趣事而產生的滿足感，我再一次發現了以前所描述過的奇怪置卵方法。卵首先被放進去，放在屋子的最深處，然後按照捕獵的順序堆放糧食。如此一來，糧食的消耗就會按照從最舊的到最新的順序進行。

我堅持要弄清楚，卵是否會像鐘擺般晃盪，即是否如我從

黑胡蜂和腎形蜾蠃那裡看來的樣子，卵的一端用固定在蜂巢上的一根細絲吊住。我確信，與腎形蜾蠃同一屬的蜂卵，絕對可以適應這種細絲懸掛法；但我擔心從歐宏桔長途跋涉而來，車子的顛簸會打斷這個嬌弱的掛鐘。我至今還記得，當我把屋頂搖掛著腎形蜾蠃卵的蜂巢搬出來時，我是多麼擔心，又多麼小心啊！對所載負的珍貴東西一無所知的車子，可能會把一切都打亂。

然而事情並非這樣，令我異常吃驚。在大多數比較新的蜂巢裡，我發現卵都好好地懸吊著，時而在蘆竹的拱頂，時而在隔牆較高的一邊。懸吊細絲勉強可見，長約一公釐。卵呈圓柱體，大約有三公釐長。蘆竹放在玻璃試管裡，我能夠目擊孵化的全部過程。通常在蜂巢關閉後的三天開始孵化，在產卵後的第四天可能性最高。

新生的小蟲基本上頭朝下，整個都鑽在卵膜的鞘裡。牠在裡面非常緩慢地蠕動，吊著的細絲也隨之伸長，懸掛點那一端的起點線很細，卵開始蛻皮的那一頭則粗得多。小蟲的頭碰到旁邊的獵物，於是這柔弱的新生命開始進食第一口食物。如果受到搖晃，譬如我搖蘆竹，牠就會鬆開口並往卵鞘裡縮進一點兒；然後，當牠放心時，又再蠕動，重新開始咬已經啃齧的部分。不過有時候牠對晃動置之不理。新生幼蟲懸吊在細絲上，

要持續大約二十四個小時；之後，精神稍微振作些的小蟲，就要脫離懸絲著地，開始正常的生活。食物可供應十二天左右，接著立刻就得進行織造蛹室的工作。昆蟲在蛹室裡保持黃色幼蟲的狀態，直到第二年的五月。追蹤蜾蠃捕獵及織造蛹室的生活非常枯燥乏味，吃硝基苯那種口味極其辛辣的菜肴、編織蛹室這種琥珀色的精細織物，都沒有值得一提的不尋常之處。

在結束這個話題之前，我想對懸卵及與聯繫胚胎所形成的問題作一個說明。任何圓柱形的蟲卵都有兩端，前端和後端，即頭和尾。幼蟲是從兩端中的哪一端孵出的呢？

黑胡蜂和蜾蠃對我們說：「從後端」。卵被固定在蜂巢壁上的那一端，很顯然是產卵管的第一個出口，因為把卵扔到空中之前，蜂媽媽必須先把用於懸掛的細絲黏在某處。由於卵巢的管子和產卵管都太窄，卵在其中無法翻轉，於是尾部那一端就先滑出。新生的幼蟲由於和胚胎是同一個方向的，所以在細絲末梢的牠就成了尾部向上、腦袋朝下的樣子。

輪到土蜂、飛蝗泥蜂、砂泥蜂和所有將卵固定在獵物身上一點的捕獵性蜂類時，牠們都是這樣回答的：「從前端」。的確，牠們的卵總是以頭部那一端，跟由蜂媽媽謹慎挑選出來的獵物的某個固定點相連，因為對新生兒的保護和對糧食的保

存，都要求在這一點，並且只在這裡展開最初的啃咬。出於同樣的理由，固定在獵物的那一端，也比另一端先孵化出來。

　　兩個相反的證據都同樣是真實的，所以，視其端點是連接到蜂巢的牆壁上，還是遠遠地連接在另一個支點上，蜂卵就以前端或者後端實現生命的俯衝，而這就必須要求卵在卵巢和產卵管中必須處於相反的方向，這樣初生小蟲的顎下才會確保一定有食物，即使小蟲毫無經驗，還不會尋找擺在面前的食物，也不至於餓死。這就是問題的關鍵。我強烈希望胚胎學家能拋開一切命運註定論，只需在原生質能量的幫助下解決這問題。

　　從蜾蠃的家庭私生活中認識牠還是不夠的，重要的是，還得在其捕獵活動中觀察牠。牠是怎樣捕獲獵物的呢？牠是怎樣讓獵物在死亡般的麻痺狀態中仍然保持新鮮？牠使用什麼樣的外科方法？由於目前我在附近沒有發現任何這位金花蟲迫害者的領地，所以就向克萊爾提出了這個問題。她得天獨厚，每天都與雞窩為伍，那裡有許多可供研究的難忘事情發生，而且最重要的是，我知道她有敏銳的觀察力和幫助我的誠意。她熱情地接受了這份苦差事。如果情況允許，我這邊應該嘗試觀察被捉住的昆蟲。由於事情都是在瞬間發生的，很可能造成疑惑，所以為了使我們對事情的評估不相互影響，我們得對各自的結果保密，直到雙方都確信無疑為止。

受過良好跟蹤訓練的克萊爾開始行動了。在艾格河的岸邊，她很快就發現了載著金花蟲幼蟲的楊樹。遠處，一隻蜾蠃突然出現，撲向一片樹葉，然後足間帶著俘虜而歸。但是事情發生的地方太高了，不可能對這場發生在祭司和犧牲者之間的糾紛進行確切的觀察。此外，同樣有利於蜾蠃捕獵的樹太多，牠什麼時候會出現在克萊爾監視的那棵樹上實在很難確定，這會讓人失去耐心的。由於執著在觀察、學習和幫助我，我熱心的合作者居然想出一個巧妙的法子。她把一棵滿是金花蟲的小楊樹連根帶泥一塊拔起，在拔起和搬運的時候，她極其小心謹慎，以免將幼蟲群搖落下來。事情進行得如此順利，楊樹一路毫無阻礙地運到目的地，也就是雞棚前，正對著蜾蠃居住的蘆竹堆，於是楊樹被重新植入土中。重新種植並沒有太大意義，小樹只要在充分的澆灌下，保持幾天的新鮮就行了。

觀察哨落成了。克萊爾窺伺著，躲藏在楊樹旁的樹枝中，楊樹的每一片葉子都在她的視線裡。早上，她密切注視著；熱浪襲來時，她密切注視著；下午，她還是密切注視著。第二天，她又重新開始了，第三天繼續，周而復始，直到幸運向她微笑。神聖的耐心啊，有什麼是您力所不能及的啊！飛向幼蟲的蜾蠃群，回來時因爲嗅到硝基苯的味道，便發現了這棵移植過且布滿野味的楊樹。既然門前堆滿了財富，何必還要長途跋涉呢？於是小樹被狠狠地開採了。在這種情況下，捕獵者毫不

猶豫地展示捕獵手法的奧秘。克萊爾一遍又一遍看著用螫針進行的屠殺，但是為了讓我們共同的好奇心得到滿足，她付出了昂貴的代價。由於太陽的曝曬，好幾天之後她都待在房間裡出不了門。然而，她早已準備好接受不幸的遭遇，有我做榜樣，她清楚知道，這是在無情的太陽底下進行觀察所必得的「好處」。但願對科學的頌揚能對頭痛做出一點兒補償！她觀察的結果和我的完全吻合，我將敘述我的觀察並公諸於世。

現在輪到我了。當裝著蜾蠃的蘆竹送到我手上時，我正忙於研究一個算是最有意思的問題，我將在另一章詳細說明。我試圖在我的昆蟲實驗室裡，把各種不同的膜翅目昆蟲放在鐘形罩下進行實驗，而這些膜翅目昆蟲的獵物種類我都知道。如此一來，就能觀察到針所扎下的確切位置了。當我的俘虜與牠們平時的獵物放在一起時，大多數蜂都不願意使出螫針，不過有些蜂則對是否自由捕獵不那麼在意，便接受了我所提供的食物，在我的放大鏡下螫起來了。為什麼築巢蜾蠃不在這些勇敢者之列呢？

這需要實驗。我備有數量充足、來自歐宏桔的金花蟲幼蟲，為了研究牠們的變態情形和香水噴霧器，我把牠們養在金屬鐘形網罩下。我手頭有獵物，但沒有捕獵者，要去哪裡找呢？我只好求助於克萊爾，而她也正急於幫我寄來。材料有

了，但我卻無法下定決心使用，我擔心昆蟲到我手上時，已經因為車子的顛簸和捕捉後過了太久的時間而受到損傷。或許是疲憊，或許是厭倦，牠在面對金花蟲會覺得無所謂，這一點幾乎可以肯定。我需要比這更好的情況，我希望能在昆蟲精神飽滿、狀態良好的時候捕捉到牠。

在我家門口有一塊種了東方茴香的地，這是製造聲名狼藉的苦艾酒的原料。在它的繖形花上，伏臥著大群的胡蜂、蜜蜂和各種飛蟲。讓我們拿著網去看看吧。這真是賓客雲集啊！我在席間的歌聲、嗡嗡聲和嘰嘰聲中，細看這一排排的作物。老天保佑，我找到了螺蠃！我抓住了一隻、兩隻、六隻，便急急忙忙地趕回工作室。我碰上的好運超過了我的期望：那六個俘虜屬於築巢螺蠃，而且六隻都是雌性。任何醉心於某個問題，而突然間找到解題所必需的數據的人，一定能理解我的興奮。然而，當時的喜悅仍難掩隱憂，誰知道捕獵者和獵物會怎麼樣呢？我把一隻螺蠃和一隻金花蟲幼蟲移到鐘形罩下。為了激起刺客的熱情，我把玻璃牢籠暴露在陽光底下。下面是這場悲劇的詳細報告。

在整整十五分鐘裡，我的俘虜一直沿著鐘形罩壁攀緣，掉下，再爬，尋找一條可以逃走的出路，似乎對獵物毫無興趣。當我對成功已經失去希望的時候，獵人突然撲向金花蟲幼蟲，

把牠掀翻使肚子朝上，然後緊緊抱住牠，對準其胸部狠狠螫了三下，特別是在頸下中間的部位，針在那裡比別的地方扎得更久。被抱住的可憐蟲竭力反抗，傾囊分泌的汁液沾滿了全身，但這種防禦策略完全無效。蜾蠃對這種誘人的香味無動於衷，照樣準確地揮舞手術刀進行手術，彷彿病人是沒有氣味的。螫針三次出擊，扎在幼蟲胸口的三個節上，以此擊垮牠的神經中樞。隨後我又用別的蜾蠃重新實驗，很少有獵人會拒絕進攻，而且每次都是刺三針，在頸下持續的時間特別長。這就是我在人工條件下看到的情況。至於克萊爾那邊，在自然條件下，在野外，在移植的楊樹上，她觀察到的也是這樣。兩個合作者真是殊途同歸。

手術進行得很迅速。接著，蜾蠃一面肚子對肚子拖牠的獵物，一面持續咬住獵物的脖子，卻沒有留下任何一點傷口。這個舉動很可能跟隆格多克飛蝗泥蜂和毛刺砂泥蜂的螫刺道理是一樣的。為了麻痹短翅螽斯和灰毛蟲的頸神經節，獵人不殺死獵物，只是輕輕咬牠們的頸背。我當然把這些癱瘓的幼蟲搶過來。除了腳微顫了幾下，但很快便停止，除此之外，這個殉難者沒有一點生氣了。然而牠沒有死，我已經提供了有關的證據，這種無聲的生命力是以另一種方式表現出來。在連續昏迷的頭幾天，還有糞便排出體外，直至腸子被清空為止。

　　當我重複進行實驗時，我目睹了一件事情，它是如此奇特，以至一開始便使我迷失了方向。這次獵物被獵人從尾部抓住，肚子下的最後幾段體節被針刺了好幾下。這個違反常規的手術，是從尾部的體節進行而不是胸部。在一般的方法中，外科大夫和病人是頭頂著頭，但現在方向卻相反。是不是由於操刀者不小心把蟲子的兩端搞混了，把肚子末端當作頸部來刺呢？有一陣子我是這樣認爲的，但我立刻就發現錯誤；昆蟲的本能應該不會犯這樣的錯誤。

　　的確，當針刺之後，蜾蠃緊緊抱住幼蟲，開始大口大口慢慢地從背部吸吮最後的三節。牠吸吮的時候，那種貪吃的樣子暴露無遺，嘴的每塊肌肉都活躍起來，好像是在享用一道精緻的菜肴。而被活生生吸吮的小蟲絕望地擺動牠的短腿，但這種行爲並沒有使牠逃脫接下來被針刺的命運；牠拼命掙扎，用頭和雙顎進行反抗。但是對方對這些事沒什麼感覺，繼續吸小蟲的尾部。就這樣持續了十分鐘、十五鐘，然後這強盜放開了痛苦的傢伙，把牠扔在一邊，再也不管牠了，不像要捕捉一隻帶回巢的獵物，一定要把牠一起帶走。不一會兒，蜾蠃開始舔腳，彷彿剛剛吃完精美的甜點，牠一次次地刷洗兩顎間的跗節，做離開餐桌的漱洗工作。牠到底吃了些什麼呢？那就得檢查一下這位榨蟲尾汁的美食家了。

　　只要我稍微有耐心些，我那六個階下囚還是非常樂於合作的。牠們輪流擺弄著金花蟲幼蟲，一會兒像對待捕回家的獵物似的從前面擺弄，一會兒又像對待自己的零食一樣從後面擺弄。即使我用滴在薰衣草穗上的蜜汁餵牠們，也沒有讓牠們忘掉那殘忍的筵席。捕獵手法大體上相同，但在細節處卻變化多端。幼蟲總是從尾部被抓住，而螫針在肚皮這一面從下方一針針往上刺，有時只有小腹被刺到，有時還殃及胸部，使被害者絲毫不能動彈。顯然，這樣的刺法並非是想讓幼蟲動彈不了，因爲只要螫針不扎在超過腹部以上的部位，幼蟲還是可以自由地小步走的，即使牠已遍體鱗傷。只有對即將放進蜂巢裡儲存起來的糧食，才必須使牠們完全失去活動能力。如果蜾蠃是爲了自己而不是爲了子女捕食，那麼牠所覬覦的美食是否活蹦亂跳就無關緊要了，牠只需使要享用的那部分癱瘓，以便排除一切抵抗就行。此外，把幼蟲弄癱也不是重要的事，每隻蜾蠃都會按照自己的喜好，隨意忽略這道手續，或者螫得靠前靠後些，並沒有固定的規則。當酒足飯飽的蜾蠃鬆開幼蟲時，這隻屁股被咬過的蟲子，要不就像蜂巢裡的同胞一樣紋風不動，要不幾乎就跟沒受過傷的蟲子一樣行動自如，區別僅在於其肛門囊泡，也就是雙腿殘疾者的支撐物缺損了。

　　我檢查了這些殘廢者。牠們的肛門囊泡已經消失，即使我用手指擠壓腹部末端也無法重現。另外，在肛門囊泡處，我用

放大鏡看到了一些被扯裂的組織，腸尾被撕成了碎片，四周都是青腫、瘀斑，但沒有大的傷口。這說明了蜾蠃痛飲的便是「囊泡」裡面的東西。當蜂吸最後兩、三節時，就如同為蟲子擠奶一樣，蜾蠃用擠壓法使直腸液湧向囊泡，然後再剖腹舐食其中的東西；而腹部的癱瘓正有利於施行這種擠壓法。

這種體液究竟是什麼呢？是某種特殊的產物，還是某種硝基苯混合物？我不能肯定。我只知道昆蟲以此作為防禦手段。一旦陷入恐慌，牠就會分泌這種體液來惹惱進攻者。當香水瓶中的水滴一滲出，肛門的蓄水池就立即開始運作。對於這招惹來殺身之禍的保護手段，我們能說些什麼呢？天真的傢伙，在知道這些之後，你們還要使自己發出臭味，分泌汁液使自己變苦嗎？你們原先並沒有苦味的！你們終究會遇到要咬碎你們的天敵，一個要把你們的小屁股一口一口咬下來做成杏仁小甜糕的大行家。這是給南美苦蝶的忠告。

不過，在告訴大家肢體慘遭傷害的金花蟲結局之前，我不會結束這個悲慘的故事。由於胸部受傷而導致徹底癱瘓的幼蟲，已經不能告訴我們什麼，我們在觀察被捕回蜂巢的幼蟲時已知道了，因此讓我們考慮一下這種情況：蟲子只在腹部末端被螫了三、四下。當蜾蠃貪婪地咀嚼了幼蟲身體的最後三節，掏空腸子末端後將之拋棄時，我把幼蟲奪了過來；這時，腸尾

的運動和防禦泡已經消失了，被挫傷的三節體節布滿了難看的色斑，但我在上面卻沒有發現任何一點皮膚有所破裂。由於腹部癱瘓了，蟲子再也不能使用肛門的槓桿來蠕動，但牠的腳仍然活動自如，所以蟲子就靠著腳來行動。牠匍匐著，緩慢爬行著，前進所用的力氣恰如其分，身體後部似乎毫不費力。牠的頭部也搖擺著，嘴像往常一樣緊閉。如果不考慮腹部的癱瘓和直腸的殘缺，這完全是一條充滿生命力、安靜地吃著楊樹葉的蟲子。這正是這個法則的絕佳證明，某些執拗的反對論點必當在此受挫，這個法則就是：至少剛開始時，螫針只在螫到的地方才有效，因為針刺在腹部靠近神經中樞的地方，所以腹部就癱瘓了；而由於針沒有刺到胸口，所以足和頭就能活動。

在手術過了五個鐘頭後，我重新檢查這些蟲子。牠們的後腳哆嗦著，再也不能用來運動了。癱瘓征服了牠們。第二天，牠們之中有一半已經疲軟無力，但頭和前腳還能動。第三天，除了頭部，整個身體都動彈不得了。到了第四天，蟲子終於死了，真正地死去了，身體縮成一團，乾癟、發黑。而胸部被刺、將被帶回蜂巢儲存起來的幼蟲，卻能在幾個星期甚至幾個月中保持豐滿和鮮豔的色澤。幼蟲是死於螫針的注射嗎？我想不是，因為其他被針扎在胸口上的蟲子並沒有死。殺死牠的是蝶蠃無情的牙齒而不是螫針。既然腹部末端在雙顎下被壓得粉碎，腸囊泡也被清除了，幼蟲就不可能再有生還的希望。

第十一章

食蜜蜂大頭泥蜂

在膜翅目昆蟲中，有一種既熱衷於採集花蜜，同時為了生存也捕獵少許獵物；遇見牠們真是一件值得注意的事情。如果說，儲存幼蟲的地方堆滿了獵物是很自然的，但是如果供食者的菜單以花蜜為主，同時又獵取一定的獵物，這就讓人不太能理解了。我們十分驚訝地發現，吸食花蜜的昆蟲居然也飲食動物的血肉，但要說牠們真的有這兩種菜單，還不如說這只是表面看起來如此而已，因為裝滿了蜜糖汁的嗉囊是無法裝盛動物脂肪的。蜾蠃咬開獵物的尾部以後，就對獵物的肉體不屑一顧，因為這不合牠的口味，牠只是舔食蟲體腸子末端所分泌的那種具有防衛作用的液體而已。這種液體對於牠來說大概是一種美味的飲料，不時用來當作吸食完花蜜之後的甜點，或者是某種鮮美的佐料，或者是花蜜的某種替代品，誰知道呢？雖然我不知道這種佳肴如何美味，但至少我看到蜾蠃對其他東西從

未如此垂涎。一旦獵物的腹腔被吸空，就被當作毫無價值的廢物而丟棄，這可是素食昆蟲的顯著特徵。那麼，金花蟲的追捕者就不可能有令人驚訝的惡習，也就是不可能有如此明確的雙重菜單了。

我們尋思，除了蜾蠃以外，是否還有其他昆蟲像牠這樣，為了維繫家庭生活而不得不從事捕獵活動，或直接從中獲利呢？牠那種撕裂獵物尾部噴霧器的掠奪手段，在所有可能的方法中，實在是太過分了，以至於沒有模仿者；再者，這種方法對於其他種類的獵物是行不通的。但是，使用這種方法並非千篇一律，舉個例子吧，如果剛被螫針扎到的獵物腹中也有美味的汁液，為什麼捕食者不強迫垂死的獵物吐出腹中的食物就好，這樣也不會破壞食物的美味啊！我想，應該也有一些搶劫屍體的昆蟲並非喜愛肉食，只不過是想舔食嗉囊中的美味汁液罷了。

實際上這樣的昆蟲很多。首先讓我們列舉出蜜蜂的捕獵者——食蜜蜂大頭泥蜂。長久以來，我多次撞見牠們貪婪地舔著蜜蜂沾滿花蜜的嘴巴，我一直在思忖這種只為自己利益的搶劫，也懷疑大頭泥蜂的捕獵並不只是單純的為了牠的子女。推測需要實驗來證實，也剛好我所從事的另一項研究可以同時進行。我想利用這次研究的便利條件，投入多種捕食昆蟲者的研

究中。爲了研究大頭泥蜂，我將牠放在鐘形罩內進行觀察，正如我前面大致地談到用來觀察蜾蠃的方法一樣。也正是用此種方法觀察這種蜜蜂的捕食者，爲我提供了原始的素材。牠們如此生氣勃勃而使我得以滿足願望，以至於我相信自己掌握了獨一無二的方法，可以一遍又一遍地觀察，這成果即使是現場觀察也來之不易。啊！研究大頭泥蜂所取得的初步成果，顯示結果將大大超出我的期望！不過不能妄下結論，讓我們先把捕獵者和牠的獵物一起放到鐘形玻璃罩下進行觀察吧。觀察者若對研究膜翅目昆蟲螫針的嫻熟技術有興趣，我推薦這種實驗。實驗中沒有影響結果的不確定因素，也無須長時間的等待，一旦獵物暴露在有利於捕食者的攻擊位置，兇惡的捕食者便衝過去，一口將獵物咬死。我下面將告訴你事情是如何發生的。

食蜜蜂大頭泥蜂
（放大1¼倍）

我將一隻大頭泥蜂和兩、三隻蜜蜂蓋在鐘形玻璃罩底，牠們可以在垂直且光滑的罩壁上隨意爬行。囚犯們沿著罩壁朝向光線的方向攀爬，企圖尋路而逃，但爬上來又落下去。片刻之後，牠們安靜了下來，捕獵者開始環視周圍的一切。牠的觸鬚伸向前方，打探情況；前足伸直，跗節因貪婪而微微地抖動；頭忽而左轉，忽而右轉，注視著蜜蜂在玻璃鐘形罩上的情況。這個壞蛋的姿勢讓人留下了深刻的印象，我們從中能感受到牠

伏擊獵物的強烈欲望，以及行動之中詭譎的等待。終於，牠做出了選擇，向獵物衝過去。

一番你來我往，兩隻昆蟲滾成一團，很快的，混亂的局面平息下來，兇手逐漸控制住牠的獵物。我觀察到牠採取了兩種手段，第一種辦法比較常見，即蜜蜂仰面躺在地上，大頭泥蜂與蜜蜂面對面，一邊用六隻腳將其箍住，一邊用大顎猛咬蜜蜂的頸部。大頭泥蜂的腹部順著獵物的方向，從後向前縱向彎曲，為了尋找下針點，略微摸索之後，終於繞到蜜蜂的頸部下方，把螫針刺入蜜蜂的頸部，停留一會兒，一切就結束了。然而兇手並沒有放開獵物，仍然緊緊箍住，牠將蜷曲的腹部放鬆平直，貼在蜜蜂的腹部上。

第二種方法是大頭泥蜂直立進行攻擊，以後腳和折疊的翅膀末端作為支撐，大頭泥蜂驕傲地站直身子，用四隻前腳箍住蜜蜂，與牠面對面。為了尋找一個展開致命一擊的有利位置，大頭泥蜂用粗魯而笨拙的動作來回翻動著可憐的小蜜蜂，就像小孩擺弄洋娃娃一樣。找到適當的位置，大頭泥蜂便以後腳的兩節跗節和翅膀的末端做為牢固的三角支撐，由下向上蜷起腹部，仍是將螫針從蜜蜂顎下螫入。大頭泥蜂捕獵時，其姿勢之獨特，遠超過至今我所看過的一切昆蟲。

　　研究自然現象也有其殘酷性。爲了準確地分辨出大頭泥蜂螫針所刺的部位，爲了使我更深刻地了解兇手那恐怖的捕獵才能，我又在鐘形罩下策劃了相當數量的兇殺案，次數之多，懺悔時我都不敢提及。但毫無例外地，我觀察到大頭泥蜂的螫針總是螫向蜜蜂的頸部。在最後致命一擊的準備過程中，雖然大頭泥蜂腹部的末端可以支撐在胸廓或是腹部以上，可是牠卻從不在這些部位停留，不螫這些部位，彷彿因爲要控制這些部位太容易了些。一旦投入捕獵戰鬥，大頭泥蜂就極爲專注，因此我才能揭開鐘形罩，用放大鏡觀察這齣悲劇的全部情節。

　　觀察到的傷口總是在同一位置，於是我剖開蜜蜂的頭部關節。我在蜜蜂的顎下發現了一個小白點，大約只有一平方公釐大小。那裡沒有角質層的保護，露出了細嫩的皮膚，也就是從這個沒有殼甲保護的弱點，大頭泥蜂的螫針插入了蜜蜂體內。爲什麼是這一點而非其他部位被戳中？這個點是唯一脆弱的部位，所以螫針不得不從此插入嗎？對於抱持這種疑問的人，我建議他剖開蜜蜂胸甲的關節，從第一對腳的後方剖開，將會看到我所觀察到的情況：皮膚無所遮蔽，跟頸部下方的皮膚一樣細膩，而且面積更大一些，沒有角質保護的缺口比螫針刺入的部位更大些。如果大頭泥蜂的攻擊是在攻擊弱點的原則下進行，那麼牠應該攻擊此處，而無須固執地尋找蜜蜂頸下那個不起眼的小點。螫針毫不猶豫地搜尋，顯然刺入肉體的通道一開

始便已確定。因此，螫針的攻擊並不是生硬的機械行為，兇手對胸甲處大面積的破綻不屑一顧，而寧願攻擊頸下的細小破綻，這是出於高明邏輯的動機，對此我們將努力尋找答案。

每當蜜蜂受到攻擊時，我便將牠從大頭泥蜂的魔掌中解救出來。蜜蜂的觸角和口器等各器官所表現出來的突然呆滯，令我感到震驚，大多數獵物的這些器官是要掙扎很久的，而在此，沒有任何我以往在麻痹者研究中所熟悉的生命跡象：觸角輕微顫動，大顎一開一合的狀態持續數日、數週乃至數月。蜜蜂最多不過是對節蹬動一、兩分鐘，這完全是臨死前的掙扎，然後完全靜下來。這種突然的呆滯，說明大頭泥蜂刺傷蜜蜂頸部的神經節，因此頭部所有的器官都突然停止活動；蜜蜂實際上已經死亡，並非只是表面上的死亡而已。可見，大頭泥蜂是一個兇手，而不是麻痹專家。

第一個步驟已經完成。兇手選擇頸部下方作為攻擊點，是為了直接攻擊對方的主要神經中樞，破壞頭部的神經節，從而達到一擊致命的目的。生命之灶中了毒，死神便突然降臨。如果大頭泥蜂的目的僅僅是麻醉對方，使其喪失活動能力，牠可以將螫針螫入蜜蜂胸部缺乏保護之處就好了，如同節腹泥蜂對付象鼻蟲一樣，象鼻蟲不像蜜蜂那樣有胸甲保護。但是，大頭泥蜂的目的是完全殺死對方，關於這一點，牠馬上就會告訴我

們。牠想要得到的是一具屍體，而不是被麻痺的獵物。我們不得不承認，大頭泥蜂的攻擊手段極為精妙，在我們的兇殺案調查研究中，還未發現如此迅速的殺人方法。

我們還得承認，大頭泥蜂的攻擊姿態，與其他靠麻痺方法捕獲獵物的昆蟲不同，要致獵物於死地是絕對有效的。無論是趴在地上或是直立地攻擊獵物，牠總是將蜜蜂擒在自己面前，胸對著胸，頭頂著頭。擺出這樣的姿勢後，牠只須將腹部蜷曲便足以抵達蜜蜂頸部的攻擊點，然後將螫針自下而上地斜著螫入獵物的頭部。要是大頭泥蜂反向箍住獵物，即假設螫針反方向斜著螫入，那麼結局將完全不同。螫針自上而下從胸部第一神經節螫入，結果獵物的身體只會局部麻痺而已。這是一種怎樣的手段，竟如此屠殺一隻可憐的小蜜蜂！大頭泥蜂是從哪一家劍道館裡學到那自下而上螫入獵物頸部的可怕一擊呢？

如果大頭泥蜂這一手法是跟別人學來的，那麼作為犧牲者的蜜蜂，這種精通建築學和極富群體精神的生物，怎會不具備任何類似自我保護的手段呢？其實蜜蜂跟牠的敵人一樣凶猛，一樣擁有鋒利的長劍，甚至更令人生畏、更具有殺傷力，至少我是這樣認為的。多少個世紀以來，大頭泥蜂以蜜蜂作為獵物裝進自己的儲藏室，但還有許多無辜者任其捕殺，其種族每年所遭受的屠殺，竟然沒能教會牠們如何從侵略者熟練的一擊中

逃脫出來。當大頭泥蜂進攻比自己武裝更完備、不比自己弱小，且會用螯針亂刺（當然也因此無效）的對手時，牠是如何掌握到那致命一擊的技術呢？其實我並不奢望有朝一日能夠明白其中原委。如果說，一方能透過反覆練習而掌握攻擊手段，那麼另一方也應該能夠經由反覆練習的機會而學會防守的技能，因為進攻和防守在生存鬥爭中是同等重要的。當代的理論家中，是否會有一位傑出人士告訴我們謎底呢？

到那時，我會抓住機會向他提出另一個令我困惑的現象：蜜蜂在面對大頭泥蜂時，表現得很不在意，更嚴重的是牠面對大頭泥蜂時的愚笨。人們會很自然地設想，受害者受到家族悲劇的逐漸影響，在捕食者靠近時會透露出一種不安，至少有逃避的企圖。但在觀察罩中，我並沒有看到類似的反應。除了剛剛被囚入玻璃杯或鐘形罩時的不安以外，蜜蜂對身邊那令人生畏的鄰居沒有表現出多少不安的情緒。我無意中看到，蜜蜂竟與大頭泥蜂在同一朵菊花上肩並肩，兇手和牠所要殺害的目標竟在同一水槽中喝水。我還觀察到蜜蜂竟然冒失地走過去，希望搞清楚這個躺在地上伺機出擊的陌生人到底是誰。當捕食者揭旗衝鋒時，蜜蜂通常就在牠面前，或者說是自己送到牠爪下的。這或者是由於輕率，或者是出於好奇心，才會讓牠們沒有任何的顫抖，沒有任何不安的表現，也沒有任何逃避的企圖。為什麼幾個世紀的經驗教訓，教給昆蟲如此多的本領，卻沒有

能教授最基本的常識給蜜蜂，也就是要認清大頭泥蜂的深沈、恐怖呢？蜜蜂面對大頭泥蜂時的安心，是出於對自己鋒利長劍的信任嗎？但是，不幸的蜜蜂根本是劍道館裡最笨的徒弟；只要看看牠在搏鬥中危急時刻的表現便知道了，牠使起劍來毫無章法，信手亂刺。

當捕食者揮舞螫針時，蜜蜂也憤怒地揮舞牠的長劍。我看到蜜蜂的螫針在空中揮舞，一會兒刺到這兒，一會兒又刺到那兒，或者是滑到兇手突起的堅硬部位，就嚴重彎曲了；這些都等於是毫無效果的擊劍。兩個戰鬥者如此搏鬥時，大頭泥蜂的腹部朝裡，而蜜蜂的腹部朝外。蜜蜂的螫針只能碰到敵人的背部，大頭泥蜂的背部突起、光滑，而且有很好的甲殼保護，幾乎是無懈可擊的，沒有任何攻擊點可提供蜜蜂作致命的一擊攻擊點。因此，儘管受刑者憤怒反抗，大頭泥蜂仍然可以利用精確的劍法完成致命的攻擊。

致命一擊完成了，大頭泥蜂還是長時間保持與死去蜜蜂腹對腹的姿態，下面我將解釋其中的原因。可能是大頭泥蜂面臨著某種危機，如果牠放棄攻擊和防守的姿態，那麼比其他部位更脆弱的腹部表面，就處在蜜蜂螫針的攻擊範圍之內。死去的蜜蜂在幾分鐘內，螫針仍然保持著受到攻擊後的反射動作狀態，這一點是我在付出代價後才知道的。我太早將受傷的蜜蜂

從大頭泥蜂手中搶走，因此毫無戒備地受到蜜蜂條件反射式的
攻擊。在長時間與死去蜜蜂保持面對面姿勢的過程中，大頭泥
蜂是如何保護自己，不至於被那身體雖死卻仍想報仇的蜜蜂的
螫針螫中呢？難道牠受到什麼特殊的恩惠？或者還有其他突如
其來的事情會發生？這些都有可能。

有一種現象促使我研究這種可能性。為了研究大頭泥蜂在
識別昆蟲種類方面的知識，我曾經抓了四隻蜜蜂與相同數量的
鼠尾蛆，跟一隻大頭泥蜂一起扣在鐘形罩下。各種昆蟲相互推
擠起來，突然間在混亂之中，大頭泥蜂被殺死了，牠仰面栽
倒，六隻腳亂蹬亂掙扎，後來便死了。是誰給了牠致命的一擊
呢？顯然不會是好動而友善的鼠尾蛆所為；這一定是一隻蜜蜂
幹的，牠在紛亂中偶然間刺中了大頭泥蜂，我不知道事件到底
在哪裡發生，過程又是如何，不過這件意外解答了問題，同時
也是我記錄中唯一的這類事件。原來，蜜蜂也有能力抵抗牠的
對手，牠能夠用自己的螫針在一瞬間內殺死企圖殺害自己的敵
人。一旦落入敵人的手中，牠沒辦法妥善保護自己，這是由於
牠劍術不精，並非由於武器的攻擊性差。於是我們又回到了上
面提到的一個問題：大頭泥蜂是如何學會攻擊，而蜜蜂又為何
沒能學會防禦本領呢？對於這個問題，我只找到了一種解釋：
大頭泥蜂無需學習便知道攻擊的手段，而蜜蜂不知道也無法學
會防禦的本領。

　　現在讓我們問一問大頭泥蜂，牠殺死蜜蜂而不是麻痺牠們，到底有何動機？殺死對方之後，牠一刻也不放開牠的獵物，腹部貼著腹部，用六隻腳將蜜蜂箍在面前，擺弄著死者的屍體。我觀察到大頭泥蜂十分粗魯地搜尋蜜蜂的大顎，有時找找蜜蜂頂部的關節中，有時也找找第一對前腳後的胸甲部位，這個大一點的關節中（牠對這個關節的細緻皮膚十分了解，不過牠並未將這個最易受攻擊的部位當作螫針的攻擊點）。我還看到大頭泥蜂野蠻地摧殘死去蜜蜂的腹部，牠將腹部壓在蜜蜂上面，好像把蜜蜂放在榨汁機下一樣。摧殘的野蠻性是令人震驚的；這種野蠻性證明大頭泥蜂冷酷無情。這時的蜜蜂只是一具屍體，不過左推幾下右推幾下還算不會損壞身體，只要不讓血液流出來就好。儘管摧殘是如此的粗魯，我卻沒有在蜜蜂身上的任何部位發現細小的傷口。

　　這一連串的動作，尤其是擠壓頸部的動作，馬上出現大頭泥蜂所期望的效果：嗉囊內的蜂蜜被擠回到蜜蜂口腔內。我看到一些小水滴湧出來，一流出來即被貪婪的大頭泥蜂吸食。這個強盜還貪婪地將死者伸長的、帶有甜味的舌頭吸入自己口內吮吸；接著牠再一次在死去蜜蜂的頸部、胸部搜索，再一次將自己榨汁機一般的腹部壓在蜂蜜罐上。蜂蜜流了出來，立即被吸食。蜜蜂嗉囊裡的蜂蜜就這樣一小口一小口地被擠了出來，並掠奪一空。奢侈享樂的大頭泥蜂用這樣的姿勢，以死去蜜蜂

的屍體作爲獎賞，令人髮指地享受這美食。大頭泥蜂用腳抱住死去的蜜蜂側臥著進食，這種兇殘的進食過程往往持續半個鐘頭以上。我一直在旁邊觀察牠進食，最後大頭泥蜂看起來略顯遺憾地將蜜蜂乾癟的屍體拋棄了。在鐘形罩頂部溜達了一圈之後，貪婪的舐屍者又回到屍體邊上擠壓，然後吸吮屍體的口腔直到最後一絲甜味消失爲止。

大頭泥蜂對蜜蜂糖汁無節制的食慾，用另一種方法也得到了驗證。當第一具屍體被吸乾後，我把第二隻蜜蜂放入鐘形罩內，牠迅速地被大頭泥蜂從顎下刺死，然後被放在其腹部下強制擠壓以獲得蜂蜜。接著我又放入第三隻，也是一樣的命運，但還是沒有滿足這個強盜；我又放入第四隻、第五隻，牠們同樣都被大頭泥蜂接受了。我的檔案裡記錄著，一隻大頭泥蜂在我面前一隻接一隻地殺死六隻蜜蜂，徹底榨光了所有的嗉囊。屠殺結束，並非是由於大頭泥蜂貪婪的欲望已經得到滿足，而是因爲我無法找到更多的獵物，因爲乾燥的八月裡缺少鮮花，因此也趕走了哈曼斯花上的昆蟲。吸光六隻蜜蜂嗉囊裡的蜂蜜，是多麼貪婪啊！而且，如果我可以爲牠補充食物，這沒吃飽的畜牲大概也不會拒絕美味的點心吧！

其實沒有必要爲了中斷這種服務而感到遺憾，我剛才描述的那些細節，只要少許，便足以勾勒出大頭泥蜂這個蜜蜂殺手

貪婪的性格特徵了。儘管我提醒自己不要否認大頭泥蜂也有誠實的謀生手段，牠們在花叢中也和其他膜翅目昆蟲一樣勤勞，也是平和地吸吮著蜜糖；而沒有螫針的雄性大頭泥蜂，更不知道其他的生存方式呢。不過，雌性大頭泥蜂雖然不會忘記那些普通的花蜜，卻仍然要打家劫舍。有人曾說過關於「賊鷗」這個海盜的事情，當牠看到收穫豐富的魚鷹飛在水面上的時候，便撲上去用喙去啄魚鷹的喉部，使魚鷹放掉獵物，自己便立即躍到空中將獵物偷到手。受害的魚鷹只是頸部下方受到一些傷害而已，而大頭泥蜂則是肆無忌憚的強盜，牠撲向蜜蜂並致之於死地，還要把死蜜蜂採得的蜂蜜擠出來享用。

我用了「享用」這個詞，並且堅持這種說法。為了論證這個的觀點，我特別舉出一些理由更充分的例子。為了研究狩獵性膜翅目昆蟲如何爭鬥，我在飼養牠們的籠子裡放了幾棵穗狀花植物，一簇菊蕊，蕊上滴著花蜜，而且不斷更新；這樣做是因為，我必須為昆蟲提供必需的獵物，而這並非易事。我的俘虜們可以在這裡享用茶點，滴了蜜的花朵是很受歡迎的，但對大頭泥蜂卻並非必要，牠只要我偶爾將幾隻活的蜜蜂放入鐘形罩內就行了；每天的供應量約在六隻左右。就靠著從被害者身上擠出的蜜滴，我飼養這些昆蟲長約半個月、三個星期之久。

很明顯的，在飼養籠之外，如果時機成熟，大頭泥蜂為了

生存也會屠殺蜜蜂。螺蠃向金花蟲索取的不過是簡單的調味佐料，而大頭泥蜂向牠的犧牲者索取的卻是盛滿蜜汁的嗉囊，是以生命為代價的餐點啊！這群強盜在囤積的食物之外，為了個人享受，對蜜蜂進行了何等的大屠殺呀！我要把大頭泥蜂交給養蜂人制裁！

暫時不要深究這滔天大罪的主要原因，儘管在表面上或實際上有些殘酷，不過就接受這些目前已經了解的事實吧。為了取食，大頭泥蜂在蜜蜂的嗉囊裡搶奪食物。知道了這一點後，我們進一步來研究這個強盜所用的方法吧。一般捕獵性昆蟲的習慣做法是將蜜蜂麻痺，但大頭泥蜂不然，牠將蜜蜂殺死。大頭泥蜂為什麼要殺死蜜蜂呢？如果我們智慧的眼睛沒有被蒙蔽，那麼突然死亡的必要性就會一目了然。大頭泥蜂對蜜蜂的攻擊並沒有採取開膛破肚的方式，這種摧殘獵物身體的方法是在為幼蟲捕食時用的；大頭泥蜂也沒有採取將嗉囊連根拔起的方式，牠只是希望獲得其中的蜜汁。牠透過靈活的動作，巧妙地擠壓，就像擠牛奶一樣讓蜜蜂把蜂蜜吐出來。我們不妨假設蜜蜂從胸後方遭受攻擊並且被麻痺。這一擊使蜜蜂失去了活動能力，但並不是致命的。被麻痺的消化器官仍保持著（或者說只稍微少了一點）正常的運作，比如被麻痺的獵物往往還頻繁地排泄糞便，只要牠的腹部不是空的；又如我曾經餵養過隆格多克飛蝗泥蜂的受害者，儘管肢體已經殘廢，不過我也用糖水

當作食物勉強餵養了四十多天。[1]那麼，放手去做吧，不要用任何醫療手段，也不需要催吐藥物，去求那好好的胃排空裡面的東西吧！蜜蜂那麼珍惜牠的寶藏，牠的嗉囊可不是那麼容易順從的。如果受到麻痺，嗉囊會變得遲鈍，但是蜜蜂身體內仍蘊藏著反抗侵略者的內在力量，以及肌肉的反抗能力，牠絕不會屈服於敵人的擠壓。大頭泥蜂徒勞地咬了蜜蜂的頸部，徒勞地擠壓兩肋，蜂蜜還是不會被擠回到蜜蜂的口腔中，因為被麻痺但依然殘存的生命活力使嗉囊保持封閉狀態。

如果是針對一具屍體，事情就大為改觀，因為蜜蜂若活力消失、肌肉鬆弛、胃部的收縮停止，那麼蜂蜜在侵略者擠壓時會溢出而被吸食一空。於是，大頭泥蜂不得不閃電般殺死獵物，因為這樣才能在瞬間迫使蜜蜂的器官失去活力。那麼，這突然的致命一擊應選在什麼部位呢？當兇手將螫針螫入蜜蜂的顎下時，牠比我們更清楚，從頸部的小缺口破壞蜜蜂的中樞神經，死神隨即便會降臨。

這種謀殺搶劫場景的展示，並不能滿足我那令人有點生氣的習慣，我習慣在每個答案後跟著提一個新問題，直到碰到不可知的牆壁為止。如果說，大頭泥蜂是狡黠的蜜蜂殺手和盛滿

① 這個實驗見《法布爾昆蟲記全集 1──高明的殺手》第十一章。──編注

蜂蜜的嗉囊的吸食者，那麼這種捕獵對牠來說，不僅僅是取得食物的來源，尤其是當大頭泥蜂還是跟其他昆蟲一樣擁有花蜜美食。我無法接受大頭泥蜂這種殘忍的本事，無法相信牠僅僅是因為垂涎於美味佳肴，便要以吸乾別人的胃作為代價。我們一定還忽略了某些事情，那就是大頭泥蜂吸乾蜜蜂嗉囊的原因。也許在我們所說的這項恐怖行徑之後，隱藏了一種可以讓人接受的目的。這目的到底是什麼呢？

每個人都明白，在開始面對這問題時，我這個觀察家的思想是處在烏雲籠罩之下。讀者有權保留自己的看法。我向讀者展示我的懷疑，我探索的過程，以及我失敗的經歷，只是為了向讀者道出我長時間研究的結果。任何事物都有其存在的和諧理由，我曾過度深信這一點，以致不能相信，大頭泥蜂對蜜蜂屍體所實施的殘暴蹂躪，只是為了滿足牠貪婪的食慾。掏空的嗉囊又會被放在哪裡呢？牠不能自己被……但是，是的……有誰知道呢？總之……讓我們試試以這種方式進行研究吧。

母親對孩子首要的關心，便是讓孩子在家裡生活得更好。我們在前面僅了解到，大頭泥蜂的捕獵是為了獲得豐美的午餐，但現在讓我們一起觀看大頭泥蜂出於母性而進行的捕獵吧。要分辨這樣的捕獵行為十分簡單。當牠只打算喝幾口瓊漿玉液時，牠會吸空嗉囊後便毫不猶豫地拋掉蜜蜂，這隻蜜蜂對

牠而言已沒有任何價值，蜜蜂的屍體可能就地風乾或被螞蟻搬走。相反的，如果牠打算將蜜蜂的屍體放入倉庫當作幼蟲的食物，便用中間兩隻腳將蜜蜂抱起，用其他四隻腳行走，在鐘形罩邊來回轉圈，試圖尋找一條可以帶著獵物逃走的路。一旦牠發現這環形路線行不通時，便用觸角和嘴巴鉗住蜜蜂屍體的腹部，用六隻腳勾住光滑、垂直的玻璃罩表面，攀上罩壁。牠到達鐘形罩的頂部，稍作休息，然後又回到罩底，重新開始繞圈、攀登，直到固執地用盡所有辦法後，才決定放下蜜蜂的屍體。如果大頭泥蜂是自由的，那麼牠把這個討厭的包袱抱在足間的這份固執，說明了牠要將獵物放到儲存室裡去。

這些為了哺育幼蟲而捕獵來的蜜蜂，和其他蜜蜂一樣，被螫針從顎下刺死；牠們都是實實在在的屍體，也和其他的蜜蜂一樣，遭到大頭泥蜂的折磨和擠壓，蜂蜜被吸壓出來。在各種比較之中，為了供給幼蟲和只為了滿足母親自己的食慾而進行的捕獵，沒有任何差別。

由於對囚禁生活的厭惡會導致大頭泥蜂行為的某些異常，我得了解牠在自由狀態下如何行動。我曾在大頭泥蜂的聚居地附近長時間地潛伏窺視，這種觀察要比觀察鐘形罩下的大頭泥蜂花更多的時間。枯燥乏味的等待逐漸獲得了補償。大多數捕獵者得手之後，腹下抓著捕獲的蜜蜂立即回到蜂巢內；另一些

捕獵者則停在附近的荊棘叢中,在這裡,大頭泥蜂將獵物的屍體放在自己如同榨汁機一般的腹部下,擠出體內的蜂蜜,然後貪婪地吸食。這些準備工作完成之後,牠便將蜜蜂的屍體入庫儲存。所有的懷疑從此消解了:作為幼蟲儲備食物的蜜蜂屍體,需要預先精心地榨乾蜜汁。

由於可以在現場觀察,那麼讓我們靜下心來了解大頭泥蜂不受束縛時的生活習性。那些靠麻痹來捕獲獵物的昆蟲,在產卵之前便把儲存室儲滿獵物,把糧食全部收集好,但大頭泥蜂不能採取這種方法,因為牠是抓死去的獵物,在短短幾天內就會腐爛變質。大頭泥蜂必須運用泥蜂採用的方法,讓幼蟲隨著身體的成長,偶爾才獲取必需的食物。事實也證明了我的推斷。我剛才用「枯燥乏味」來形容我在大頭泥蜂聚居地附近的等待,事實也確實如此,而且這些等待跟觀察泥蜂的等待比起來,痛苦更加嚴重。以前我面對著捕食象鼻蟲的櫟棘節腹泥蜂和捕食蟋蟀的黃翅飛蝗泥蜂的洞穴,看到牠們忙碌地活動,對我來說是一件十分開心的事。一隻雌蟲剛剛回到家中,立即又出門,一會兒工夫又帶回一隻獵物,旋即又出發打獵。牠不斷來來往往,間隔時間很短,直到儲藏庫內裝得滿滿的。

但是大頭泥蜂的蜂巢遠遠沒有那樣的活力,即使在一個有大量大頭泥蜂聚居的地方也是如此!我的等待白白持續了整整

幾個上午、幾個下午，我極少看到大頭泥蜂母親帶著一隻蜜蜂剛飛回家中，便又立即出去第二次捕獵；一隻捕獵者一天最多獵取兩隻獵物，這是我長期觀察的結果。過一天算一天的飲食習慣造成了這種惰性，一旦家中暫時儲存了夠用的食物，大頭泥蜂母親便停止外出巡迴捕獵，直到有必要捕獵時才再度出發。牠此時只是一心從事挖掘地下室通道的工程，等到地下室挖好，我就會看到這工程的土方推到地面上來了。除此以外，沒有任何活動的跡象，彷彿大頭泥蜂的聚居地毫無生機一般。

參觀大頭泥蜂地下洞穴並不是一件易事。洞穴或垂直或水平地延伸到堅硬泥土下一公尺左右，此時鍬和鎬是不可缺少的得力工具，但不能完全滿足專業需求。同樣的，挖掘的工作也很難讓我完全滿意。在這條長廊的盡頭，用鐵絲也無法伸到的地方，是一個個橢圓、水平方向的小儲存室。我沒有觀察到這些小房間的數量和布局。

一些小房間裡已經裝入了大頭泥蜂的蛹室，這種細長的蛹室和節腹泥蜂的蛹室一樣是半透明的，也像一種實驗瓶，瓶身橢圓、瓶頸逐漸縮小。在細頸的末端，可以看到已經變黑變硬的幼蟲糞便，而蛹室被固定在小室的底部，除此以外沒有其他的支撐，就好像一根短短的狼牙棒，靠著把手頂端，沿著洞穴水平方向豎立著。另外一些單間裡住著一些或多或少開始發育

的幼蟲。幼蟲正在嚼食母親最近供給的一塊食物,而牠的周圍堆放著已經吃過的食品殘骸。最後還有一些單間裡存放著尚未食用的蜜蜂屍體,屍體胸上放著一個大頭泥蜂卵,這就是幼蟲最初的那部分口糧,而隨著身體長大,其他的食物也隨之而來。就這樣,我的預測已經證實了:跟泥蜂這位雙翅目昆蟲的殺手一樣,大頭泥蜂這位蜜蜂殺手也將卵產在第一隻儲存起來的蜜蜂屍體上,然後不時地給嬰兒補充食物。

獵物的問題已經解決了,不過另一個問題很有研究價值:出於什麼樣的動機,在餵養幼蟲之前,大頭泥蜂母親要先吸乾蜜蜂屍體內的蜂蜜呢?前面我說過並一再強調,大頭泥蜂對蜜蜂的殺戮和壓榨,不能只以滿足自己的貪吃作為理由和藉口。搶劫別人的成果,這也就罷了,我們每天都能看到類似事件;但是把牠殺死,吸乾牠的胃,這似乎過分了一點。放入儲存室的蜜蜂屍體被強烈擠壓過,且被吸乾了體內的蜂蜜,使我突然產生一個想法:加了果醬的牛排並不合所有人的胃口,同樣的,抹了蜂蜜的蜜蜂肉對於大頭泥蜂的幼蟲來說,可能是很討厭的、有害健康的菜肴。當吃飽血肉的大頭泥蜂幼蟲嘴邊出現蜜蜂的蜜汁時,牠會有什麼反應呢?尤其是偶然間咬開蜜蜂的嗉囊,蜂蜜沾染了幼蟲的野味時,牠反應會如何呢?挑剔的幼蟲覺得這混合物如何呢?這個小吸血鬼能夠對混有花蜜味且微有變質的蜜蜂屍體沒有絲毫厭惡嗎?是或不是,現在下結論都

毫無意義，我們應該實地去觀察，看看真實情況。

　　我飼養了一些已經長到一定程度的大頭泥蜂幼蟲，但是我向牠們供應的是我自己捕獲的，飽食了迷迭香花蜜的蜜蜂屍體，而不是洞穴中被榨乾了蜂蜜的獵物；我提供的蜜蜂被我打碎頭部致死。這些食物還是受到幼蟲的歡迎，起初我沒有看到任何可以回答疑問的現象發生。隨後，我養的那些大頭泥蜂幼蟲個個精神萎靡，對食物毫無興趣，隨便這裡咬一口、那裡碰一下，最後一個接一個全部死在已經咬過的獵物旁邊。我所有的努力都失敗了，無法成功地使幼蟲長到織造蛹室的時期。可是，作為一位「奶爸」，我並不缺少經驗。我手裡飼養過那麼多昆蟲，牠們在我的舊沙丁魚罐頭盒裡，與在天然洞穴裡一樣發育正常！我並不在意這次失敗，因為我的嚴格認真至少在其他工作上是有用的。這次失敗也許是因為，我房裡的空氣和鋪底的乾沙，對大頭泥蜂幼蟲細膩的皮膚有不好的影響，牠們也許已經適應了柔軟且略微潮濕的地下土壤。讓我們再用其他的方法進行嘗試吧。

　　用我剛才那種方法要判斷大頭泥蜂幼蟲是否厭惡花蜜，其實不太行得通。幼蟲首先咬食的是蜜蜂的肉體，那時沒有任何特別的現象，只是遵循常規的飲食制度。後來，當獵物被大量食用之後，大頭泥蜂幼蟲舔到了蜂蜜。由於幼蟲表現出一點猶

豫和精神不振時，已是在一段時間之後了，因此不能遽下結
論。幼蟲的不適可能還有其他已知或未知的原因。最好從一開
始便餵蜂蜜給幼蟲吃，那時人工飼養還沒影響牠的口味。但是
用純蜂蜜餵養的嘗試也是毫無用處的，肉食昆蟲的幼蟲即使挨
餓也絕不碰蜂蜜。那麼，像是塗了奶油的麵包片一般，我用小
刷子輕輕在蜜蜂屍體身上塗上一點蜂蜜，這應該是有利於我的
計畫的唯一方法。

這種情況下，只要幼蟲咬了第一口，疑問便得到了答案。
當幼蟲咬了第一口塗過蜜的獵物之後，牠厭惡地退開了；長時
間猶豫之後，由於飢餓，牠又開始進食，牠試著從一側下手，
又從另一側嘗試，最終再也不碰獵物了。幾天之後，牠在這幾
乎未動過的食物旁奄奄一息，最後就死去了。有多少隻幼蟲吃
這種食物，就有多少隻幼蟲完蛋。這些幼蟲僅僅是因為不吃這
獨特的、不符合牠們胃口的食物而餓死，還是因為一開始吃了
少量的蜂蜜而中毒死亡呢？我無法得知。但不管是中毒還是討
厭這食物，情況都是一樣，塗了蜜的蜜蜂對幼蟲是致命的。這
一結果，比剛才提到的不利結局更能向我解釋，我不用被吸乾
蜂蜜的蜜蜂餵養大頭泥蜂幼蟲，因而導致飼養失敗的原因。

不管蜂蜜是有害還是令幼蟲討厭，幼蟲都拒絕食用。這屬
於很普通的飲食原則，不會是大頭泥蜂特有的飲食現象。其他

肉食昆蟲的幼蟲，至少是膜翅目肉食昆蟲的幼蟲，大概都有這一現象。讓我們來驗證一下，用相同的方法進行實驗。為了避免幼蟲年齡過小太過虛弱，我挖掘出一些中等體形的幼蟲，並拿走牠們原來的食物，一塊一塊塗上蜜，再將這些塗過蜜的食物餵給幼蟲吃。對實驗對象，我只有一種選擇，因為並不是隨便哪種幼蟲都能適合我的實驗。像土蜂幼蟲這種食用整隻獵物的幼蟲就不能用，為了到用餐時獵物仍保持新鮮，牠從一個固定的地方進攻獵物，並將頭頸伸到獵物的體內，聰明地挖出獵物的內臟，直到挖空獵物腹腔才從缺口出來。

讓土蜂幼蟲鬆開食物，並把這些食物放入蜜中醃漬，這樣做有雙重缺陷。首先，我會破壞獵物仍然保持的微弱生命力，而正是依靠這微弱的生命力，被吞噬的獵物避免腐爛；同時我還會擾亂捕獵者的捕獵技術，由於食物的來源改變，捕獵者已經無法再找到獵物，並分辨出是否符合自己的飲食習慣。在上一卷中，以花金龜幼蟲維生的土蜂幼蟲充分說明了這一點。於是，可以用來做實驗的，就只有那以小塊獵物為食的幼蟲了，這類幼蟲吃起獵物來沒有特別的技藝，只不過隨便肢解獵物，並且很快就吃光光。在這類型中，我信手拿來做實驗的有：各種泥蜂的幼蟲，以雙翅目昆蟲為食；孔夜蜂幼蟲，其菜單由極為多樣的膜翅目昆蟲構成；跗骨步蚪蜂幼蟲，靠蝗蟲幼蟲維生；築巢蜾蠃幼蟲，大量捕獵金花蟲；沙地節腹泥蜂幼蟲，對

象鼻蟲的需求量很大。看吧,消費品和消費者是如此多樣。對所有這些幼蟲而言,花蜜作為食品的佐料都會致命,不管是中毒還是討厭這食物;總之,幼蟲在短短幾天內相繼死去了。

結果竟是如此奇怪!花蜜是花朵的精華,也是蜜蜂在兩種生命型態中唯一的食物,也是成蟲型態的狩獵性昆蟲的唯一食物來源,然而對上面這些昆蟲的幼蟲來說,花蜜卻是令人反胃的,甚至可能是致命的毒藥。這種飲食習慣的改變比起昆蟲從蛹到成蟲的變態,更讓我覺得不可思議。昆蟲的胃裡究竟發生了什麼事,才使得成蟲狂熱地追求幼蟲冒死拒絕的東西呢?這可不是因為幼蟲衰弱的身體無法消化如此美味、營養豐富以至於有點兒硬的食物。那些幼蟲能夠咬噬像花金龜幼蟲這樣的肥肉,能夠啃動像蝗蟲般堅硬的骨頭,能夠消化那大塊脂肪;牠們絕對擁有不挑剔的喉嚨和功能令人滿意的胃。然而這些強健的食客面對一小滴蜂蜜,這種最柔軟的、適合虛弱的幼蟲,同時也是成蟲的美味液體食物,牠竟然寧可餓死也不吃,否則就會因消化不良而死去!這幼蟲的胃是多麼深不可測啊!

這些美食學的研究需要一種逆向的實驗。捕獵性昆蟲的幼蟲因花蜜而喪生,倒過來,素食性昆蟲的幼蟲是否會因肉類食物而死呢?像以前的幾個實驗一樣,我在這裡也要做一些保留。比如像條蜂和壁蜂幼蟲,要是給牠們一撮蝗蟲肉,肯定會

遭到牠們斷然拒絕。以花蜜維生的昆蟲，牠們的幼蟲絕對不會吃肉食類食物的。因此這類實驗毫無作用，應該使用類似夾餡麵包的食物，即在幼蟲的天然食物中添加一些肉類物質才行。我要添加的是蛋白質，就像雞蛋中的蛋白質，它是蛋白纖維的同分異構體[2]，是肉類中的精華。

另一方面，三叉壁蜂食用的蜜，主要由乾燥乏味的花粉構成，最適合我的計畫。我在牠的蜜中摻入一些蛋白質，並逐步加大劑量，直到蛋白質的含量遠多於花粉含量為止。如此一來，我製成了各種硬度的膏狀食物，每一種都堅硬到足以支撐起幼蟲而不至於讓幼蟲陷於其中。如果用一些硬度小的流體食物，幼蟲則有被淹死在食物中的危險。最後，我在每一種加入了蛋白質的膏狀食物上，各放了一隻發育適中的幼蟲。

我所發明的食物並未招致幼蟲的厭惡，完全沒有引起幼蟲的反感。幼蟲毫不猶豫地開始進食，看起來和往常的食慾一樣。如果不是由於我精良的烹飪方法，事情的發展不會如此順利。一切都很順利，甚至那幾塊加入過量蛋白質的食物，也同樣受到幼蟲的歡迎。而且，更重要的是，用這些特種食物餵養

---

② 法布爾的時代對蛋白質的構造並不了解，認為所有的蛋白質是同樣成份，只是構造不同。現今已知蛋白質種類與構造千變萬化。——編注

的壁蜂幼蟲發育正常，逐漸長大，並最終織造蛹室。第二年，
從蛹室中誕生了壁蜂的成蟲。儘管是用摻了蛋白質的食物進行
餵養，壁蜂的發育過程仍然良好無礙地順利進行。

　　所有這些實驗可以得出怎樣的結論呢？我十分尷尬。生理
學上認為萬物皆由卵而生。每種動物在誕生之時都是肉食性動
物，因為動物初時由卵供給營養成形，而卵中的主要成分是蛋
白質。最高等的哺乳動物長期以來保留了這種飲食制度：牠們
以母乳餵養幼兒，而母乳中富含酪蛋白，是蛋白纖維的另一種
同分異構體。食穀類幼鳥起初也接受如蚯蚓之類的食物，非常
適合牠那柔軟的胃；還有許多弱小的動物，一生下來馬上就以
肉類食物維生。這樣原始的飲食制度一代一代地傳下來，這種
以肉長肉、以血生血的方法，只需簡單地改變食物的形態，而
無需其他的化學反應。隨著年齡的增長，胃部功能加強了，可
以接受植物性食物了（儘管消化這些食物需要進行辛苦的化學
反應，卻容易得到食物）。於是，乾草代替了母奶，穀物代替
了蚯蚓，花蜜代替了昆蟲肉。

　　這麼一來，關於膜翅目昆蟲這種雙重飲食制度的問題，幼
蟲以昆蟲肉體為食，成蟲則吸食花蜜，我們便有了初步的解
釋。不過，這裡的問號被拿掉之後，便在另外一處出現，現在
又有了新的問題。為什麼壁蜂的幼蟲不討厭蛋白質，但最初母

親卻用花蜜餵養牠呢？為什麼蜜蜂從卵中孵化出來之後仍保留素食習慣，而其他同類昆蟲卻以肉類為食呢？

如果我支持昆蟲的演化論，那我就會解決這個問題了！我會說：「是的，自出生以來，任何動物原本都是肉食性的。尤其是昆蟲，牠起初以含蛋白質的物質為食。很多幼蟲都保留了卵期的飲食習慣，還有一些成蟲也保留了這一習慣。但是，為了填飽肚皮的鬥爭同時也是為了生存的鬥爭，這種捕獵成果不穩定的生活方式，遠遠不能滿足生存的需要。於是人類，一開始是飢餓的獵人，後來將自己扮成牧羊人的角色，畜養了成群的動物以備飢荒。更大的進步是人類學會了耕種土地，同時學會利用種子繁衍農作物，這種進步給了人類可靠的生活保證。人類的物質生活從低劣到一般，從一般到豐富，這些都應歸功於農業資源的開發。」

動物的進步要領先於人類。大頭泥蜂的祖先早在第三紀冰河時期，幼蟲和成蟲期都以肉類獵物為食。牠們的捕獵既為了自己也為了子女，而且就像今天的後代那樣捕獵，不只限於吸乾蜜蜂的嗉囊，牠們也咬死蜜蜂。從始自終，牠們都是肉食性昆蟲。而後，那些幸運的先驅者發現，無需危險的戰鬥，也無需艱苦的探索，就可以得到取之不盡的食物來源，也就是花朵裡甜蜜的分泌物。於是，這類先驅者在種族中逐步代替了落後

者。昂貴的肉食飲食制度不適合大眾的需要，最終只限於那些
體質虛弱的幼蟲；而強壯的成蟲卻由於更容易生存、繁衍更
多，而不再習慣這種飲食制度。今天的大頭泥蜂就是這樣逐漸
形成的，今天的狩獵性昆蟲的雙重飲食制度也就這樣形成了。

蜜蜂做得更好。當牠從卵中孵出來之後，完全放棄了靠運
氣獲取食物的方法，開始自己製造蜂蜜，並用蜜餵養幼蟲。永
遠放棄捕獵活動並成為實質的農業生產者，蜜蜂獲得了生理和
心理上的極大滿足，這是狩獵性昆蟲所難以擁有的。這也就是
為什麼條蜂、壁蜂、長鬚蜂、隧蜂和其他製蜜昆蟲會成群結隊
興旺發達，而那些搶劫者卻孤寂地工作；蜜蜂還由此形成了一
些團體，施展其出眾的才能，表現傑出的本能。

如果我是演化論者，以上便是我的言論。所有一切緊密相
連，推理判斷極有邏輯性，並且以一種看似真實的說法表現出
來，而人們又喜歡從一大堆不可辯駁的演化論論據中尋找這種
說法。但我，則要毫無遺憾地向願意接受我的學說的人，簡要
提出我的推斷：我不相信任何無根據的言論，但我也承認我對
這種雙重性飲食的原因了解甚少。

在所有這些研究之中，我觀察得最清楚的是大頭泥蜂的捕
獵戰術。作為大頭泥蜂貪婪吃喝行為的目擊者，在我尚未了解

這種揮霍的目的之前，我曾大肆用最難聽的詞彙形容大頭泥
蜂：殺人兇手、強盜、惡棍、可恥的劫屍者等等。無知的人總
是說話粗魯，不知內情的人總會有些生硬的判斷和狡猾的解
釋，但事實讓我睜開了眼睛，看清了真相，我急忙公開承認錯
誤，開始重視起大頭泥蜂的行為了。在吸空蜜蜂嗉囊的同時，
大頭泥蜂完成了最值得稱讚的行動：牠保衛了子女免遭毒藥毒
害。如果牠偶爾為了一己之利殺死蜜蜂、吸空了嗉囊之後將蜜
蜂的屍體拋棄，我也不敢對牠橫加指責了。牠出於良好的動機
而吸乾蜜蜂嗉囊，而這種行為已成為習慣了，那麼，如果藉口
飢餓而又沿襲過去的做法，就難說不是因為誘惑了。然而，又
有誰知道呢？在捕獵過程中，大頭泥蜂可能的確對獵物有私下
的打算，不過畢竟幼蟲還是可以從中得益呀。無論如何，僅憑
這一點，我們就可以原諒牠的行為了。

於是，我收回了起先用來形容大頭泥蜂的難聽詞彙，並對
大頭泥蜂的母性邏輯思維表現出極大的欣賞。也許蜂蜜對於大
頭泥蜂的幼蟲有致命的危害。那麼大頭泥蜂母親是如何知道，
牠視為美味的蜂蜜竟對幼蟲有害呢？對於這個問題，我的知識
也無法解答。我認為，蜂蜜使幼蟲處於危險的境地，於是大頭
泥蜂預先吸乾了蜜蜂的蜂蜜。由於幼蟲要求新鮮的食物，因此
吸乾蜜蜂時不能撕裂蜜蜂的身體；而由於麻痹時蜜蜂的胃仍有
反抗力，於是麻痹的方法也行不通，所以蜜蜂應該被徹底殺死

而不僅僅被麻痺，否則蜂蜜就無法被吸出來。只有損傷蜜蜂的
生命中樞，才能導致蜜蜂立刻死亡。所以大頭泥蜂的螫針螫向
獵物的頸部神經節，這是控制其轄下器官的神經中樞。為了螫
中頸部的神經節，只有唯一的一條途徑：頸部窄小的、無甲殼
保護的小點。大頭泥蜂的螫針要螫的目標，就只有這個一平方
公釐的小點；實際上，牠螫的地方也正是這裡。在這緊密相連
的鏈條中，只要少了一環，那麼以蜜蜂為食的大頭泥蜂就不可
能存在至今了。

　　對狩獵性昆蟲幼蟲有致命危害的花蜜，是引出大量結論的
出發點。各種狩獵性昆蟲都以產蜜昆蟲作為子女的食物。根據
我的了解，包括佩冠大頭泥蜂，牠用大個兒的隧蜂裝滿自己的
洞穴；劫持者大頭泥蜂，牠不加區別地捕獵各類小個兒的、跟
自己體型相當的隧蜂；孔夜蜂，牠出於一種奇特的中庸之道，
捕獵比自己弱小的獵物來堆滿自己的儲存室。這四種以及其他
有同樣情趣的昆蟲，又是如何對付那些嗉囊裡多少充滿著花蜜
的獵物呢？牠們應該像大頭泥蜂那樣吸乾獵物的嗉囊，否則後
代將由於這摻蜜的荼肴而面臨危險；牠們應該處理死去的蜜
蜂，擠壓牠，吸乾牠。這些結論都被證實了。我將來會把這些
偉大的實驗公諸於世。

第十二章

砂泥蜂的方法

　　我在昆蟲學上一些新穎的小發現，人們能夠透過價值評估來作區分，但暫時還不會根據它們的價值來欣賞。其中，動物學家，也就是動物形態的記錄者，對我所從事的關於芫菁科昆蟲的研究很有興趣，包括形態的巨大變化、卵蜂虻的發育過程、幼蟲的雙態性等工作；胚胎學家喜歡探索卵的秘密，比較重視我對壁蜂的卵所進行的研究；而哲學家，他們為動物的本能而擔憂，因此頒授棕櫚勳章給狩獵性昆蟲。我同意哲學家的觀點。為了研究這件工作，我毫不猶豫地放棄了其他的研究，而且這是第一件標記日期並讓我難忘的工作；這工作最清楚、最有說服力地說明了關於動物本能的知識，而演化論也在此遭到最激烈的搖撼。

　　達爾文，這位真正的學者，對此一清二楚。他很怕碰觸關

於動物本能的問題，而我最初的結論特別讓他焦慮不安。如果他事先能夠了解狩獵性昆蟲的捕食策略，包括毛刺砂泥蜂、弒螳螂步岬蜂、食蜜蜂大頭泥蜂、蛛蜂和其他一些已經研究過的昆蟲，那麼我相信，他的焦慮會變成坦白承認，他還無法將動物的本能歸入他自己的思維模式之中。哎！哲學家唐恩在這種爭論剛剛開始的時候，就帶著實驗的方法，也是最好的證明方法，離開了我們。在他生前，我讓他了解一些理論，促使他希望能找到一些解釋。在他的眼裡，動物的本能只不過是一種後天的習慣而已。狩獵性膜翅目昆蟲最初只是偶爾胡亂擊中獵物最柔軟的部位才將其殺死，後來牠們逐漸找到了最有效的攻擊點；最後，這種習慣變成真正的本能。從某一種方式發展到另一種方式的某些中間過程，足以為此提供佐證。在一八八一年四月十六日的信中，唐恩請侯曼尼先生也考慮這個問題。唐恩在信中說：

　　我不知道您是否願意在您所撰寫的《動物的智慧》一書中，討論一些動物最複雜、最神奇的本能。這是一件徒勞無功的工作，因為沒有任何一種動物的本能是可以透過研究化石而得到結果的，而且唯一的研究途徑，是研究目前其他動物的本能，不過這僅是剩下的一些可能性而已。法布爾在他的《自然科學年鑑》和他已經擴展書寫篇幅的《昆蟲記》這兩部驚世著作中，描寫關於昆蟲麻痺獵物的觀點；我認為，如果您要討論

某些動物的本能，您絕對不可能得到比法布爾更讓人感興趣的觀點了。

我非常感謝您，傑出的大師，感謝您讚揚的言詞，這證明您對我關於昆蟲本能的研究懷有濃厚的興趣。這種研究並非徒勞無益的，絕對不是。我們應該研究它，正如同它應該被研究，並且應該正面地透過事實來研究，而不是從側面透過討論來研究。如果我們希望澄清事實真相，那麼討論並沒有什麼價值。此外，這些討論將把我們引向何處呢？難道是要我們召喚那些古老但沒有被化石保存下來的本能嗎？這種對過去愚昧無知的召喚是極為無用的，如果希望研究昆蟲本能的多樣性，以您的看法，這種召喚將逐漸導致某一種本能轉移到另一種本能；而現今世界也如我們所願，提供了這方面的素材。

每種狩獵性昆蟲都有牠獨特的方式、牠捕獵的對象、牠的攻擊點，以及牠攻擊的「劍法」；但並非這種才能本身具有多樣性，而是因著被狩獵昆蟲的身體結構以及幼蟲的需要，是這兩者之間完美的統一，在捕獵活動中發揮了決定作用。一種昆蟲的捕獵藝術不能用來解釋其他昆蟲的捕獵方法。每種昆蟲都有牠自己的戰略方式，而且不需要見習時期。砂泥蜂、土蜂、大頭泥蜂等狩獵性昆蟲告訴我們，如果牠們一開始並不是像今天這樣靈活的麻醉師或獵人，那麼，任何事都不可能遺傳至

今。如果說，某一類動物的前途取決於某種不確定性，這絕對是行不通的。如果不具備完善的哺乳本能，最早出現的哺乳動物將會變成什麼模樣呢？

好吧，讓我們假設下面這種不可能的情況。一隻狩獵性膜翅目昆蟲偶爾摸索到一種捕獵方式，後來這種捕獵方式成了種族得以生存的救命仙丹。這種偶爾間發生的行爲，比起其他不成功的嘗試，昆蟲母親並沒有給予更多的重視，然而這種行爲卻能夠在種族生存中留下深刻的痕跡，能夠透過遺傳而傳給後代。要如何接受這樣的現象呢？這種在當今世界上沒有實例的奇特力量，如果眞具有遺傳性，難道是合情合理的、沒有超過我們所了解的少數事實嗎？備受敬仰的大師，您對此又要如何解釋呢？不過，我再強調一遍，討論是沒有什麼用的，只有事實才起決定性作用，所以我要再次陳述這些事實。

爲了研究狩獵性昆蟲的攻擊方式，直到現在我才找到一種合適的方法：在昆蟲抓住俘虜時給牠一個驚奇，將獵物從牠手中奪走，且立即給牠一隻同類的獵物作爲交換，但卻是活的獵物。這種偷天換日的方式是極爲出色的策略。不過，這種方法唯一的嚴重缺陷是，是否能觀察到結果，取決於偶然的機會：恰好遇上昆蟲正在處理牠的獵物，這機會是極少的；而另一方面，即使好運突然降臨，而你當時或許正忙於其他的事情，手

中也不會恰好擁有替代的獵物。當我們事先準備好必要的獵物替代品之後，又一時難以找到狩獵性昆蟲。此外，這些無法事先計畫的觀察，常常是在大馬路上進行的，這是最糟糕的實驗場所，因此這種觀察只能滿足研究所需的一半。在這變化無常的情況下，我們無法反覆觀察而得到滿意的結果，也總是擔心觀察得不確切、不完全。

如果有一種實驗方法能符合我們的意圖，也能夠妥善控制，就應該能為觀察提供極大的便利，同時也能保證觀察的準確性。我希望能在桌面上觀察昆蟲的行動，哪怕是在我寫作的工作檯上也好，這樣我就不會漏掉牠們的某些秘密了。我的這種願望由來已久。起初，我在鐘形罩下用櫟棘節腹泥蜂和黃翅飛蝗泥蜂進行過一些嘗試，但兩者都沒能滿足我的願望，牠們都拒絕攻擊獵物，無論是方喙象鼻蟲還是蟋蟀都是如此。我對這種研究方式非常失望，便錯誤地過早放棄嘗試。在很長一段時間之後，當我不時在野外撞見大頭泥蜂吸食獵物時，心中出現了一個想法，便將大頭泥蜂放在玻璃罩下進行觀察。被我俘虜的大頭泥蜂仍然用其獨特的方式殺死了小蜜蜂，於是，我心中又一次出現了希望，而且比任何時候都還要強烈。我打算用這種方法，對所有擁有螫針的昆蟲進行實驗，同時詳究牠們各自不同的方法和策略。

　　我實在應該減弱這種野心。我享受過成功的喜悅，但更多卻是失敗的苦澀。讓我們來說說前者，我用來飼養昆蟲的籠子是金屬鐘形罩，就放在桌上。在那裡，我用蜂蜜餵養捕獲的昆蟲，把蜜滴在薰衣草的穗狀花序、菊科植物的頭狀花序上，這些植物隨季節而變化。其中大部分俘虜對於我為牠們制定的飲食感到十分滿意，並沒有表現出受到囚禁生活影響的異常情緒，不過還是有些個體因為不習慣新的飲食、思念家鄉風味的菜肴，在兩、三天內便死去了。這些自殺者時刻讓我準備面對失敗，因為我很難在短時間內為牠們找到必要的獵物。

　　為我網中的俘虜適時找到滿足其所需的獵物，並不是一件容易辦到的事情。我有幾個小學生幫忙我提供食物，他們在放學後擺脫了動詞變化的煩惱，到我這裡來監視著草坪，按照我的想法尋找獵捕目標。豐厚的報酬、雙倍的好處都能刺激他們積極尋找，但還是有許多不幸的結局出現！今天，我需要抓幾隻蟋蟀。一群孩子出去尋找了，然而回來時沒能帶回一隻蟋蟀，卻帶回許多短翅螽斯。我前一天晚上還急需這種昆蟲的，然而現在卻毫無用處，因為我餵養的隆格多克飛蝗泥蜂已經死了。這種突然的買賣變化令這群小傢伙大吃一驚，我的這些小糊塗蛋怎麼也不能理解，前兩天還備受珍惜的短翅螽斯，現在卻一文不值。當籠子裡的短翅螽斯重又變得很有用處時，小傢伙們卻又帶回蟋蟀，而此時我已經對蟋蟀不屑一顧了。

如果不是偶爾有幾次成功，鼓勵我的這些小投機客，那麼這樣的交易可能不會長久。我急需某種食物時，孩子們所得到的報酬也隨之豐厚。有一次，一個孩子幫我捕到一隻餵養泥蜂急需的虻。這個孩子在烈日下，在我家鄰近的曬穀場上埋伏等待虻的出現，然後便在那正轉著圈子、踏踩著待捆麥桿的牲口尾部捕到了獵物。這個小淘氣得到了豐厚的酬金，外加一片加了果醬的麵包。另一個小傢伙也同樣幸運地捕到一隻大個子的圓網蛛，這正是我餵養的蛛蜂所期盼的食物，小傢伙得到了雙倍的獎勵，還外加一張畫像。我的捕獵幫手就是這樣從事他們的工作。然而我若不親自從事大部分枯燥無味的捕獵工作，僅靠他們還是遠遠不夠的。

得到了所需要的獵物後，我將倉庫及籠中的狩獵性昆蟲移到玻璃鐘形罩下。根據體形和外觀大小，玻璃罩的大小從一升到三升不等。我將獵物投入格鬥場，再把玻璃罩擺在陽光直射的地方（如果不這樣放，捕食者會拒絕採取攻擊行動），然後備足耐心等待戰鬥的發生。

還是從我的鄰居毛刺砂泥蜂談起吧。每年四月一到，我便看到牠們一群群地在我家圍牆的小路上忙碌，一直到六月，我都在觀察牠們如何挖洞穴，如何捕獵物，又如何儲存食物。牠們的策略方法是我所了解最複雜、最完善的，也是所有昆蟲所

用方法中最值得深入研究的。將近一個月內，捕獲牠，放走牠，再抓回牠，對我來說是極爲容易的事情，因爲牠就在我的家門外忙忙碌碌。

　　剩下的工作是如何捕到灰毛蟲。爲了捕獲一隻毛毛蟲，我又經歷了跟以前一樣的失敗。我不得不監視毛刺砂泥蜂的捕獵行動，從中獲得指引；正如同尋找松露的人還是要借助狗靈敏的嗅覺一樣。我耐心地在哈曼斯花上面尋找，一叢接一叢搜尋百里香，卻沒能捕到半隻毛毛蟲。而與我一樣找尋獵物的砂泥蜂，卻總能隨時從花叢中捕獲獵物，我卻連一次也沒成功過。我又一次佩服昆蟲對自己謀生手段的精通。我的一幫小學生也在周圍活動，但一無所獲，總是一無所獲，只好輪到我親自探索外邊的世界了。沒想到，十幾天來爲了捕獲一隻小小的毛毛蟲，竟折騰得我食寢不安。最終，我勝利了！在一個陽光普照的牆腳，在圓錐狀花序的矢車菊叢中長出的玫瑰花下，我發現了大量珍貴的灰毛蟲，或是牠的替代品。

　　現在將毛毛蟲和毛刺砂泥蜂一同放在鐘形罩下進行觀察。跟往常一樣，攻擊是如此的迅雷不及掩耳，毛毛蟲的頸部被對手用老虎鉗般足以咬斷獵物頸部的大顎猛地咬住，被咬傷的毛毛蟲扭曲掙扎，有時用尾部一掃，會把攻擊者掃到一定距離之外。而攻擊者對此毫不介意，三次揮舞著長劍，迅速刺入獵物

的胸膛，第一次刺第三節，最後刺第一節，刺第一節時，牠的長劍比任何時候都更加堅定。

然後，毛刺砂泥蜂放開毛毛蟲，在原地跺著腳，用顫抖的足部蹠節，輕輕地反覆敲打鐘形罩底座的紙板；牠平躺著，緩緩地爬行，站起來，又躺下，翅膀不時抽搐抖動。有時，牠將大顎和前額貼在地上，以後腳作為支撐，抬起身體後半部分，好像要翻筋斗一樣。我從這個動作看到了昆蟲是多麼靈活。我們在成功的喜悅之時會搓搓手，而毛刺砂泥蜂則以牠自己的方式慶祝自己戰勝了龐然大物。在這狂熱的勝利喜悅中，受傷者做了什麼呢？牠無法行走！毛毛蟲胸部以下的整個身體蜷縮成一團，不安地抖動著，不過如果又遇到砂泥蜂，身體便舒展開來，大顎開開合合，作出恐嚇對方的樣子。

第二波行動。當毛刺砂泥蜂重新展開攻擊時，毛毛蟲的背部被牢牢抓住。除了胸部已經受過攻擊的三個體節以外，毛毛蟲腹面所有體節都按照從上而下的順序，遭到砂泥蜂螫針的攻擊。經過第一波行動之後，毛毛蟲可能引起的任何危險都已經消除，現在砂泥蜂這種狩獵性膜翅目昆蟲，已不像起初那樣匆忙地處理獵物了，牠從容不迫地以其獨有的方式，將螫針刺入獵物體內，又抽出螫針，選點，刺入，又著手下一個體節，每次都注意從靠後一點的位置咬住毛毛蟲的背部，這是為了使螫

針能以更好的角度刺入要麻痺的部位。之後，毛毛蟲第二次被放鬆開來，牠已經完全失去活動的能力，只有大顎依然做出威脅對方的撕咬動作。

第三波行動。毛刺砂泥蜂用腳緊緊抓住被麻痺的獵物，用牠那鐵鉤一般的大顎，從胸部第一體節的基部咬住獵物的頸部，在將近十分鐘之內，牠一直不停地咬住這個弱點，這一點緊靠著毛毛蟲的腦神經中樞。砂泥蜂啃咬的動作極為迅速，但每次都是有間隔、有節奏的，彷彿牠每次都要稍事判斷攻擊的效果。牠不斷地重複這一動作，直到我煩得不再想為牠的動作計數為止。毛刺砂泥蜂停下來了，而毛毛蟲的大顎也不再有活動能力了，接下來就是將獵物搬回洞穴，這過程因與主題無關，暫不贅述。

我剛剛簡述了悲劇的全部過程。雖然悲劇經常發生，但並非千篇一律，因為動物有別於機器；機器齒輪的旋轉所產生的效果是相同的，但不時發生的意外情形，允許動物有一定的行動自由。如果有人期待他所觀察的曲折戰鬥場景總能恰如我所說的情節，那麼他難免會感到失望。或多或少不同於一般法則的特殊情況，當然也會發生，而且情況還不少。我最好只將主要過程告訴大家，以使將來的觀察者對此做好心理準備。

　　下面這種情況也不少見。在第一波行動中，即對獵物胸部進行麻痺的過程中，捕獵者不一定是螫中胸部的三個體節，可能只是螫刺其中兩個，或者只是一個體節。在這種情況下，通常選擇最靠前面的體節。鑑於毛刺砂泥蜂非常堅定地實施這一擊，可見這一螫是所有攻擊中最重要的。當捕獵者毛刺砂泥蜂準備螫刺獵物胸部的時候，可能只想馴服俘虜，使其不會傷害到自己，同時在實施漫長而精細的第二波行動時打亂對方的陣腳，這種想法是不是合乎情理呢？我認為此種觀點可以接受；那麼，如果只螫兩下、甚至只螫一下就足夠，那為什麼不這樣做呢？我想這應該是考慮到毛毛蟲的生命力。無論如何，在第一波攻擊中倖免於難的體節，在第二波行動中必然受損。我甚至曾經觀察到，在捕獵行動開始時，以及獵物已被制服之後，胸部的三體節兩次受到攻擊。

　　同樣的，毛刺砂泥蜂在因受傷而痛苦扭曲的毛毛蟲身邊，因勝利的喜悅而跺腳的場景，也有例外的情況。有時，捕獵者並沒有將獵物放開一小段時間，而是馬上從胸部轉戰到剩下的體節，一氣呵成地完成攻擊，兩波行動之間那種喜悅的停頓沒有出現，翅膀興奮地顫抖和翻筋斗的姿勢也取消了。

　　毛刺砂泥蜂螫刺獵物，一般是從前至後按順序麻痺獵物的所有部位，甚至肛門，不過，我常觀察到牠沒有麻痺獵物的最

後兩、三個部位。另一種很罕見的例外情況，我僅只觀察到一次：砂泥蜂在第二個步驟中，把螫針麻痺的順序弄反了，變成從後向前螫刺獵物。

那時，牠抓住毛毛蟲的尾部末端，向獵物的頭部前進，從反方向一個接一個體節地螫刺毛毛蟲的身體，其中也包括毛毛蟲胸部已被刺傷的體節。我還興奮地發現，反方向的行動對毛刺砂泥蜂來說是一種消遣。不管是不是消遣，其效果和直接攻擊是相同的，毛毛蟲身體的所有體節都被麻痺了。

最後，毛刺砂泥蜂用老虎鉗般的大顎擠壓毛毛蟲頸部，而咬住顎下和胸部第一體節之間的動作，有時會做，有時卻被忽略了。如果毛毛蟲那鐵鉤般的大顎張開作出恐嚇狀時，毛刺砂泥蜂就會咬毛毛蟲的頸部讓牠平息下來。如果麻痺感已經擴及毛毛蟲的全身，那麼毛刺砂泥蜂也就不再有其他的動作了。這種行動並非必不可少，但對搬運獵物是有益的。由於毛毛蟲的身體過於沈重，不便攜帶飛行，於是毛刺砂泥蜂只能用腳抓住毛毛蟲身體拖著行走。如果毛毛蟲的大顎能繼續活動，就會使牠極不靈活，也會對毫無防備的運輸者構成威脅。

另外，在返回洞穴的路上，經過荊棘叢生的矮樹叢時，灰毛蟲有時會抓住一絡細草做死命的反抗，阻撓砂泥蜂對牠的拖

曳。毛刺砂泥蜂通常只是在捕獲獵物之後才著手修理、整頓牠的洞穴，在大興土木挖掘洞穴的過程中，獵物總被放在高處，下面鋪著幾綹細草和幾根灌木的細枝，以防止獵物被螞蟻搬走，而毛刺砂泥蜂也會不時放下挖掘洞穴的工作，跑過去打探一下獵物是否還在。對牠來說，這既是提醒自己獵物存放地點（通常離洞穴比較遠）的方法，同時也警告那些企圖有所動作的盜賊。當砂泥蜂準備將獵物從隱藏處拿出來的時候，如果毛毛蟲猛咬住幾根荊棘枝而深陷其中時，這困難就無法克服了。強悍的、鐵鉤般的大顎，是麻痹毛毛蟲抵抗攻擊的唯一手段，所以毛刺砂泥蜂一定要讓牠在運輸過程中失去活力才行，而牠藉由咬住毛毛蟲頸部，擠壓牠的腦神經節來化解這一威脅。儘管毛毛蟲身體的麻木無力只是暫時的現象，遲早會消散，但是那時毛毛蟲已被放進儲存室，而毛刺砂泥蜂的卵已經小心翼翼地隔著一定距離產在毛毛蟲的胸前，已經不必害怕毛毛蟲那可怕的、鐵鉤般的大顎了。毛刺砂泥蜂用大顎咬毛毛蟲，使其頭部神經節遭受麻痹的方法，與大頭泥蜂粗暴地對待蜜蜂屍體、吸空嗉囊的行為，是無法相比擬的。灰毛蟲的捕獵者只不過使獵物的大顎暫時麻痹，但蜜蜂的啃咬者則將獵物體內的蜂蜜擠壓出來。只要略有判斷力的人，就不會將這兩種行為混淆。

讓我們暫時不要太過追究毛刺砂泥蜂的捕獵方式，來看看牠的同類是如何進行捕獵活動。經過長時間的拒絕之後，沙地

砂泥蜂，這種九月裡十分常見的一種昆蟲，最終還是接受了我所提供的獵物——一隻石筆①大小的兇猛毛毛蟲。當沙地砂泥蜂一鼓作氣對付灰毛蟲時，如果僅用外科手術般的分析方法，無法將牠和毛刺砂泥蜂的行爲區分開來。除了最後三個體節之外，從前胸開始，所有的體節都是由後向前地刺傷。這種以簡潔的方式得到的單一成果，使我忽略了其他次要的行爲，我一點都不懷疑，這些次要的行爲應該與毛刺砂泥蜂的獵捕行動差不多。

這些次要的行爲尚未得到證實，比如因勝利的喜悅而踩腳，或是擠壓獵物頸部等；但我十分願意接受，尤其當我看到獵捕者用同樣的方法對待尺蠖時更是如此。尺蠖與其他毛毛蟲只是外表形態不同而已，牠們與普通體形的灰毛蟲在內部構造上完全一樣。有兩種類型的昆蟲，即柔絲砂泥蜂和朱爾砂泥蜂②都十分喜歡這種奇怪的、快步爬行的獵物。前者，我必須在八月大部分的時間經常更新，因爲牠總是拒絕我提供的食物；而後者，柔絲砂泥蜂的同類，則與之相反，很快就接受了我提供的食物。

---

① 石筆：可在石版上寫字或作畫的工具，以葉蠟石或滑石製成。——編注
② 請查看第一冊中，關於這種昆蟲命名方式的說明。——原注

　　我供給朱爾砂泥蜂的食物，是淺褐色細長體形的尺蠖，這是我從茉莉花上捕捉來的。朱爾砂泥蜂的進攻毫不遲疑，毛毛蟲的頸部被咬住，牠劇烈的痛苦扭動，使進攻者在戰鬥中時而在上、時而在下。首先是獵物胸部的三個體節由後而前地被螫中，螫針在頸部附近的第一體節停留的時間比其他各處都長。這一步完成之後，朱爾砂泥蜂放開獵物，跗節歡愉地跺著，翅膀抖得發響，四肢伸展，我再次看到勝利者翻筋斗的姿勢，前額貼地，身體後部抬起。牠這種勝利後的滑稽表演，與灰毛毛蟲的捕獵者在勝利後的舉動一模一樣。之後，毛毛蟲再度被抓起，牠並未因胸部三個體節受傷而減輕扭動力度，儘管如此，所有仍未損傷的體節仍然從後向前被一一螫傷。我本以為，朱爾砂泥蜂的螫針不會螫獵物前面胸足和後面腹足之間的間隔部位，因為我認為，在沒有防禦器官和運動器官分布的體節，捕獵者不需要進行小心謹慎的外科手術。我錯了，沒有任何體節能倖免於難，甚至尾部的體節也遭到螫傷。這最後的體節能利用後面的腹足緊緊抓住對方，如果捕獵者忽視了這點，就會十分危險。

　　我還觀察到，朱爾砂泥蜂的螫針在第二波行動中，比第一波表現得更敏捷，或許是因為毛毛蟲遭受胸部的三下攻擊之後，已經呈半屈服狀態了，這有利於螫針在第二波行動中順利螫中目標。或許是因為毛毛蟲在第一波行動中已被注射了毒

液，只要再加少許毒液，離頭部稍遠的體節就變得毫無抵抗能力，如此一來，其他體節就不需要再次麻痺，因此，沒有任何部位的麻痺比第一個體節的麻痺來得重要。在短暫的中場勝利喜悅演出之後，朱爾砂泥蜂再次抓起尺蠖，牠螫刺的動作極為迅速。有一次我觀察到牠不得不重新再進行一次手術，因為當牠隨便螫過所有的體節後，受傷的毛毛蟲依然能夠垂死掙扎，於是行動家毫不猶豫地再次拔出手術刀，對尺蠖蛾毛毛蟲進行第二次的麻痺手術，手術目標則是：除了已經完全麻痺的胸部以外的所有體節。之後，事情就步入常軌，毛毛蟲再也無法有任何的活動能力了。

做完螫刺手術之後，對長而彎如大鉤般的大顎進行手術也是不可省略的。朱爾砂泥蜂的大顎咬住被麻痺者的頸部，時而在上方，時而在下方。牠突然咬住對方的頸部，兩次動作之間有較長的時間間隔；這完全是重覆毛刺砂泥蜂的動作。朱爾砂泥蜂定時定量的攻擊，認真的姿勢彷彿告訴我們，攻擊者在實施新一輪攻擊之前，正認真試探前一輪攻擊產生的效果。

我們可以看到，朱爾砂泥蜂的證明是多麼的珍貴，牠告訴我們，捕獵尺蠖及其他普通毛毛蟲的昆蟲，都是運用完全一樣的方式來攻擊獵物。牠還告訴我們，無論獵物外形上的差異如何之大，只要獵物的內部構造是一樣的，就完全不能改變捕獵

者的攻擊方法。決定螫針的攻擊點的因素是神經節的數量、分布狀況，以及神經中樞相互獨立活動的能力，因此，決定捕獵者攻擊戰略的因素是獵物內在的結構，而非外表體態。

在結束本章之前，讓我再舉一個這種神奇的解剖學例子。我曾從毛刺砂泥蜂的手中奪過一隻剛剛被牠麻痹的迪萬拉毛毛蟲。牠的外表與其他普通毛毛蟲相比，是多麼奇怪呀！這種毛毛蟲的頸部呈玫瑰色，昂首挺胸，一副神秘莫測的樣子，緩緩顫動著兩根尾鬚向前爬行。那個帶給我這隻昆蟲的小學生，不相信這個長像奇特的傢伙也是毛毛蟲一類，甚至有時候成年人折斷樹枝發現牠時，也不會相信牠是一種毛毛蟲；而牠的確是的，因為砂泥蜂用同樣的方法對付牠。我用針尖剝開這個怪物身體的所有體節，所有部位都失去了感覺能力，所有體節都被毛刺砂泥蜂刺傷了。

迪萬拉毛毛蟲

第十三章

土蜂的方法

　　砂泥蜂藉由多次進攻來麻痺獵物，剝奪了頭部以外各部位主要神經中樞的反應，以便獵取昆蟲作為食物。在了解各類砂泥蜂後，讓我們來研究一下其他昆蟲的捕獵情況。這些昆蟲以捕獵那些除頭顱以外無甲殼保護的昆蟲維生，卻不像砂泥蜂那樣多次進攻，而只實施一擊。土蜂就是捕獵這種無甲殼保護的昆蟲。根據種類不同，牠們的主要食物分別為花金龜、犀角金龜、細毛鰓金龜的柔軟幼蟲。那麼土蜂是否能符合第二種只出擊一次的條件呢？我相信，根據其獵物中樞神經系統的解剖情況，在關於土蜂的故事中，我預言，土蜂只用螫針螫獵物一下，我甚至可以明確指出螫針要螫入的攻擊點。

　　這些結論是透過解剖者的解剖刀證實的，沒有任何親自觀察到的證據。土蜂的攻擊行動是在我們觀察不到的地下進行

的，我覺得牠的這些行爲應該是看不到的。的確，我們怎麼能希望那種在土壤黑暗中捕獵的昆蟲，轉而決定在光天化日之下捕獵呢？我對此不抱希望。但爲了問心無愧，我還是試著將一些土蜂和牠的獵物一同置於鐘形罩下進行觀察。結果我竟從中受益，獲得了意想不到的成果。除了大頭泥蜂，還沒有任何捕

隆背土蜂

獵性昆蟲在人爲條件下，這麼賣力地表演捕獵技巧。所有用於實驗的土蜂都或遲或早地補償了我耐心的等待。我們來觀察這隻正在對付花金龜幼蟲的隆背土蜂吧。

被囚禁的幼蟲企圖逃離身邊這個可怕的鄰居。牠仰面朝天，頑強地爬行，在鐘形罩底來回轉圈。很快的，土蜂注意到幼蟲，牠不停地用觸鬚連續敲打桌面，這時桌面就好比是土蜂習慣的泥土。土蜂這膜翅目昆蟲衝向了獵物，用尾部猛攻這個龐然大物。牠以腹部末端作爲支撐，立起身子伸向花金龜的幼蟲。被攻擊的幼蟲只是仰面朝天爬得更快，並沒有蜷成一團作出防禦姿勢。土蜂爬上了幼蟲前端，將獵物壓在身下，當作暫時的坐騎；當然牠也會摔跤，也會發生各種事故，這都取決於幼蟲不同的容忍程度。然後，土蜂在上面用大顎咬住花金龜幼蟲胸部的某一點，牠將自己的身體橫了過來，彎曲成弓形，努力使腹部末端的螫針移到適當的攻擊區域。由於身體彎曲成弓

形往往稍短，無法罩住獵物肥胖的身體，因此土蜂的嘗試和努力往往要反覆數次。牠的腹部末端在這裡試一下，那裡試一下，不停的嘗試使牠精疲力盡，可是牠仍不肯罷休。如此頑固的尋找，表明這位麻醉師對螫針的攻擊點十分重視。

然而，幼蟲繼續掙扎著仰面爬行。突然間牠蜷成一團，頭部一扭，將敵人遠遠地摔出去。不過土蜂沒有受到失敗的影響，牠重新站起來，抖抖翅膀，再次衝向肥胖的獵物。土蜂幾乎總是以身體的後端攀上幼蟲的身體。在經過許多次無效的嘗試之後，土蜂終於找到一個合適的攻擊姿勢。牠將自己橫著纏在花金龜幼蟲的身上，大顎從背部咬住幼蟲胸部，身體彎曲成弓形，伸到獵物下方，腹部末端則伸到獵物頸部附近。處在危難之中的花金龜幼蟲痛苦地扭曲著，一會兒蜷縮成團，一會兒又伸展開來，來回打滾。土蜂沒理會牠，還是牢牢地抓住獵物身體，借著幼蟲扭曲的力量，任憑幼蟲帶著牠時上時下、時左時右地翻滾，場面之激烈，使得我能揭開鐘形罩，一覽無遺地觀察這齣悲劇的所有細節。

簡而言之，儘管場面混亂，土蜂仍感覺到腹部末端已刺到了合適的位置，只有在這時，土蜂才會拔出螫針刺進去。只要螫針刺入獵物的體內，攻擊就算完成了。起初還比較活躍、有些緊張的花金龜幼蟲，突然間變得鬆弛，全無生氣。牠被麻痺

了，除了觸鬚和口器證明牠還殘存一線生氣，便再也沒有任何行動。我在鐘形罩裡觀察到的一系列戰鬥中，土蜂的攻擊點沒有任何改變，這個點位於腹面的前胸和中胸交界線中央。我應該注意到，象鼻蟲的捕食者節腹泥蜂，也在同一點將螫針刺入象鼻蟲體內，因為象鼻蟲身上集中的神經鏈跟花金龜幼蟲的神經鏈結構一樣。神經組織的相同，決定了攻擊方式的一致。我還注意到，土蜂的螫針在獵物的傷口上停留了一段時間，並明顯在傷口固執地處搜尋。看到土蜂腹部末端有如此的動作，我們可以說，土蜂的武器正在探索、選點。當螫針從狹小區域的一側拔出之後，牠很可能是在尋找一些小的神經節，這是土蜂應該刺傷，或者說應注入毒液而進行迅速麻痺的地方。

如果沒有提及其他一些次要的事實，我不會就這樣結束決鬥的敘述。隆背土蜂是貪婪的花金龜捕食者，我曾觀察到一隻隆背土蜂母親，一口氣螫刺了三隻花金龜幼蟲。牠拒絕了第四隻獵物，可能是由於身體疲勞，也可能是因為體內的毒液已經用完了。但牠的拒絕只是暫時的。第二天，牠又開始捕食，麻痺兩隻獵物；第三天繼續捕食，不過熱情日益降低就是了。

另一些喜歡遠征的捕獵性昆蟲，也以各自的方式搶劫、拖曳、運輸已失去活力的獵物，牠們扛著這沈重的包袱，不斷持續試圖從鐘形罩中逃走，回到洞穴之中。一切嘗試都是徒勞，

最終牠們失去了信心，放棄逃走的念頭。土蜂並不移走獵物，牠就讓獵物一直仰面躺在被謀害的現場。土蜂將螫針從獵物的傷口中抽出，將獵物留在原地，而自己則沿著鐘形罩壁飛來飛去，並不理會獵物。在泥土中，也就是在正常的條件下，事情也應該是這樣進行的。被麻痺的獵物並沒有被搬到別處，沒有搬進特殊的地下室，而是就在戰鬥現場，腹部被放置了土蜂的卵，從卵裡孵化出的幼蟲便以這鮮美的身體為食，這樣就節省了營造家室的力氣。當然，產卵工作並未在鐘形罩下進行，因為土蜂母親過分謹慎，不願讓卵處於危險的露天環境裡。

為什麼明知並不處在地下環境之中，土蜂仍然獵捕此時對牠毫無用處的花金龜幼蟲，而且捕獵的勁兒並不亞於大頭泥蜂對蜜蜂的捕獵欲望呢？大頭泥蜂在維繫子女生活需求之外的捕獵，還可以用牠自己對蜂蜜的貪欲來解釋，而土蜂的行為就讓我們感到困惑了。牠並未從花金龜幼蟲中吸取任何的體液，也沒有排卵就將獵物丟棄了；牠用螫針麻痺獵物，卻不知這時的捕獵行動毫無用處。既然沒有鬆軟的土壤，搬運獵物也就不可能了。其他一些被我囚禁的捕獵者一旦捕獵得手之後，至少會用腳試著帶獵物逃出鐘形罩；而土蜂卻未做任何嘗試。

在深思熟慮之後，我把對這些聰明的昆蟲外科專家的懷疑歸納起來，覺得牠們根本沒有事先考慮到卵。當牠們因戰鬥而

精疲力竭，同時也認識到想逃出鐘形罩根本不可能時，最聰明的做法是停止戰鬥。可是，牠們在幾分鐘之後又再次開始捕獵，顯然這些出色的解剖學家對整個狀況仍一無所知，甚至對於獵物要作為何用也少有概念。身為屠殺和麻痺的高手，只要機會成熟，牠們便開始屠殺、麻痺獵物，不管最終的結果如何。牠們的才能無法用我們的知識來理解，或可說，牠們對自己的行為根本沒有意識。

第二個讓我震驚的細節，是土蜂進行捕獵戰鬥的激烈程度。我曾觀察到，在土蜂找到合適的攻擊位置，使腹部末端到達螫針應該刺入的攻擊點之前，戰鬥持續了整整十五分鐘，其間頻頻發生失手和得勝的戰況。攻擊者一被推開，馬上又發動進攻，多次用腹部末端貼在獵物身上。雖然我看到獵物一次一次因螫痛而跳起，但攻擊者始終沒有將螫針拔出來。只要土蜂的武器沒有找到適合的攻擊點，土蜂是絕不會拔出螫針刺獵物的其他地方。之所以不在獵物身體的其他部位進行攻擊，並非取決於花金龜幼蟲的外部組織，因為牠除了頭顱以外，其他部位都是柔軟而易受攻擊的。土蜂螫針所尋找的攻擊，和獵物身體的其他地方一樣，都在皮層的保護之下。

在與獵物的戰鬥中，土蜂將身體彎曲成弓形，但有時也會被身體收縮蜷曲似虎鉗的花金龜幼蟲牢牢箝住。對此土蜂顯得

並不在意，牠絲毫沒有放鬆大顎和腹部末端的攻擊行動。這時兩隻昆蟲扭打在一起，胡亂地翻滾，時而你壓住我，時而我壓住你。當花金龜幼蟲從對手的魔爪中解脫之後，牠又舒展開來，非常匆忙地仰面朝上爬行逃跑。牠實在沒有其他的防禦伎倆了。在沒有觀察到這一現象之前，我只是憑著感覺，一廂情願地認為，幼蟲的這種詭計跟刺蝟防禦敵害的方法有異曲同工之妙。刺蝟蜷成一個刺球，嘲笑以自己為捕獵目標的獵狗竟無能為力，而幼蟲也會蜷縮起來，用這連我也難以用這手掰開的力量，傲慢地嘲笑土蜂無法讓牠舒展開來，無法在牠身上找到合適的螫刺點。我曾希望並相信幼蟲有這種簡單有效的防禦方法，然而我對花金龜幼蟲的智商估計過高了。牠並不像刺蝟一樣始終縮成一團，而是仰面朝天地逃跑。牠愚笨地採取這種姿勢，恰恰給了土蜂一個好機會，可以跳到牠身上，找到致命的攻擊點。這個愚蠢的傢伙讓我想起糊塗的小蜜蜂，牠蠢笨地將自己送入大頭泥蜂的魔爪之中。又是一個沒有從生存戰鬥中吸取教訓的傢伙。

　　現在我們來看看其他昆蟲的表現。我剛剛捕獲一隻正在挖掘沙子的沙地土蜂，無疑的，牠在尋找獵物。我必須儘早用牠來做實驗進行觀察，以免牠由於被囚禁而影響捕獵的慾望。我知道牠所

沙地土蜂

需要的獵物，是南方細毛鰓金龜幼蟲；根據我以前收集的資料，根據細毛鰓金龜挖洞穴的常見地點，我知道在周圍山坡上，在迷迭香花下落英繽紛的沙中，便能找到南方細毛鰓金龜的幼蟲。尋找牠們是一件艱苦的工作，因為很平常的東西在需要找到牠的當兒，就會變得極為罕見。我請父親幫助我，他已是九旬老人，但體格依然強健，彷彿一個筆直的「1」字。在一個驕陽似火的日子，我們扛著鶴嘴鋤和三齒耙出發了。我們輪流工作，在沙中挖開一條溝渠，希望能在這裡找到細毛鰓金龜。我的希望沒有落空，在翻遍、捏碎了至少兩立方公尺的沙壤，累得滿頭大汗後，終於抓到兩隻南方細毛鰓金龜的幼蟲。這類情況也真夠煩人的，我不想要的時候，卻總會一抓就是一大把。我這一點雖然少得可憐但卻十分珍貴的收穫，已經足夠暫時之用。明天，我還會更賣力地繼續我的挖掘工作。

那麼現在，我們可以在鐘形罩下觀察悲劇的發展，以補償辛苦的挖掘工作了。土蜂行動笨拙遲鈍，在罩內慢慢地踱來踱去，但一看到獵物，牠的注意力就集中起來。戰鬥即將爆發之前，沙地土蜂和隆背土蜂做著一樣的準備活動：把翅膀抖得發響，用觸鬚尖輕輕敲打桌面。嘿，勇敢些，攻擊開始了！這隻大肚子的幼蟲腳短且無力，而且無法像花金龜幼蟲那樣以獨特的四腳朝天姿勢逃跑，於是牠沒想過要逃，只是盤成一團。土蜂用牠鐵鉤般的大顎猛咬細毛鰓金龜幼蟲的皮膚，一會兒咬這

裡，一會兒又咬那裡。土蜂身體彎曲成弓形，身體兩端幾乎合
攏在一起，牠努力把自己的腹部末端擠進幼蟲身體盤成螺旋狀
的窄小開口處。戰鬥平靜地進行，沒有什麼曲折打鬥的場景，
有點像一個裂開的活動環扣，固執地企圖將一端插入另一個同
樣裂開的活動環扣中，而這個環扣同樣固執地想將兩端閉合起
來。土蜂企圖用腳和大顎征服獵物，牠試著從一側進攻，然後
再從另一側嘗試，始終無法解開獵物蜷成的環扣，而獵物由於
有越來越深的危機感，因而收縮得越來越緊；現在的局面使土
蜂的進攻十分困難。當土蜂猛烈攻擊之時，細毛鰓金龜幼蟲便
滑到一邊，由於沒有固定的支撐點，螫針無法找到理想的攻擊
點，就這樣，徒勞的進攻持續了一個多鐘頭，當然也會間歇地
休息幾次。這期間，敵對雙方就像兩個緊套在一起的環扣。

　　強壯的花金龜幼蟲該怎麼做，才能與比牠弱得多的隆背土
蜂抗衡呢？牠應該學習細毛鰓金龜幼蟲的樣子，保持這一防禦
的姿勢，也就是像刺蝟一樣蜷成一團，直到敵人撤退為止。但
花金龜幼蟲一心只想逃跑，因而將身體舒展開，這正是牠的失
策之處。而細毛鰓金龜幼蟲則完全不動，保持有效的防禦姿
勢，果然也成功了。這種謹慎小心是天生的嗎？不是的，而是
因為在光滑的桌面上，牠根本不能有別的防禦辦法。細毛鰓金
龜幼蟲身體肥胖、笨重、腳軟弱無力，而且身體像金龜子幼蟲
一樣彎成鉤狀，很難在平坦的表面行動，只能艱難地側躺著爬

行。只有在疏鬆的土壤中，牠才會以大顎作為挖土工具，掘出
通道，鑽進土裡去。

　　如果沙子能縮短戰鬥的時間，就讓我們來試試看吧，這樣
我就不需要等了一個多小時還無法預見結果了。於是我在罩底
淺淺地撒了一層沙子。土蜂的攻擊更為猛烈了，而細毛鰓金龜
幼蟲由於感覺到沙子的存在，便有了逃跑的念頭，因而變得冒
失了。我曾說過，細毛鰓金龜幼蟲頑強地盤成一團，並不是出
於天生的小心謹慎，只是時勢所迫。顯然不幸的過去、殘酷的
教訓，並沒有教會牠：在危險的時候盤緊身體，對牠是多麼有
利的策略。細毛鰓金龜幼蟲長大之後，便遺忘了牠年幼時已掌
握得很好的防守方法，即盤成一團進行防禦。

　　我又用一隻細毛鰓金龜幼蟲重複實驗。這隻幼蟲體形大，
不容易在土蜂推動之下滑走，但牠在受到猛烈攻擊時，沒有像
剛才那隻小了一倍的幼蟲一樣蜷縮成環形。牠胡亂地抖動著，
側身躺著，呈半開狀。為了全力防禦，牠扭動身子，大顎一開
一合，而土蜂則用長滿密毛的腳，牢牢箍住獵物撕咬著，在近
十五分鐘的時間裡，朝這塊肥肉胡亂地揮舞螫針。最後，扭打
不那麼激烈了，螫針找到了合適的部位和良好的進攻時機，於
是螫針從獵物頸部下方和前腳平行的中心點刺入。這一擊的效
果立竿見影，除了頭部的附屬器官、觸鬚和口器外，幼蟲全身

呆滯了。同樣的捕獵結果,同樣在一個明確的點刺入,我的飼養籠中不時更換的其他獵人,捕獵情況都是如此。

在結束之前,我再補充一點,沙地土蜂的攻擊行動比隆背土蜂要緩和得多。這種善於掘沙的膜翅目昆蟲,步伐沈重,動作幾乎如機械般僵硬,而且不輕易拔出螫針進行再次攻擊。大部分用作實驗的沙地土蜂,都拒絕我提供的第二隻獵物,到了第二天甚至是第三天也是這樣,只在我用麥稈反覆糾纏之下,才再次進行捕獵的攻擊行動。而更爲靈活、更有捕獵慾望的隆背土蜂則對獵物來者不拒。不過,這些貪婪的傢伙都有不活躍的時候,這時牠們就不會去打擾另一隻新的獵物。

由於缺乏其他種類的土蜂做爲研究素材,我對土蜂的了解還差得很遠呢。但這不是很重要,因爲從中得到的結果,對於我個人的見識還是有不小的幫助。在看到土蜂如何捕獵之前,我藉由對其獵物的解剖而斷言,花金龜、細毛鰓金龜、犀角金龜的幼蟲都應該是遭到捕獵者一擊而麻痺的;我甚至可以精確指出螫針的攻擊部位,就是在緊靠前腳胸部的中心點。這三種受害者,我觀察過其中兩種的身體結構,因此我相信第三種也不會違反這個法則。這兩種受害者都只被螫針攻擊了一次,而且都在事先就確定的部位注入了毒液。一臺天文計算器預測星球的位置也不會比這更準確。對未來的精確推測,對未知的準

確預言，這種推測或預言都必須是從反覆實驗中得來的。那些鼓吹偶然機率的人，什麼時候才會接近成功的邊緣呢？法則便是法則，任何偶爾才發生的事情都不能成為法則。

第十四章
蛛蜂的方法

普通的毛毛蟲、尺蠖、花金龜、細毛鰓金龜的幼蟲，都沒有甲殼保護，幾乎全身都可以被螫針刺入。牠們的防禦方法除了大顎一張一合威脅對方外，就是身體蜷成一團拼命掙扎。這使我想到，我曾在鐘形罩下觀察過另一種受害者——蜘蛛。牠雖然擁有一對令對手生畏的、帶毒液的大牙，但其防禦的本領卻極為低劣。環節蛛蜂是用何種特殊的方式攻擊黑腹舞蛛，亦即可怕的狼蛛的呢？要知道，狼蛛只需一擊，便可致鼴鼠或麻雀之類的動物於死地，就算人類對牠也懼怕三分，那麼蛛蜂又是怎樣對付比自己更強健，且能分泌強烈毒液的對手呢？

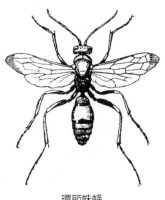

環節蛛蜂

這對手往往會將攻擊者當作美味的午餐呀！在所有狩獵性昆蟲中，沒有其他人能像蛛蜂這樣面對實力如此懸殊的戰鬥，戰鬥的場面往往是攻擊者更像是被攻擊的獵物，而獵物卻往往扮演攻擊者的角色。

這問題需要耐心地進行研究。我曾根據蜘蛛的身體結構，模糊地得到預感，狩獵者很可能只在獵物胸部中心位置刺了一下；但是這並不能解釋，蛛蜂為何能夠成功且安然無恙地捕獲獵物的原因。我們應該更仔細地觀察。但觀察並非易事，困難在於蛛蜂極為少見。在需要的時候捕獲舞蛛十分容易，我家附近山坡上尚未開墾的葡萄地，便可以為我提供足夠的舞蛛；然而捕獲蛛蜂卻是另外一回事了。我對此並不抱有多大的指望，因為專門的尋覓活動大多是沒有什麼結果的，要刻意尋找蛛蜂往往就意味著找不到。也許只有偶爾的幸運才能為我帶來幾隻蛛蜂。我有這樣的運氣嗎？

顯然有。在一個偶然的機會，我在花叢中捕到一隻蛛蜂。第二天，我便捕到半打舞蛛。於是，我就能使用一隻隻的舞蛛進行實驗，反覆觀察牠與蛛蜂的決鬥。當我外出捕獲舞蛛之後，幸運女神再度降臨我身上，滿足了我的願望，第二隻蛛蜂被裝進我的飼養籠：當時牠正抓住獵物的一隻腳，拖著已被麻痺的蜘蛛，行進在滿是灰塵的大道上。這個新發現給了我很大

的啓示：產卵期來臨之際，要蛛蜂母親接受另外的獵物以代替牠目前的俘虜，牠是不會有太多猶豫的。我就是這樣捕獲兩隻蛛蜂，並將牠們分別與一隻舞蛛一起放在鐘形罩下。

我仔細地觀察著。片刻之後將要發生怎樣的悲劇呢？我等待著，心情十分焦急……但是……發生了什麼呢？決鬥雙方中哪一位是被攻擊者，哪一位又是攻擊者？雙方彷彿調換了角色。由於蛛蜂無法爬上光滑的鐘形罩壁，便在鐘形罩底大步地踱來踱去。牠神情高傲，行動敏捷，抖動著翅膀和觸角，來來回回走著。蛛蜂很快就發現了舞蛛，牠毫無懼色地靠近了獵物，圍著舞蛛繞著圈，彷彿想要衝過去抓住對手的一隻腳。但是舞蛛立刻豎直了身體，以四隻後腳作爲支撐，四隻前腳伸直張開，準備展開反擊。牠那鐵鉤般帶毒的大顎盡力張開，一滴毒液在顎尖閃閃發光。沒有任何事情比看到這些更讓我毛骨悚然的了。在這令人生畏的姿勢中，舞蛛將牠強健的胸部和長有黑毛的腹部展現在敵人眼前。受到威嚇的蛛蜂突然轉過身去，匆忙遠離獵物，於是舞蛛閉上帶毒的大顎，又恢復到平時的姿態，八腳著地；但是一旦蛛蜂有任何些微的進攻企圖，牠馬上又做出可怕的樣子威脅對手。

舞蛛還表現得更勇敢，牠突然跳了起來，撲向蛛蜂，迅速將蛛蜂箍住，用大顎猛咬對方。然而蛛蜂並沒有用螫針還擊，

卻從對手猛烈的進攻中安然無恙地逃脫了。我好幾次觀察到這樣的場面，然而蛛蜂卻從未受到重傷，便迅速從對方的攻擊中逃脫了。蛛蜂繼續發動攻擊，牠的行動與反應，和起初一樣大膽而敏捷。

這從鐵鉤般的大顎裡逃出來的傢伙，真的是蜘蛛無法傷害的天敵嗎？顯然不是的。如果這些蜘蛛真的咬傷了對手，則往往是致命的。一些體格健壯的大個子蝗蟲也會死於舞蛛手中，那麼，為什麼體格如此纖細的蛛蜂卻能不受牠傷害呢？蜘蛛的大顎對於蛛蜂而言，等於是虛有其表，實際上大顎尖並沒有咬住對手的身體。假設蜘蛛的攻擊實實在在命中了蛛蜂，我會看到帶血的傷口，看到蜘蛛的大顎在對方傷口上緊閉一會兒；然而，我十分仔細地觀察，沒有看到類似的行為發生。那麼，蜘蛛的毒牙鉤是否無法刺穿蛛蜂的皮膚呢？也不會。我曾觀察到蜘蛛的大顎穿透蝗蟲那更堅硬的前胸甲，把胸甲「咔拉」一聲撕裂。我再一次提出問題，蛛蜂從蜘蛛魔掌中安然逃脫出來的豁免力從何而來呢？我不知道。然而，舞蛛在面臨死亡威脅時，沒用大顎確切施以反擊，牠的躊躇不決，我也無從解釋。

除了威嚇對手的姿態和毫無殺傷力的打鬥之外，我的觀察一無所獲。於是，我決定修改戰鬥雙方作戰的環境，使其更接近於自然。由桌面代替土壤並不好，而且舞蛛也沒辦法建構堅

固的城堡，也就是牠所居住的洞穴，這洞穴在攻擊和防守之時也許有一定作用。於是，我在一大塊鋪滿沙子的區域中，垂直插入一根蘆竹莖，這便是舞蛛的「安全井」。我又在其中放了幾朵塗了蜜的花朵作爲蛛蜂的餐廳，並放進一對蝗蟲當作舞蛛的食物，一旦食用完畢就重新補給。就這樣，我在籠中建構一處舒適的居室，向陽而且通風，這足以使我那兩個珍貴的俘虜能在金屬網罩中存活更長的時間。

這些人造的環境並未達到預期的效果，實驗沒有結果便結束了。一天過去了，兩天、三天，依然毫無進展。蛛蜂感興趣的是生產花蜜的頭狀花序植物，一旦吃飽之後，牠便爬上籠頂，不知疲倦地繞著圈；舞蛛則靜靜地啃著牠的蝗蟲。一旦蛛蜂進入舞蛛的視野，牠便猛地豎直身體，用威脅的姿勢請對手遠離。另外，蘆竹莖這人造的洞穴更充分發揮作用，舞蛛和蛛蜂輪流進入其中躲避，卻沒有任何爭執發生。悲劇的序幕已經拉開，而悲劇的發生卻被無限期延遲了。

我只剩下最後一條研究路徑了，對此我抱著極大的期望。我打算把捕到的兩隻蛛蜂放到眞實的自然環境之中，放在蜘蛛的洞穴口實地觀察。於是我帶著工具出發，這是我第一次帶著牠們在田野裡散步，我隨身還帶了一個玻璃鐘形罩、一個金屬網罩和其他各種必要的工具，以便順利地操縱、轉移我那些脾

氣暴躁而危險的小東西們。我在亂石中、百里香叢中、薰衣草叢中尋找蜘蛛的洞穴，很快便有所收穫。

這是一個極好的洞穴。我用一根麥桿伸入洞內探測，知道洞穴裡住了一隻身材符合我要求的舞蛛。我將洞口周圍清理乾淨、刨得平整，以便將金屬網罩安放在洞穴口上方，然後將一隻蛛蜂放入金屬網罩內。現在是抽根煙、坐在石子堆中等待的時候了……結果竟又是白忙一場。半個小時過去了，蛛蜂只是在金屬網罩上方來回盤旋，這跟在家裡觀察到的一樣。牠對面前這個洞穴一點興趣都沒有，而我清楚地觀察到，洞穴裡舞蛛的眼睛發出鑽石一般的光芒。

我再用玻璃鐘形罩代替金屬網罩。由於玻璃罩使蛛蜂無法爬到高處，牠不得不落到地面上，最後發現了這個牠似乎還不知道的洞穴。這行動終於達到目的。在地面上踱了幾圈之後，蛛蜂便開始注意眼前的洞穴了，並用腳將洞挖得半開，隨後牠鑽入了洞穴之中。這種大膽使我十分驚訝，這的確是我事先沒有預料到的。在獵物爬出洞外時出其不意地撲上去，這並不稀奇；但是蛛蜂猛地衝到獵物的洞穴中，而舞蛛揮舞著可怕的、布滿毒液的大顎，正在洞裡等著呢，這種場面是相當少見的啊！蛛蜂的莽撞會導致什麼後果呢？洞穴裡傳出搧動翅膀的聲音。大概是由於入侵者的攻擊，舞蛛在自己的洞穴裡，已經和

入侵者廝殺起來了。這清脆的搧動聲，如果不是牠死亡前的哀樂，可能正是蛛蜂勝利的讚歌；不過入侵者也可能會變成可憐的犧牲品。這兩隻昆蟲，誰將活著從洞穴裡出來？

舞蛛首先從洞穴中匆忙地跑出來，做出防禦的姿態駐紮在洞口，大顎張開，四隻前腳伸直。另外那一隻被舞蛛刺死了嗎？才不是呢，蛛蜂也從洞中出來了，牠經過舞蛛身邊時，還受到駐紮在洞口的舞蛛的攻擊，但舞蛛又立刻逃進自己的洞穴裡。第二次，第三次，舞蛛總是沒有任何傷勢便從洞中逃出，總是在洞口等待侵略者的出現，向牠稍作懲罰，便再次鑽回洞穴之中。我輪流使用兩隻蛛蜂進行實驗，並且不斷更換洞穴，但沒有新的發現和收穫。要讓這齣悲劇發生，可能還需要其他某些條件，然而我卻無法製造這些條件。

一次又一次徒勞無功的重複使我十分失望，我決心放棄這個實驗。儘管如此，我還是從實驗中觀察到具有一定價值的現象：蛛蜂為何會毫無懼色地闖入舞蛛的洞穴，將舞蛛從洞穴中趕出呢？我想，即使沒有鐘形罩罩在洞穴上方，結果也是一樣的。舞蛛從家中被驅逐出來之後，驚慌恐懼，更會做好準備攻擊對方。另外，在狹窄洞穴這樣侷促的空間裡，蛛蜂很難精確地控制螯針並完成理想的攻擊。這大膽的闖入又一次發生，而且是更清晰地展現了我在實驗桌上觀察到的情況：舞蛛真要用

大顎去螫蛛蜂時顧忌重重。當兩種昆蟲在洞穴深處面對面的時候，正是與敵人搏鬥的時刻，否則就永遠不會廝殺了。舞蛛在自己的家中，一切都感到十分愜意；所有角落，所有洞穴的支柱，所有不起眼的躲避之處，牠都是那麼的熟悉。而入侵者則行動不便，因為一切對牠都是那麼的陌生，在這種情況下，只需一次真正的攻擊，我可憐的舞蛛，你就可以永遠除去並擺脫苦苦相逼的敵人的糾纏。可是你卻放棄了。我不知道是為什麼，你的顧忌成為莽撞的入侵者的救命法寶。愚蠢的綿羊即使在面對屠刀之時也不會用尖角進行反抗。難道你就是蛛蜂的綿羊嗎？

我那兩隻蛛蜂被再次放在我的房間裡，飼養在金屬網罩中。罩底鋪了細沙，並插入了蘆竹莖，還供給不斷更新的花蜜。牠們在這裡又發現了以蝗蟲為食的舞蛛。這種同居生活又持續了三個星期，除了越來越少的打鬥場面和威嚇動作之外，沒有其他事件發生。兩方都沒有表現出真正的敵意。最後我的兩隻蛛蜂死去了，牠們的生命結束了。在起初的熱情之後，竟會是如此可憐的結局。

是否要放棄對這個問題的研究呢？當然不要！我曾有過很多這樣的經歷，但都沒能使我放棄極有意義的研究工作。我知道，幸運只會垂青那些堅持不懈的人。這一點很快便得到了證

實。在九月某一天，即我的蛛蜂死後約半個月，我幸運地捕到另外一隻蛛蜂，叫做滑稽蛛蜂，這種類型的蛛蜂我還是第一次捕到。牠具有跟前面那種蛛蜂一樣炫目的外表和相似的體型。

　　這個新來者喜歡什麼食物呢？對此我一無所知。牠是蛛蜂的一種，這是毫無疑問的，但到底是哪一種呢？對於這樣的獵人，當然要爲牠提供肥胖的獵物；可能是圓網絲蛛，也可能是彩帶圓網蛛，在法國，除了舞蛛之外，這是體格最龐大的蜘蛛了。圓網絲蛛常在兩個荊棘叢之間垂直拉起牠的大網，因爲這裡是蝗蟲經常出沒的地方，我可以在附近丘陵上的矮樹叢中找到牠。彩帶圓網蛛則選擇蜻蜓出沒的水溝、小溪附近安頓家園，我可以在艾格河邊找到牠。在一次具有雙重目的的遠足中，我同時捕獲這兩種圓網蛛。第二天，我便可以將兩者同時餵給我的滑稽蛛蜂，接下來就得由牠根據自己的口味選擇食物了。

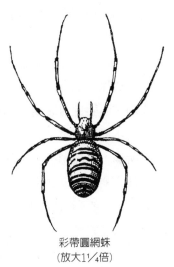

彩帶圓網蛛
（放大1¼倍）

　　選擇的結果很快便分曉，彩帶圓網蛛得到了青睞。但是，彩帶圓網蛛並不是不作任何反抗就束手就

擒的。當敵人靠近時，牠便立起身體，模仿舞蛛的樣子作出防禦姿勢。滑稽蛛蜂對牠的威嚇不屑一顧，在滑稽外表的掩護下，牠猛然衝向彩帶圓網蛛，動作非常敏捷。牠們閃電般交戰了一回合，彩帶圓網蛛被打翻仰躺在地。蛛蜂在上，與圓網蛛腹貼著腹、頭頂著頭，用腳控制住彩帶圓網蛛的腳，用大顎咬住對方的頭胸部；牠用力蜷起腹部，向下方伸過去，再拔出螫針，接下來便……

親愛的讀者們，請稍等片刻。蛛蜂的螫針從什麼部位刺入呢？根據其他麻醉師告訴我們的知識，攻擊點應該是在胸部，這是為了要剝奪獵物四肢的活動能力。你們是這樣認為的嗎？我原先也持這種觀點。但是，請不要為我們共同的錯誤而臉紅，因為這是完全可以原諒的。我們得承認，這隻昆蟲所擁有的知識比我們多。牠知道運用一種準備工作來確保捕獵行動的成功，而對此無論是你們還是我，都實在無法想像到。啊！動物的本領是多麼奇特呀！在攻擊獵物之前應警惕自己不要被獵物所傷，這難道不正確嗎？蛛蜂也深知應該「小心謹慎」這個道理。彩帶圓網蛛擁有兩個鋒利的大顎，顎尖滴著可怕的毒液；一旦被彩帶圓網蛛咬中，滑稽蛛蜂必死無疑。而蛛蜂麻痹對手的攻擊動作，要求一種高精確度的劍法。面臨如此危險的境地，強壯的外科大夫會做些什麼呢？首先應該解除病人的武裝，而後再進行麻痹手術。

　　所以，蛛蜂的螫針由後往前刺入彩帶圓網蛛的口中，攻擊相當堅決且十分謹慎仔細。效果立現，彩帶圓網蛛那長得鐵鉤一般、會分泌毒液的大顎毫無生氣地閉上了，這可怕的獵物失去了傷害蛛蜂的能力。蛛蜂彎曲成弓形的腹部放鬆開來，螫針從彩帶圓網蛛第四對腳後面的中線刺入，差不多是頭部和胸部交會處。這一點比其他部位的皮膚更細膩，更容易被穿透。而彩帶圓網蛛胸部除了這個點以外，其他地方都有堅硬的胸甲保護，螫針很難穿透，加上控制彩帶圓網蛛八隻腳活動的神經中樞，剛好是位於這一點略上方的位置。由於螫針是從後方往前刺入，所以螫針可以刺中神經中樞。由於這一擊，圓網蛛的八隻腳同時被麻痹而失去了活動能力。

　　過於冗長的講述可能有損於這種攻擊戰術的說服力。簡而言之，首先，作為攻擊者保命和克敵制勝的法寶，蛛蜂將螫針刺入獵物的口內，以解除那對可怕大顎的武裝，這是彩帶圓網蛛所有部位中武裝最強、最有殺傷力的武器。然後，滑稽蛛蜂第二擊刺中彩帶圓網蛛胸部的中樞神經，並剝奪了獵物八隻腳的活動能力，這樣蛛蜂便可以為幼蟲提供新鮮的食物。我曾經預測過，能夠捕獵如此強壯的彩帶圓網蛛，滑稽蛛蜂一定擁有某些特殊的本領；但我卻完全沒有預料到，牠有如此果斷的、邏輯高強的頭腦，先解除獵物的武裝再麻痹獵物。可想而知，蛛蜂也是這樣對付舞蛛的，儘管牠不願意在鐘形罩下透露這個

秘密。現在我透過對牠同類的觀察，終於了解蛛蜂的捕獵方法。牠將舞蛛打倒仰翻在地，拔出螫針刺入舞蛛的口內，然後從容地一擊，麻痺了舞蛛的八隻腳。

我立即檢查受到攻擊的彩帶圓網蛛，以及正在牆角、被蛛蜂抓住一隻腳拖往家中的舞蛛。在一段時間內，或確切地說，是一分多鐘的時間裡，彩帶圓網蛛的腳仍然抽搐著，但只要這種臨死的掙扎繼續下去，滑稽蛛蜂就一刻也不鬆開牠的獵物，彷彿是在監測麻痺的效果。牠用大顎尖反覆搜索彩帶圓網蛛的口腔，似乎想要測定那帶毒的大顎是否真的毫無攻擊能力了。接下來一切都恢復平靜，蛛蜂開始將獵物拖往別處。這些便是我觀察到的現象。

其中最使我震驚的是，彩帶圓網蛛的大顎完全被麻痺，毫無生氣，我用鐵絲尖觸碰也無法使牠從麻痺中恢復過來。相反的，彩帶圓網蛛那位於大顎旁邊的觸角，只要我稍微觸及就不斷顫抖。我將牠安全地裝入一隻瓶子裡，一個星期之後再對牠重新進行的檢查。彩帶圓網蛛恢復了一部分對應刺激的反應能力，在鐵絲尖的刺激下，我觀察到牠輕輕搖動牠的腳，尤其是脛節和跗節這最後兩個關節。觸角仍然是反應較強烈的、可以活動的部位，然而這些活動實在是毫無力氣，一點也不協調，而且還不能藉由這些活動翻轉身體，更不用說移動了。至於帶

有毒液的、被麻痹的大顎，無論我如何刺激都不起作用；我無法使大顎張開，也沒看到它有任何動彈。無疑的，牠被徹底麻痹了，而且是以一種特殊的方式被麻痹。這正向我解釋了爲什麼攻擊之初，滑稽蛛蜂螫刺口腔時是那麼堅決和執著。

到了九月底，時間過了差不多一個月，彩帶圓網蛛仍然處於半死不活的狀態，觸角在我的刺激下依然能夠顫抖，而其他部位已經無法動彈了。最後，在六、七個星期之後，真正的死亡終於降臨，牠的肢體開始腐爛了。

環節蛛蜂所捕獲的舞蛛，跟我在運送蛛蜂途中搶回的被麻痹的舞蛛一樣，也呈現了同樣的特點。無論我如何刺激那帶毒的大顎都沒有任何反應，彩帶圓網蛛也是如此。這證明舞蛛和彩帶圓網蛛一樣，口器遭到蛛蜂用螫針攻擊，但不同的是，舞蛛的觸角在幾個星期內都還有很強烈的應激反應，可以繼續活動。我一再指出這一點，大家馬上會了解其價值所在。

想要再一次觀察滑稽蛛蜂的捕獵行動是不可能的，因爲囚禁會影響牠施展才能。另外，彩帶圓網蛛也善於利用對方的這個弱點，我曾兩次看見牠運用一些作戰的詭計支開捕獵者。我講這些並不是爲了表達對愚蠢蜘蛛的尊重，這個武裝精良的笨蛋儘管裝備精良，卻不敢跟比自己還要弱小，但比自己更勇敢

的入侵者戰鬥。

　　在金屬網罩裡，彩帶圓網蛛占據著網壁，八隻腳在蛛網中長長地張開；而滑稽蛛蜂則盤旋在籠子的頂部。當彩帶圓網蛛一看到敵人靠近時，恐慌之下從空中跌落到地面上，仰面朝天，八隻腳都收在胸前。蛛蜂衝過來，箍住彩帶圓網蛛，在牠身上搜索，並做出要螫刺彩帶圓網蛛口器的姿勢。但是牠並沒有拔出螫針。我看牠認真地靠近彩帶圓網蛛帶毒液的大顎，就像是在探測一部危險的機器一樣；然後，牠離開了。彩帶圓網蛛依然躺在原地一動也不動，我還以為我稍一分神之際，牠就被蛛蜂刺死或者麻痹了。為了方便檢查，我將彩帶圓網蛛從籠中取出來。剛放上桌面，彩帶圓網蛛突然活了過來，猛地跳起來。這個狡猾的傢伙在滑稽蛛蜂的螫針威脅下，竟裝死裝得那麼巧妙，連我也被矇騙了。牠還騙過了比我更仔細的蛛蜂，蛛蜂貼近探察，也沒有發現這具屍體應受自己一擊。也許滑稽蛛蜂嗅到彩帶圓網蛛身上略有腐臭味，便放棄了攻擊，如同寓言中的灰熊一樣。

　　但這種狡猾的詭計，往往會轉變成舞蛛、彩帶圓網蛛和其他蜘蛛自身的災難。剛剛將蜘蛛打倒在地的蛛蜂，在經過激烈的打鬥之後，清楚知道面前這個躺在地上一動不動的傢伙並沒有真正死去，但蜘蛛卻以為自我保護很成功，繼續裝得像屍體

般毫無生氣。攻擊者就利用這個機會使出牠最厲害的一擊，將螫針刺入獵物的口內。如果這時，蜘蛛那像鐵鉤一般的大顎張開來，毒液在顎尖閃閃發光，大顎拼命地亂咬，蛛蜂絕對不敢將自己的腹部末端暴露在致命的刺刀下，因此正是因為蜘蛛會裝死，給了捕獵者實施最厲害一擊的成功機會。哦！可憐的圓網蛛，有人說，生存鬥爭教你用裝死來逃避攻擊，那麼，生存鬥爭教錯了。還是相信常識吧，也希望你自己逐漸明白：只要條件允許，激烈的反擊仍然是震懾敵人最有效的方法。

　　我在鐘形罩下所進行的其他觀察，也不盡是一帆風順。在以象鼻蟲為捕獵目標的兩種昆蟲中，沙地節腹泥蜂對我所提供的獵物固執地不屑一顧；另一種是鐵色節腹泥蜂，在囚禁兩天後，就受到我提供的獵物所引誘。我推測，牠的攻擊方法應該跟捕獵方喙象鼻蟲的櫟棘節腹泥蜂一樣；觀察這種題材正是我研究的出發點。與橡實象鼻蟲面對面的時候，鐵色節腹泥蜂抓住對方的喙部，將身體盡力伸長，就像煙斗的管子一樣，然後將螫針從對手前胸後面第一、第二對腳之間刺入。其實我毋需複述太多，因為方喙象鼻蟲的捕獵者向我們充分展示了牠的攻擊方式和攻擊結果。

鐵色節腹泥蜂
（放大1½倍）

　　所有的泥蜂，無論是以虻為捕獵目標的泥蜂，還是蠅科昆蟲的愛好者，都無法滿足我的要求。很久以前，當我在伊薩爾森林中發現牠們的時候，我對牠們的捕獵方法還不了解。牠們迅猛地飛行，強烈的跳躍欲望是無法容忍囚禁生活的。由於牠們衝撞「監獄」的玻璃板或是金屬網牆壁時撞昏了頭，在二十四小時之後便死掉了。牠們的面容十分安詳，看上去彷彿對我所提供的含蜜大薊花十分滿意。即使是以蟋蟀和短翅螽斯為捕獵對象的飛蝗泥蜂，同樣也由於生活不習慣，不久就死去了。牠們對我提供的食物或獵物根本無動於衷。

　　至於黑胡蜂，尤其是體型最大且善於用碎石子堆建圓屋頂的阿美德黑胡蜂，我也一無所獲。除了滑稽蛛蜂以外，其他的蛛蜂都拒絕了我所提供的蜘蛛。至於孔夜蜂這種捕獵對象種類繁多的膜翅目昆蟲，我不知道牠是否像大頭泥蜂一樣，會吸乾蜜蜂體內的蜜，而如果是其他獵物則不吸乾就丟掉。步岬蜂對蝗蟲不屑一顧，巨唇泥蜂寧願死去也不碰我提供的修女螳螂。

　　列舉這一連串的失敗是為了什麼呢？事實上，從這幾個例子中可以得到一個原則：成功少，失敗多。這又從何說起呢？除了大頭泥蜂不時要吸食蜜蜂體內的蜜汁以外，大部分捕獵性昆蟲並非是為了一己之利才從事捕獵活動的；牠們有各自儲存食物的時間表，有些是在產卵期即將到來之時，有些則是家中

幼蟲的食物已嚴重匱乏時。除了這些時期以外，再肥壯的獵物都無法勾起這些吸蜜昆蟲的狩獵興趣。因此，我儘量在時機成熟時才捕獲要觀察的目標；我守候在昆蟲的洞穴口，伺機捕獲帶著獵物回家的母親。但是，煞費苦心不見得一定有好的結果。總有一些令我失望的傢伙，不願在玻璃鐘形罩下獵取替代品，即使是在長久的等待之後。

也許並非所有種類的昆蟲都有相同的捕獵欲望，牠們之間情緒脾氣的差異，往往比外形的差異更大。有鑑於如此複雜的因素，再加上偶然從花叢中捕到觀察對象，在時間上往往並不有利，因此我們有更多的理由來解釋經常失敗的原因。儘管如此，我還是盡力避免將這些失敗視為一種慣例：亦即現在不成功的事情，他日在條件改變的情況下，可能大獲成功。只要有恆心和一定的機智，想繼續從事這些有趣研究的人，就會填補許多空白。對此我堅信不疑。困難是嚴峻的，但並不是不可戰勝的。

當我的俘虜決定捕獵時，不特別談談昆蟲的觸覺，我就不會放棄鐘形罩下的觀察。毛刺砂泥蜂是我所觀察過最勇敢的昆蟲之一，牠不一定會食用其家族的傳統菜肴——灰毛蟲。一旦碰到沒有護甲的毛毛蟲，我一律都拿來餵養毛刺砂泥蜂。這些毛毛蟲的膚色各異，有黃色的、綠色的、淺褐色的、帶白邊

的。只要體型合適，毛刺砂泥蜂都會接受。無論外表多麼花俏，合適的獵物總能神奇地被毛刺砂泥蜂分辨出來。只有熱奈爾毛毛蟲才會遭到毛刺砂泥蜂的堅決拒絕。這種昆蟲體型細小，會吐絲，可以在丁香枝條上捕獲。儘管身體表面無甲殼保護，有利於螫針刺入，儘管外形和那些被接受的獵物相似，但飼養籠中的這種多餘東西，這個啃咬樹木內部的暗色毛毛蟲，卻引起了毛刺砂泥蜂的反感和倒胃。

另一種勇猛的捕獵者沙地土蜂，則拒絕了我提供的花金龜幼蟲，其實花金龜幼蟲與細毛鰓金龜幼蟲的行動方式是一樣的。同樣的，隆背土蜂也不肯接受細毛鰓金龜的幼蟲。就算是大頭泥蜂這貪婪的蜂蜜吸食者，也識破我所設下的圈套。我曾用黏性鼠尾蛆這維吉爾筆下的蜜蜂來餵養牠，而大頭泥蜂把鼠尾蛆當作是蜜蜂！？天呀！人們無法分辨這兩種昆蟲，前人便弄錯了，認為鼠尾蛆像《農事詩》[1] 中所描述的，是從祭祀公牛腐爛的屍體中飛出的一群蜜蜂。但大頭泥蜂卻不會弄錯，在牠那比我們更有洞察力的眼裡，鼠尾蛆只是討厭的雙翅目昆蟲，是傳染病的代名詞，僅此而已。

---

[1] 由古羅馬詩人維吉爾所著，他在參與實用的農業指導時，對大自然作了生動深入的描繪。——譯注

第十五章

異議和回答

　　如果沒有一些嘮嘮叨叨的人站出來抨擊、想要折斷昆蟲翅膀，甚至想用鞋跟碾碎，那麼一個具有相當價值的新事物、新觀點，是不會持續發展和進步的。我發現狩獵性昆蟲捕獲食物時所採用的外科手法，同樣也經歷了這樣的遭遇。讓理論去互相爭論吧，想像只是一個模糊的東西，任何人都可以建立自己的觀點，但事實是不可辯駁的。如果單憑個人的喜好而否定事實、認為事實是錯誤的，這種想法是行不通的。據我所知，我長期以來講述的，關於狩獵性膜翅目昆蟲獵捕食物時的解剖學本能，還沒有任何人用觀察的事實來反駁，只不過用理論來反對。這真是人們的悲哀！請你們先去觀察，然後再發表高見吧！然而，既然你們對此感興趣，在你們進行觀察之前，我想回答那些已經提出或將要提出的異議。當然，我也可以對那些已露出真面目但卻幼稚的詆毀保持沉默。

有人說，螫針從此處而非彼處刺入獵物體內，因為那是獵物身上唯一易受攻擊的點。它們說，其實昆蟲無法選擇攻擊點，牠只能螫刺牠能夠螫到的部位，也就是說，其捕獵行動的神奇之處，是獵物身體外形的結構造成的必然結果。如果我們保持頭腦清醒，就應先解釋「易受攻擊」這個詞的意思。他們的意思是，螫針選擇的攻擊點是唯一的，而這一個（或這些）攻擊點受到損害會導致獵物的突然死亡或麻痺，是這樣嗎？果真如此，我也會同意他們的觀點；不僅僅是同意，而且我還是第一個提出這種觀點的人。我的文章就擺在這裡。是的，自始至終，螫針選擇的攻擊點是唯一易受攻擊的地方，甚至是極易受攻擊的。根據攻擊者的意圖，這也是唯一能導致獵物迅速死亡或麻痺的地方。

但是，你們所指的並不是這件事，因為你們所說的是「螫針容易通過」，換言之，是螫針容易穿透的意思。那麼我們之間一致的看法便立刻中止了。我承認我有些自相矛盾，我將以節腹泥蜂的兩種獵物象鼻蟲和吉丁蟲為例來說明。這些有甲殼保護的昆蟲，只是在前胸後方附近給了節腹泥蜂螫針可以利用的攻擊點，而節腹泥蜂也正是選擇這地方作為攻擊點。如果我是一個過分講求細節的人，我會讓你們看看獵物的前胸，即頸部下方的部位，螫針也可通過這個地方，但是節腹泥蜂並沒有選擇這裡作為螫針的攻擊點。不過，還是放下這些帶角的鞘翅

目昆蟲，來看看其他的例子吧。

　　關於砂泥蜂極喜愛的灰毛蟲和其他毛毛蟲，我們又要說些什麼呢？你們看，這是一些除了頭部以外，身體其他任何部位都易於被螫針穿透的昆蟲，如腹部、背部、兩側、前面、後面。在這無數個易於穿透的點中，砂泥蜂只選擇其中十幾個點，而且永遠是那十幾個點作爲攻擊的目標。這些點都與毛毛蟲身體的神經節很靠近，除此之外，很難將這些點跟其他點區分開來。至於花金龜和細毛鰓金龜的幼蟲，在與捕獵者長時間艱苦搏鬥之後，這些全身都缺乏甲殼保護、任何部位都毫無抵抗能力、身上任何一點都可以受到攻擊的傢伙，總是在胸部的第一體節遭到攻擊。對此，你們又要怎麼解釋呢？

　　至於飛蝗泥蜂的獵物，也就是短翅螽斯和蟋蟀，雖然牠們的腹部疏於防禦，柔軟且面積大，螫針刺入就像鋼針刺入奶油一樣容易，但是飛蝗泥蜂仍然選擇獵物胸部以下的三個點作爲攻擊目標，儘管此處防禦嚴密。對此我們又有什麼想法呢？我們不要忘了，大頭泥蜂對蜜蜂腹部上的間隙不屑一顧，根本不理會胸甲後面大面積的無防禦區域，還是選擇將螫針刺入頸部下方只有一平方公釐大小的小點。

　　現在再談談弑螳螂步岬蜂吧。牠首先選擇螳螂帶雙鋸的前

足，以這個頗為可怕的武器作為攻擊目標，一旦攻擊失敗，牠可能會被螳螂抓住、掐死，被津津有味地就地享用。牠是否考慮攻擊防禦最弱之處呢？牠為什麼不攻擊螳螂細長的腹部呢？這裡可是極為容易又毫無風險的地方呀。

那麼再來看看蛛蜂吧。牠一開始就麻痺了蜘蛛那帶毒液的大顎，牠也是外行的決鬥者嗎？竟然不知道可以將螫針刺入易於穿透的點嗎？舞蛛和圓網蛛身上最令人害怕且極難攻擊的部位，無疑是牠們那兩個鐵鉤般且帶有毒液的大顎。然而，勇敢的蛛蜂卻不畏死亡衝上前去，並進攻那可怕的嘴部！牠為什麼不聽取你們的忠告，去攻擊獵物體肥肉多，且缺乏保護的腹部呢？蛛蜂跟其他昆蟲一樣，並沒有這樣做，我想牠也有自己的理由。

所有的例子，從第一個到最後一個，已經如泉水般清澈地說明，被攻擊的獵物的外部形態特徵，對於決定捕獵者的攻擊方法並不起作用，具有決定性作用的乃是獵物身體內部的生理結構。選擇攻擊點並非只是以容易穿透作為標準，這些點之所以成為捕獵者的攻擊目標，是由於能夠滿足一個重要的條件，如果沒有這個條件，容易穿透其實毫無價值。這個條件不是別的，就是在這些點附近分布著獵物的神經中樞，而捕獵者必須破壞這些神經中樞的反應。與獵物作肉搏戰時，無論獵物身體

柔軟或是有甲殼保護，捕獵者表現得彷彿比我們之中任何人更
了解獵物的神經控制器官。這有利地反駁了只有易被穿透的點
才受攻擊的說法，我希望能達到這樣的目的。

又有人問我：「螫針刺在神經中樞附近，嚴格來說是可能
的，因為一隻體長只有三、四公分的獵物，攻擊點與神經中樞
的距離是極微小的。但是這些偶然的近似和您所談的精確性可
是相差甚遠呢。」啊！你們講的是極小的偏差！我們一起來看
看到底怎麼回事。你們想要一些數據，精確到公釐，甚至精確
到小數點後幾位，是嗎？你們會得到這方面的例子的。

我想，首先以沙地土蜂為例子進行說明。如果讀者已經忘
記牠的攻擊方法，請好好回憶一下。搏鬥的敵對雙方在打鬥開
始時，呈現出兩個圓環的形狀，互相纏繞在一起，但兩者身體
形成的圓環並非在同一平面上，而是形成直角交叉的狀態。土
蜂咬住細毛鰓金龜幼蟲胸部的一點，牠繞著幼蟲，身體向下彎
曲，用腹部末端摸索到對方頸部的中心線位置。由於身體採取
這種姿勢，使攻擊者可以在幼蟲頸下的同一點，將螫針略微傾
斜，控制自如地刺向獵物的頭部或胸部。由於螫針較短，從兩
種相反的角度刺入，兩者的差距是多少呢？大約二公釐，甚至
更少。這是多麼微不足道呀！如果攻擊者把這個長度搞錯了
（有人宣稱這是可以忽略的誤差），或是螫針轉而刺向頭部或胸

部，看似不重要，但都一樣會導致攻擊結果完全改變。如果螫針以傾向頭部的角度刺入，表示獵物的腦部神經節會被刺中，這一擊將導致獵物立即死亡。大頭泥蜂攻擊蜜蜂正是這樣做的，牠由下而上，從蜜蜂大顎下方將螫針送入蜜蜂體內。然而土蜂希望獵物僅被麻痺、失去活動能力，而且還沒有死亡，牠要以這種獵物餵養幼蟲；如果牠得到的只是一具屍體，在短期內就會腐爛的屍體，對於土蜂的幼蟲是有毒的。

螫針向著胸部方向傾斜，便可以刺中胸部的一小塊神經節。螫針的攻擊是有規律的，牠使獵物受到麻痺，但同時又保留一定的生命力以維持新鮮狀態。螫針朝上一公釐就可以致獵物於死地，朝下一公釐則可以使獵物麻痺。土蜂這族群的生存與否，就取決於這極細小的角度差異。你們不必擔心土蜂會忽視這細小的差別，牠的螫針總是刺向獵物的胸部，儘管反方向傾斜刺入也一樣行得通、一樣輕鬆。在這些情況下，細小的偏差會給土蜂帶來什麼問題？往往是一具獵物的屍體，對土蜂幼蟲有致命危害的食物。

隆背土蜂選擇的攻擊點則稍微往下偏一點，選擇在花金龜幼蟲身體第一、第二體節的交界線上。牠和花金龜幼蟲纏繞的姿勢也是直角交叉，然而獵物腦部神經節與攻擊點之間的距離較遠，不致使傾斜刺向腦部的螫針造成致命一擊。在極罕見的

情況下，隆背土蜂才會犯小小的錯誤，不考慮獵物和攻擊的方式，輕率地將螫針刺在攻擊點附近。我觀察到牠們都是以腹部尖端反覆摸索，常常在長時間固執地尋找並確認攻擊點之後才拔出螫針。牠只在確定了攻擊點的精確位置，並判定攻擊完全有效時，才將螫針刺入獵物體內，甚至往往經過長達半個小時的搏鬥之後，才能夠將螫針刺入預定的攻擊點中。

經歷無休止的打鬥而疲累不堪，我的一個俘虜在我的注視之下竟犯了這個小錯誤，這是聞所未聞、極為罕見的。螫針刺入的位置略微向旁邊偏了一點，偏離中心點只有一公釐，當然還是在胸部第一、第二體節的交界線上。我立即將這難得的觀察對象從攻擊者手中搶過來，因為牠將會告訴我，一但受到錯誤的攻擊，會產生那些奇特的效果。如果是我讓土蜂刺在獵物的某個部位，並沒有多大的研究價值，因為土蜂被我的指頭抓住會胡亂螫刺，就像受到騷擾的蜜蜂一樣，螫針失去了控制，胡亂地將毒液注入獵物體內。而現在這一切都照著固有的規律進行，只是攻擊的位置略有偏差而已。

好吧，讓我們來看看受到錯誤攻擊的獵物。牠只是左邊的腳，即螫針偏向的那一邊，受到了麻痺，只是半身癱瘓，右半邊的腳依然可以活動。如果攻擊者以正常的方式完成麻痺手術，獵物的六隻腳應該立刻全部被麻痺。當然這種半身癱瘓的

狀況只持續了很短的一段時間，很快的，左半身的麻痺影響了右半邊的身體，獵物無法再移動，無法逃回洞穴之中了。但是這也沒有達到土蜂的卵或幼蟲的安全必需條件。如果這時我用鑷子抓住幼蟲的一隻腳或觸碰皮膚上的一點，牠立刻會收縮蜷成一團，且變得浮腫，就和牠有正常活動能力時一樣。那麼如果土蜂將卵產在這樣的食物上，後果如何呢？只要這鐵鉗般的獵物隨便收縮一下，卵就可能被碾碎，至少會從獵物身上脫落，而每一隻卵從母親為牠安置的地方脫落，結果必然死亡。蟲卵需要花金龜的肚子作為軟弱無力的支撐點，還必須使孵出來之後的啃咬不會讓獵物搖晃。但是，略微傾斜的螯刺，無法使這隻已經軟弱無力的肥蟲達到上述要求。只是到了第二天，由於麻痺程度加深，牠才會變得癱軟、無活動能力，但是這時已經太遲了，因為在此期間，土蜂卵在這種半麻痺的食物之前，必然面臨極為嚴峻的危機。螯針在攻擊中發生不到一公釐的誤差，卻可能會讓土蜂家破人亡。

我曾答應要舉出一些精確攻擊的例子，那麼請看下例，看看蛛蜂剛捕殺過的舞蛛和圓網蛛。蛛蜂的第一針刺入獵物的口器，這兩種獵物的毒牙都被完全麻痺了，用麥桿逗弄牠們的嘴，也無法使之半張開。而緊靠攻擊點的觸角、嘴部的附屬器官仍保持活動能力，無需觸碰，觸角在整整幾週的時間內仍可以自由活動。儘管螯針刺入口器內，但是並未傷害獵物的腦部

神經節，否則獵物會立刻死亡，我們所看到的就不會是新鮮的、仍可長期保持明顯生命跡象的獵物，而是一些在短短幾天內就會腐爛變質的屍體了。獵物能夠保鮮，是因為獵物腦部神經控制中樞沒有遭到破壞所致。

那麼，是哪些損傷導致獵物大顎完全麻痺呢？很遺憾地，我的解剖學知識不足以明確解釋這個問題。獵物的大顎是由一個特殊的神經節來控制和刺激呢，還是由一個從中樞神經伸出、具有其他功能的神經節來控制呢？我把這個目前仍不明朗的問題，留給解剖學家來探討，因為他們擁有更完善的設備，以及解釋這個尚未明朗問題的熱誠。依我看，第二種情況的可能性比較大，我認為，控制觸角的神經和控制大顎的神經，其來源是一樣的。根據第二種假設，我們知道，為了要破壞毒大顎的活動能力，又不損害觸角的活動性，尤其是不損害決定獵物生死的腦部神經節，那麼蛛蜂只有一種方法：牠必須在細如髮絲的神經之中，找到並刺傷控制大顎的兩根神經。

我對此堅信不疑。儘管獵物的神經極為纖細，但我認為是這兩根神經直接被刺中而遭到破壞。由於控制觸角的神經距離這兩根神經如此之近，如果蛛蜂的螯針只是大致上刺中且注入了毒液，那麼在螯針進行麻痺的過程中，很可能觸角神經也會中毒，使附屬器官麻痺。然而由於觸角仍然可以活動，而且可

以在很長時間內一直保持活動能力，因此毒液的作用顯然僅限制在控制大顎的神經上。控制大顎的神經有兩根，都是非常纖細的，即使是職業的解剖學家也很難找到。蛛蜂應該是一根一根地刺中這兩根神經，再澆上毒液，穿透它們。總之，牠是以一種頗為謹慎的方式進行攻擊，以免毒液殃及周圍的神經。這種精確如外科手術般的攻擊過程，也向我們解釋了土蜂螫針在獵物口器中長時間停留的原因：螫針必須找到，而且最後也一定找到這不到一公釐粗的神經，並將之麻痺。以上便是毒顎旁依然可以活動的觸角告訴我們的訊息，它同時也告訴我們，蛛蜂是手法精妙的活體解剖家。

假設存在一個狀似鑷子的特殊神經節，那麼捕獵者所需克服的困難可能會稍微小一些，但這無損於捕獵者高超的攻擊本領。螫針應該是刺中一個肉眼恰可看見的小點，一個我們勉強可找到、只有針尖大小的微粒。各類狩獵性昆蟲都可以用平常的方法解決這個問題。牠們真的是用螫針刺傷獵物，從而達到破壞獵物反應能力的目的嗎？這是有可能的，但是我沒有任何實驗結果得以確認，因為傷口太過細小，我無法用我所能掌握的光學方法進行觀察。牠們僅僅是將毒液注入獵物的神經節，或者至少注射在神經節附近嗎？我認為是的。

而且，我還可以確定，為了達到迅速麻痺獵物的目的，毒

液應該注入神經密集區，至少要注入到這附近。我所說的只不過是複述隆背土蜂剛剛告訴我們的觀點：由於跟一般的攻擊點相差不到一公釐，被攻擊的花金龜幼蟲是在第二天才變得麻痺，而失去活動能力。毫無疑問的，從這些例子可以看出，毒液的效果呈放射狀逐步向四周擴散，但是這種擴散根本無法滿足捕獵者的需要，因為這種麻痺效果不能保證在卵排出之初所需的絕對安全。

另一方面，這些麻痺法攻擊者的行為說明，牠們非常仔細地尋找獵物的神經節，至少是胸部的第一個神經節，這是整個行動中最重要的一環。毛刺砂泥蜂是眾多昆蟲中能為我們提供較多觀察素材的種類之一。牠對毛毛蟲所進行的三次攻擊，尤其是最後攻向獵物第一、第二對腳之間的一刺，比起對獵物腹部神經節的攻擊要持續得更久。這一切使我們相信，為了達成決定性的攻擊，螫針要尋找到相對應的神經節，而且只有在螫針對準了神經節之後才螫刺。而對獵物腹部的攻擊就不必那麼精確，螫針一節接一節迅速完成螫刺即可。對於這樣沒有什麼立即威脅性的麻痺方法，毛刺砂泥蜂是透過毒液的擴散來達成目的。儘管如此，雖然攻擊比較倉促，但是螫刺點並未遠離這些神經節，因為毒液擴散的範圍是有限的，要刺入這麼多下才能完全麻痺就是證明。下面是一個簡單明瞭的例證。

一隻灰毛蟲剛剛遭受了砂泥蜂的第一次攻擊，攻擊的部位是灰毛蟲胸部的第三體節。灰毛蟲猛地將砂泥蜂推開，我便利用這個機會拿走受傷的灰毛蟲。灰毛蟲只有第三體節的那對腳被麻痺了，其他的腳仍保持原有的活動能力。儘管被麻痺的兩腳行動不便，灰毛蟲仍然可以正常地爬行；牠竭力鑽入地下，夜間又爬出來啃咬我為牠提供的蔬菜心。這隻局部被麻痺的灰毛蟲，在十五天內都還保持著良好的行動力，除了遭受攻擊的那一體節之外。後來牠還是死了，不過並不是由於傷勢嚴重，而是因為發生一場意外。在此期間，除了已被刺中的體節之外，毒液的毒害並沒有擴散到其他體節。

解剖學告訴我們，螫針選擇的每一個攻擊點所在部位都有一個神經中樞。這些神經中樞是直接被螫針刺中了嗎？或者是毒液透過附近組織的擴散而導致中毒的呢？這便是問題的關鍵。但是這問題並未否定捕獵者的螫針對獵物腹部攻擊的準確性，雖然相對來說，對腹部的攻擊並不是那麼重要。而對毛毛蟲胸部的攻擊，準確性自然不容置疑。除了砂泥蜂以外，還有土蜂，尤其是蛛蜂，牠們都用豐富多樣的細節向我們證實，螫針的攻擊是根據獵物神經分布狀況來嚴格實行的，難道還需要求助於其他例子來證明嗎？我覺得這些已經足夠了。對於那些對此感興趣的人，以上便是我的證明。

　　有些人熱衷於一些古怪得讓人震驚的異議。他們在狩獵性昆蟲的毒液中發現了防腐液的成分，認為在其洞穴內被發現而仍然保持新鮮的獵物，不是因為獵物仍具有殘存的生命力，而是因為毒液，或者說是毒液中所含細菌的功效。那麼，博學的大師們，我們就來談談這個問題吧。你們曾見過某種出名的狩獵性昆蟲的食品儲存櫃嗎？例如飛蝗泥蜂、土蜂或者砂泥蜂？沒有看過，是吧？然而在杜撰出所謂的「防腐細菌」之前，我們最好還是觀察真實情況吧。一個小小的測試就足以向你們顯示，這些被儲存起來的獵物，與煙燻火腿並不相同，獵物依然可以動，也就是說獵物並沒有死亡。那麼，整件事就變得簡單了。獵物的觸鬚可以顫動，大顎仍可以一張一合，足部的跗節可以顫抖，觸角和腹部纖維還會擺動，腹部也能夠收縮，腸部可以將雜質排出體外，整個肌肉部分在針尖的刺激下會有所反應，如此多的跡象，和那些醃漬食品是完全不一樣的。

　　你們可曾好奇地翻閱過我的著作，閱讀我在書中詳細闡述的觀察結果嗎？沒有看過，是吧？我對此感到非常遺憾。我在書中特地講述了一個關於短翅螽斯的故事。這些短翅螽斯跟其他同類一樣被飛蝗泥蜂刺中了，但隨後我用奶細心餵養牠們。承認這個事實吧：這就是用防腐方法保存下來的奇特食物。牠們接受了我用穀尖餵給牠們的食物；牠們吃吃喝喝，並逐漸恢復了活力。我想把幼蟲做成食物罐頭的希望落空了。

　　我不再重複那些令人厭煩的事情，寧可用一些尚未描述過的事實來補充我原有的證據。築巢蜾蠃向我們顯示，一些金花蟲幼蟲的尾部被固定在蘆竹上的小洞裡，在楊樹樹葉上的幼蟲也是這樣被固定的，因此脫殼蛻變時便有了支撐點。這些蛹期的準備工作，難道沒有明確說明獵物並沒有死去嗎？

　　毛刺砂泥蜂爲我們提供了更多更好的例子。我親眼看到許多被毛刺砂泥蜂刺傷的毛毛蟲，或早或晚都進入了蛹期。我清楚記錄了三隻在毛蕊花上抓到的毛毛蟲，牠們是在四月十四日遇難的。半個月後，用鐵絲尖刺激，牠們仍然保持著應激反應。又過了一段時間之後，除了腹部中間三、四個體節的膚色以外，皮膚上的淡綠色被紅栗色所取代，而且開始皺起並裂開，但是牠們卻無力從中逃脫。我小心地剝掉碎裂的皮層，在皮層之下可以看出蛹有角質層保護的外皮，堅硬，呈栗褐色。這一形態的變化過程是如此正常，以至於有時我會產生瘋狂的願望，希望看到一隻飛蛾從這個遭到毛刺砂泥蜂十幾下螫刺的木乃伊中飛出來。另外，在成蛹之前，毛毛蟲並沒有吐絲結繭。也許正常環境下，毛毛蟲的變態無需遮蔽便能順利進行。但不管是否如此，期待飛蛾出現還是超過可能發生的限度。將近五月中旬，也就是在毛毛蟲遇難一個月之後，那三隻腹部第三、第四個體節呈不完全蛹態的蛹開始失去光澤，最後便發霉了。是否有結論性的意義呢？一隻完全死去的毛毛蟲，一具靠

防腐細菌保持新鮮的屍體，能夠完成從幼蟲到成蟲這一生命中最複雜的形態變化嗎？有人會有這樣愚蠢的觀點嗎？

對於那些冥頑不靈的頭腦，真理如同當頭棒喝。讓我們用同樣的方法再實驗一次。九月份，我從沙灘上的洞穴中挖掘出五隻被隆背土蜂麻痺的花金龜幼蟲，這些幼蟲身上已經放置了隆背土蜂的卵，但沒有孵化完成。我把卵拿掉，將行動不便的花金龜幼蟲放置在腐殖土上，並以腐殖土當作床，將一個玻璃杯扣在上面當作屋頂。我想要知道我能夠讓牠們保鮮多久，能夠使大顎和觸角的活動能力保持多久。其他狩獵性昆蟲的獵物已告訴我答案，從中我了解到，這種生命殘存的跡象可以保持半個月、三到四個星期甚至更長的時間。例如，我曾經觀察過的短翅螽斯幼蟲，是隆格多克飛蝗泥蜂的獵物，我用人造食物餵養之下，牠直到四十多天之後才停止觸角的抖動，以及因麻痺而產生的身體扭動。我認為，這些獵物或遲或早的死亡，是因為遭受過麻痺，同時我餵養的食物也不對。另外，這些獵物的成蟲壽命也是極為有限的；就算沒別的事故，牠們也會由於生命之燈已熄滅而死去。牠們的幼蟲才是用於這類實驗的最佳選擇，因為幼蟲具有更富活力的身體結構，更能經受長時期的飢餓，尤其是在冬眠期間。花金龜幼蟲體肥肉多，憑藉脂肪牠可以在惡劣的季節維持生命。這正滿足了我所需要的條件。那麼，仰面躺在用腐殖土做成的床上的牠，會變得怎樣呢？牠捱

得過冬季嗎？

　　一個月之後，有三隻幼蟲的體色變成褐色，並且已經開始腐爛，而另外兩隻則保持著良好的生命活力，用鐵絲尖觸碰還會晃動觸鬚和觸角。寒冬到來了，鐵絲尖的刺激已經無法激起幼蟲的生命反應，牠們完全處於麻痺狀態；但是從外表看，牠們仍十分正常，沒有褐色斑點出現，沒有腐爛的跡象。天氣轉暖，又到了五月中旬，牠們又復活了。我發現牠們翻轉身體，腹部朝下；更可喜的是，牠們一半身體已鑽入土壤之中。牠們好像有什麼憂慮，懶懶地蜷起身體，抖動著腳和口器，但是動作卻極為遲緩，缺乏力量。一段時間之後，牠們開始有力氣，這些逐漸康復的幼蟲用盡全力扒地，挖掘洞穴，然後鑽入約兩個拇指深的地下。這似乎預示著牠們的身體即將痊癒。

　　錯了。六月，當我重新挖出這兩隻殘疾的幼蟲時，牠們已經死去了，褐色的外表就足以證明這一點。我曾希望情況會比這更好，但結果無關緊要，因為這次的成果實在非常好。九個月，足足九個月，被土蜂攻擊過的花金龜幼蟲仍保持了良好的生命活力。最後，甚至麻痺完全消失，力氣和活動能力又重新恢復，離開我放置牠們的地面，挖掘通道，鑽入地下洞穴之中。於是，我堅信，經過這種復活之後，再也沒有人要談論什麼防腐細菌了，除非罐頭裡的鯡魚能在鹽水裡游動。

第十六章

蜂類的毒液

現在輪到化學問題來製造麻煩了。化學觀點認為，膜翅目昆蟲的毒液各不相同。蜂類擁有成分非常複雜的毒液，主要由兩類物質構成，一類是酸性的，另一類是鹼性的。大多數狩獵性昆蟲只擁有酸性的毒液，使獵物保持生命活力的，正是這種酸性的毒液，而不是所謂「狩獵性昆蟲的智慧」。

我試圖在承認這些化學反應的確有效（儘管這與要討論的問題無關）的前提下，探究它們所導致的結果，不過一切都是徒勞。我將各種溶液注入昆蟲體內，包括酸性的、鹼性的、氨水、中性溶液、酒精、松節油等，觀察到的結果與狩獵性昆蟲螫刺的結果完全相同，即獵物被麻痹但依舊保持一定的生命活力，這種活力可以透過觸鬚和口器的活動表現出來。當然實驗不一定成功，我用沾過這些液體的針來刺昆蟲時，結果並不穩

定，而且我戳的傷口過大，根本無法與昆蟲螫針準確的攻擊及
細小的傷口相提並論；昆蟲的螫針是經過反覆嘗試之後，才顯
現出無比的自信和準確性的。而且我還要補充一點，實驗還要
求實驗對象的神經鏈相對而言比較集中，比如說像象鼻蟲、吉
丁蟲、聖甲蟲等昆蟲。要麻痺這些昆蟲，只需在胸甲和胸部其
他部位的交會點刺一下就可完成，正如節腹泥蜂向我們展示的
那樣。在這種情況下，注入刺激性強的液體，成功的可能性極
小，而少量的液體對於實驗對象的傷害並不大。而對於那些神
經節相對而言比較分散的昆蟲，又必須逐節進行專門的麻痺手
術，像我這種實驗方法根本行不通，昆蟲常會由於被過度腐蝕
而死亡。我十分慚愧地求助於那些比我權威的人士，他們一直
反覆運用一些古老的實驗法，也許能使我們解決化學家的批評
和非議。

　　既然光明如此容易得到，為什麼還要對深奧的黑暗進行研
究呢？既然只要簡單求助於真實情況就可證明一切，為什麼還
要研究那些無法證明任何事的酸鹼反應呢？在能夠肯定昆蟲的
確用酸性毒液保存食物新鮮之前，最好還是了解一下，蜜蜂的
螫針是否能在酸鹼毒液作用之下，偶然產生像專家麻醉的效
果，儘管這等於明確否定蜜蜂螫刺的靈巧性。但我們的化學家
可沒想到這一點，因為實驗室實在不太歡迎簡單明瞭的方法，
而彌補這一小小缺失是我的職責。我打算研究蜜蜂這種食蜜蜂

類的首領，看牠們是否擅長只麻痺而不殺死對手的外科手術。

　　這研究困難重重，儘管這不是放棄研究的理由。首先，用我剛才捕到的那隻蜜蜂來做實驗根本不可能，而重複那毫無成功可能的實驗也耗盡了我的耐心。螫針必須刺進一個確定的部位，也就是狩獵性昆蟲刺入的部位，但那隻不聽話的俘虜發狂地扭動，隨便亂刺，一直都刺不到我希望牠刺的部位。結果，比起牠要刺的對象，我的手指受傷的次數還多了更多。顯然只有一個辦法能稍稍控制這不馴服的螫針，就是一剪刀把蜜蜂腹部剪下來，然後馬上用小鑷子夾住，將腹部尖端挨近螫針要刺的部位。

　　大家都知道，在蜜蜂腹部毫無預兆地死亡之前，蜜蜂的腹部還能螫刺一會兒，為自己的死亡復仇，這並不需要頭部的命令。我如願以償地利用這種執著的復仇心理。另一個對我有利的因素是，蜜蜂帶刺的螫針可以停留在獵物的傷口中，使我能夠準確觀察螫針的攻擊點。如果螫針太快從獵物體內抽出，我就沒有把握能掌握螫刺的效果。另外，如果獵物組織是透明的，我便能夠辨別螫針的攻擊方向：直線刺入正合乎我的計畫，斜著刺入則毫無效果。這些都是這種實驗方法的優點。

　　下面講講這種方法的缺點。被卸下來的蜜蜂腹部雖然比整

隻蜜蜂馴服一些，可是同樣也很難滿足我的願望，它仍然不易控制，螫刺點也是不可預知的。我希望從這一點刺入，但它偏不，完全不理會我的鑷子，偏要刺入另一點，雖然離得並不遠，但要使目標的神經中樞不受傷害卻需要距離很近才行。我希望它垂直刺入，但它偏不，絕大部分情況是斜著刺入，而且僅僅刺穿獵物的表皮層。一次成功總來自無數次的失敗，我說得已經夠多了。

我還要補充一點，我不覺得被蜜蜂螫針螫一下有多痛，相反的，在大多數情況下，被狩獵性昆蟲螫傷其實無足輕重。我的皮膚的敏感性並不比別人差，不過我對此並不在意。我觸摸飛蝗泥蜂、砂泥蜂、土蜂，根本不需提防牠們的螫針。我已經複述多次，現在為了把事件原因講清楚，我再次提醒讀者的記憶。在不知道明確的化學性質或其他已知性質的情況下，我們只有一種方法能比較牠們的毒液，即被螫刺的傷痛程度，而其餘的一切仍是個謎。此外，任何一種毒液，甚至響尾蛇的毒液，至今都還沒有人弄清楚為什麼會產生可怕的後果。

根據這種獨特的指標，即傷痛狀況，我將蜜蜂的螫針當作進攻武器，對準狩獵性昆蟲螫針的正上方，蜜蜂的一螫應該等效甚至常常數倍於對方所造成的傷痛。於是，以下各種情況的實驗將得到各式各樣的結果：用力過大、抽搐的腹部注入的毒

液不等量、螫針不聽使喚、刺得或淺或深或斜或正、攻擊到神經中樞或僅影響周邊組織等。

的確，我所得的結果極為混亂。蜜蜂所螫刺的對象，有的行動失控，有的持續或暫時性殘廢，有的麻痹，有的部份癱瘓，有的遭刺之後馬上又回過神來，也有的很快就死掉了。報告這一百多次嘗試，會白白占用我的篇幅，如果不從中萃取出原則性的結果，長篇累牘並無助於研究，因此，我將這些嘗試進行歸納，並舉幾個例子來說明。

一隻巨型的螽斯──白面螽斯，我們這地區再也找不出比牠更強壯的螽斯，牠的大顎下方前足線中心點被螫刺，螫針直穿而入。蟋蟀和短翅螽斯的祭司也是螫刺這個部位。一螫之後，這隻龐然大物憤怒地跳了起來，竭力掙扎，而後跌落一旁，無力再站起來，前腳已呈麻痹狀態，其餘的腳仍可活動。側身躺下不再煩躁後，不一會兒，這隻昆蟲只剩下觸角和觸鬚的顫動、腹部的痙攣和產卵管的伸縮，表明牠還活著，然而只需稍稍輕觸，牠的四隻後腳還是有反應，尤其是第三對粗壯的大腿，還能出其不意、有力地踢蹬。第二天，狀態相似，但麻痹程度加重，已擴展到中間的腳了。第三天，六隻腳已動彈不得，而觸角、觸鬚及產卵管仍能活動。短翅螽斯的胸部被隆格多克飛蝗泥蜂螫了三次後也是如此，但殘存的生命力比較微

弱。第四天，從白面螽斯深黑的體色便可知道，牠死了。

　　由此例可得出兩個明確的結論：蜜蜂的毒液是如此厲害，只要對著神經中樞一螫，就能在四天內導致直翅目中最龐大的、也是體格最健壯的昆蟲於死地。另一方面，麻痹最初只影響到神經節所控制的前腳，而後緩慢地向第二對腳蔓延，最後影響到第三對腳，顯示局部的作用可以擴散開來，在狩獵性昆蟲的受害者身上非常容易擴散。但在狩獵性昆蟲進攻時，這種擴散沒有什麼用。在產卵期將至時，一開始就要求獵物完全失去知覺，因此所有控制運動的神經中樞在被螫刺時，應該很快就被毒液摧毀。

　　現在我來解釋，為什麼狩獵性昆蟲的毒液幾乎無痛感。如果牠的毒液和蜜蜂的毒液一樣強，一螫便會奪去獵物的生命，否則獵物的劇烈運動，對於狩獵者尤其對於卵是非常危險的。但是牠藉著溫和的動作，將毒液慢慢注入各種中樞神經，就像在對付毛毛蟲時一樣，那麼獵物必定立刻動彈不得。並且，儘管有許多傷口，獵物也不會馬上變成屍體。這不禁讓人讚嘆這些麻醉師的另一個才能，即牠們的毒液用力注入，卻生效緩慢。蜜蜂為了復仇，增強了牠排出的毒素；而飛蝗泥蜂麻醉了自己幼蟲的食物，卻將毒素減弱，把毒液減到最少的程度。

　　還有一個非常類似的例子。我喜歡在直翅目昆蟲中選擇研究對象。由於直翅目昆蟲體型適中、表皮精細，便於在實驗中用來螫刺，因此比其他的昆蟲更適於細緻的操作。吉丁蟲的胸甲、花金龜幼蟲肥胖的身軀、扭動的毛毛蟲，再加上一根難以操縱的螫針，都是我實驗失敗的因素。現在輪到了一隻巨大的綠色蟈蟈兒，是雌性的成蟲。我讓蜜蜂螫牠，刺點正在前足紋路中心點上。

　　結果令人詫異。兩、三秒之後，昆蟲抽搐掙扎，而後側著倒下了，除了觸角和產卵管外，渾身一動也不動。只要沒人碰牠的頭，牠就再也不動了，但只要我用刷子輕觸頭，牠的四隻後腳就激烈搖動，還夾起刷子；而前足一直無法動彈，因其神經控制中樞已受損，直到往後三天都保持著這種狀態。到了第五天，麻痺擴散了，只有觸角還能來回擺動、腹部抽搐及產卵管收縮。第六天，蟈蟈兒開始發黑，牠死了。除了生命力更頑強些，蟈蟈兒的狀況與白面螽斯別無二致。

　　下面，我們對於不在胸部神經節上螫刺的情況作一番了解。我找了一隻雌短翅螽斯，在牠腹部正下方的中部刺了一下。實驗過程中，牠似乎不太關心自己的傷勢，還英勇地在玻璃鐘形罩的四壁攀爬，像平常一樣活躍，甚至啃起了葡萄葉，表示牠已從我精心為牠製造的傷勢中恢複。幾小時過去了，牠

絲毫沒有顯露出其他情緒，很快地完全康復了。

　　第二次實驗是讓牠的腹部兩側及中央受到三次螫刺。第一天，昆蟲似乎絲毫沒有感覺，我看不出牠行動有任何不便。我想，這些傷口會感到灼痛是無庸置疑的，但這些禁慾主義者完全沒有顯露出痛苦。第二天，短翅螽斯步履稍緩，慢慢地爬行。再過了兩天，讓牠仰面朝天，牠就無法翻轉了。撐到第五天，牠死了。這一次我用得過量，連螫三下的劑量是太重了。

　　我用這個辦法一直實驗到嬌弱的蟋蟀。蟋蟀只是在腹部被螫了一下，就得花一整天時間才從痛楚中恢復過來，又啃起了生菜葉，但只要稍微多給牠幾個傷口，很快地，死亡早晚就會隨之而來。由於我殘忍的好奇心而喪生的昆蟲中，我發現了一個例外，即花金龜的幼蟲，牠們能抵抗三、四次攻擊，不過一旦牠們突然癱軟、鬆弛下來，我就以為牠們死了或麻痺了，但不久這些頑強的小蟲又復活，仰天緩緩爬行，鑽進了腐殖土中。我無法掌握任何明確的情況，的確，牠們稀疏的纖毛和肥厚的胸甲形成了抵禦螫針的屏障，螫針幾乎總是刺得不深或斜到一邊。我終於還是放棄這些難以制服的蟲子，回到易做實驗的直翅目昆蟲身上。如果螫針正對著胸神經，那麼只要刺一下就能將獵物螫死；如果對著其他部位，這一螫只會造成獵物短時間的不適。因此，我們可以說，透過對神經中樞的直接作

用，毒液發揮了可怕的毒性。

　　但要把「胸神經節被刺，死亡就馬上降臨」這個結論適用於大多數狀況，則有些言之過早。雖然這種情況經常發生，但也有許多例外是由無法確定的因素所致。要研究螫針的方向、刺入的深度、排出毒液的量等方面，我無能為力，也無法讓切下來的蜜蜂腹部得到自身的營養供給。實驗中無法重現狩獵性昆蟲那高超的劍法，蜂腹如何刺入不可預測，也沒有固定模式和程度。因此，從最嚴重的到最輕微的各種意外都有可能發生。下面舉幾個很有趣的例子。

　　在與鋒利的前腳平齊的部位上螫刺一隻修女螳螂。如果傷口在正中央，得到的是已被多次證實的結論，對此我不會激動和驚訝。螳螂頭部所裝備的兇狠刀形前腳突然麻痺了，就算是一架機器的粗大發條突然折斷，也不會停頓得比這更突然。通常，鋒利的前腳遭到麻痺，在一、兩天內會影響到其他幾隻腳，而且被麻痺的昆蟲不到一星期便會死掉。然而眼前的這次刺傷偏離了中心，螫針刺入右足根部，距離中心點不到一公釐。就在這隻腳被麻痺的那一瞬間，由於另一隻腳並未受損，螳螂就毫不遲疑地用這隻腳末端的鉤子將我的手指鉤出了血。到了第二天，昨天鉤傷我的那隻腳已經變得無法動彈。不過，麻痺不再擴散到其他部位，強悍的螳螂緩緩爬行，用牠通常習

慣的方式，神氣地挺著前胸，但鋒利的臂鎧甲本該收攏在胸
前，隨時準備出擊，而今卻無力地分別垂於兩側。這隻殘廢的
螳螂被我一直留了十二天，由於牠無法用鉗子將獵物夾起送至
嘴邊，所以拒絕進食。結果，絕食太久使牠喪生了。

第二個例子是動作失調。我有一則關於一隻短翅螽斯的記
錄，牠被刺入的地方位於胸甲的中線外，雖然六隻腳都能動，
卻不能走、不能爬，行動缺乏協調性。牠無法確定要前進或是
後退，要朝左抑或朝右，動作十分怪異、笨拙。

再舉一個部分癱瘓的例子。一條花金龜的幼蟲被刺入的地
方偏離前腳的位置，牠右半邊的身體開始鬆弛、癱軟、無法收
縮，而左邊的身體卻變得浮腫、起皺紋、蜷縮起來了。由於左
邊不再與右邊動作協調一致，幼蟲不能像以往那樣蜷成正常的
環形，而是一側緊縮成圈，另側半敞開著。顯然神經器官的集
中點只被毒液感染了沿著縱向的一半，這就足以解釋，在所有
實驗中產生這種奇特現象的原因了。

不需要再多說這些例子了。我們已見識到蜂腹無規則螫刺
而引起的各種結果，甚至找到了問題的關鍵。蜂類的毒液能使
獵物達到狩獵性昆蟲所要求的狀態嗎？可以的，我有實驗為
證。然而這種證據需要付出耐心、要有犧牲品，換言之，即必

須運用可惡的殘忍；這代價如此之大，所以實驗只要成功一次就夠了。在如此艱難的條件下，我們使用一種劇烈的毒液，因為只要一次成功就足以證明；只要發生一次，就足以說明事情是可能發生的。

一隻雌短翅螽斯從中心線上被刺入，離前腳非常近。牠抽搐著掙扎了幾秒，隨後側著身體跌落，腹部跳動著，觸角顫抖，腳輕微地動了幾下，跗節緊緊地勾住我伸出的鑷子。我將牠翻轉朝天，牠保持這種姿勢不動，狀態完全和隆格多克飛蝗泥蜂螫過的短翅螽斯一樣。在三個禮拜中，我又看到了我熟悉的每個細節，不論是從地下洞穴中挖出的，或躲開獵人的獵物上演的劇目：長長的觸角抖動著，大顎半開，觸鬚和跗節微微顫抖，產卵管在跳動，腹部隔很長時間會抽動幾下；只要用鑷子觸碰牠，就會出現仍然生存的跡象。第四週，這些生存的跡象變得越來越微弱，漸漸消失了，但昆蟲一直保持著毫無疑問的新鮮狀態。最後過了一個月，被麻痹的昆蟲逐漸變成褐色。一切都結束了，昆蟲死了。

後來我用一隻蟋蟀進行實驗仍然成功；而且第三次實驗也成功了，實驗對象是一隻修女螳螂。在這三個案例中，牠們都長時間保持新鮮狀態，都有輕微的動作顯示其仍然生存的跡象。我的實驗受害者和捕獵性昆蟲的受害者狀況非常相似，飛

蝗泥蜂和步岬蜂應該也會接受我製造的受害者。我的蟋蟀、短翅螽斯、螳螂都和昆蟲獵人的獵物一樣保持著新鮮狀態，都能保存一段時間，這時間讓幼蟲完成變態綽綽有餘。蜂類曾用最明確的方式向我證明過，如今又向讀者證明，牠們的毒液除了有劇烈的毒性外，其效力與狩獵性昆蟲的毒液完全一樣。而毒液到底呈鹼性還是酸性？這是個多餘的問題，兩者都能毒化、刺激、摧毀神經中樞，並因為感染方式的不同而導致死亡或麻痺的結果。目前已知的情況就是如此，毒液只要極微小的劑量就如此可怕。雖然毒液的作用仍無法完全了解，但最起碼我們已經明白，狩獵性昆蟲保存其幼蟲食物的方法，不是因為毒液本身的特性，而取決於牠捕獵時的高度準確性。

最後還有一個反對意見是由達爾文提出來的，比其他的看法更為模稜兩可。達爾文認為，昆蟲的本能並非像化石一樣可以一成不變地保存下來。大師啊，如果是這樣，那麼昆蟲的本能會告訴我們什麼事呢？不過是一些如今的本能所展示給我們的東西。然而，地質學家不就是在當前世界中憑想像將原始骨骼復原的嗎？僅憑著其相似性，他們就可以說出侏羅紀的某種蜥蜴是如何生活的。而對那些應該有所變化的習俗，地質學家描述得更多，然而人們卻都能夠接受，這是因為現在的情況教會他了解過去。那麼我們也像他這樣來試試吧。

　　假定一隻蛛蜂的祖先棲息在煤頁岩中，牠的獵物是某種醜陋的蠍子，也就是蛛形綱的祖先。膜翅目昆蟲是如何征服可怕的獵物呢？類比法告訴我們，牠使用的是當今的舞蛛祭司所採用的方法，先使對手繳械，在某一點上刺了一下，麻痺了對手的毒針，至於攻擊點位於何處可透過解剖來確定。如果不採用這種方法，進攻者就完了，很可能會被刺傷而被對手所吞噬。到底是蛛蜂的祖先，即蠍子的殺手深諳技藝呢，還是因為牠的種族像如今的舞蛛劊子手一族一樣，如果沒有一刺便麻痺毒鉤的本事，就無法繁衍後代呢？我們無法由此得出結論。第一隻蛛蜂大膽地用出色的劍術將石炭紀的蠍子刺傷；第一隻與舞蛛短兵相接的蛛蜂，也清楚知道其頗具殺傷力的手術法則。一旦猶豫不決，一旦徘徊不前，牠們就會失敗。開創者並沒有留下弟子以繼承並增進其技藝。

　　但有人堅持認為，本能會為我們提供前進的媒介和階梯，會向我們指明漸進的過程，即從偶然、無任何規則可循的嘗試，而達到完美的境界，並累積成為數世紀以來的成果。由於本能的多樣性，正可為我們提供從簡單追溯到複雜的比較內容。大師啊，不要固執於此吧；如果您認為本能是多樣的，可以從簡單到複雜的起源中尋找原因，那麼我們就不必翻找板岩層這些舊時代的檔案了。當今時代為我們的思考增添了源源不斷的財富，也許一件事只要顯出很小的可行性，就能在其中實

現。在短短半個世紀的研究中，關於本能，我只窺見一個非常不起眼的角落，然而我所得到的成果卻因本能的多樣性而難以處理：我至今還沒發現狩獵方式完全一樣的狩獵性昆蟲呢。

有的只螫一下，有的兩下，有的三下，有的十下，這一隻螫在這兒，另一隻螫在那兒，第三隻也完全不重複，一定螫在別的地方；有的狩獵性昆蟲傷害對方頭部神經將其殺死，有的不傷害對方而將其麻痺，還有的咬住頸部神經節造成暫時性的麻木；有的昆蟲根本不知道攻擊腦部的效果，有的則讓獵物吐出蜜汁，因為牠的後代可能會被蜜汁毒害。而大多數的狩獵性昆蟲沒有任何抵禦措施可採用。有些昆蟲會先解除擁有毒刺的對手的武裝，然而更多昆蟲根本不必擔心，因為牠們只對付無毒的對手。從預備戰鬥中，我知道有的昆蟲會逮住受害者的頸項，有的抓住口器，有的抓觸角，甚至有的抓尾部末端；我知道有的昆蟲將獵物翻轉朝天，有的和獵物胸頂著胸立起，有的採用一般下手攻擊的方法，有的從縱向或橫向展開攻擊，有的爬上對手的背部，有的爬上腹部，有的擠壓背部使其胸甲出現裂痕，有的則以腹部末端當作楔子，撬開對手拼命蜷成的環。我還知道什麼呢？所有的劍術都被牠們用盡了。或許我沒有提到卵，有的卵是用天花板垂下、像鐘擺一樣的絲線吊著，下面擺著扭動的食物；有的卵被放置在數量稀少、僅夠吃剛開始幾餐的食物之上，成蟲每天都還得補給食物；有的卵放在被麻痺

的獵物上，有的則放在某個對食客和食物﹏
定地方，而為了保持食物的新鮮度，昆蟲甚至﹏風險的固
吞食肥胖的獵物！

　　那麼，這千變萬化的本能，又如何告訴我們本能的漸﹏
程呢？是透過泥蜂和土蜂的一螫，到蛛蜂的兩擊，再進展到﹏
蝗泥蜂的三螫，再到砂泥蜂的數螫？的確，如果我們只考慮數
字的進展過程，那麼一加一等於二，二加一等於三，只要以此
類推、累加數目就行了。然而，這就是我們要解決的問題嗎？
算術在此有何作用？難道就沒有一個不用數字表達的理論依據
可用來解決問題嗎？事實上，獵物不斷在變化，解剖方式也隨
之變化，動手術的醫師總是非常了解他要動手術的對象。簡單
的一螫是刺向神經節聚集成團的對手，而多次攻擊是刺向神經
節分散的獵物；舞蛛的捕獵者的兩次出擊，一次是用於解除獵
物的武裝，另一次用於麻痺對方。別的昆蟲也可以此類推。總
之，每種獵人都能憑著本能，找到獵物神經組織的秘密，顯然
動手術的人十分了解獵物的解剖生理結構。

　　土蜂的簡單一擊和砂泥蜂的一連串螫刺同樣精彩，牠們都
掌握了獵物的命運，從我們的學識看來，牠們都採用了最合理
的手法來處置獵物。在這類深奧的、讓我們困惑的科學面前，
一加一等於二的論據是多麼的蒼白無力！數目的遞增對我們有

……一滴水展現了一個宇宙，在螫針合乎邏輯的一擊什麼了普遍的邏輯。

此外，讓我們緊扣那可憐的論據，一到二，二到三，這是無疑問的。然後呢？姑且把土蜂看作是這種技巧的基本原理的奠基者，牠的單一螫刺可以讓我們作這種假設。由於意外地採用了某種方法，牠學會了技巧，清楚地知道如何在花金龜幼蟲的胸廓上僅僅一擊就將其麻痹。某一天，很偶然地，或者說不經意的情況下，牠螫了兩下。其實一螫就足以對付花金龜的幼蟲了，那麼，除非是獵物有所改變，否則重複的一螫應該是毫無價值的。屈服在殺手屠刀下的新獵物是誰呢？既然舞蛛都要被螫兩下，那麼新獵物似乎該是一隻肥大的蜘蛛。而新手土蜂呢，牠機智巧妙地先從喉下刺入，第一次嘗試就使對手繳械，然後順著正下方靠近胸廓底部，擊中了致命點。牠的成功讓我難以置信，如果牠的螫針失手或是擊偏了，我就會眼睜睜地看著牠被吞噬掉。儘管我們認為這種成功是不可能的，但還是姑且認為牠成功了吧。我會看到，在這次幸運事件中，這一科昆蟲只保存了對食物味道的記憶，儘管消化肉食幼蟲會在以花汁為食的昆蟲腦海中留下印象；那麼我認為，這一科昆蟲會被迫在希望渺茫的情況下，等待第二次攻擊的靈感，每次都必須冒著死亡的危險，為自己和後代取得成功。承認這種種不可能所累積起來的結果，超出了我輕信的能力。一的確能夠達到

二，但狩獵性昆蟲的一擊根本不會轉變爲兩擊。

　　爲了生存，每隻昆蟲都必須找到能生存的條件，這可以和拉・帕利斯[1]那有名的歌謠相媲美。狩獵性昆蟲依靠其卓越的天賦技能而生存。如果牠們沒有純熟的技藝，種族就無法繁衍。關於本能並非自古未變的看法，過去隱藏在蒙昧無知中，而今也像其他的繆論一樣，承受不住眞理的陽光，在事實的衝擊下崩潰；它在拉・帕利斯的眞理[2]面前消失了。

---

① 拉・帕利斯：1470～1525年，是一位法國將軍，他的士兵為他寫了一首歌：「在他死之前一刻鐘，他還活著……」，歌詞雖反應真實卻相當幼稚。──譯注
② 拉・帕利斯的真理：指眾人皆知的道理。──譯注

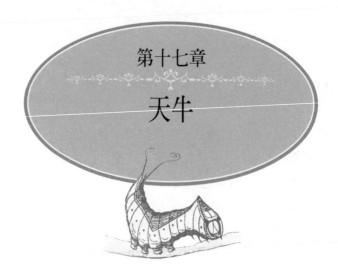

第十七章

天牛

　　我年輕時，曾經對偉大的孔迪雅克的雕像崇敬萬分。他認為天牛有天賦的嗅覺，牠們嗅著一朵玫瑰花，僅僅憑著聞到的香味，便能產生各式各樣的念頭。我曾有二十年的時間深信這種形式上的推理，聽取這位富有哲學思想的教士的神奇推論，使我感到十分滿足。我以為只要我嗅一下，雕像便會活過來，能產生視覺、記憶、判斷能力和所有心理活動，就像一粒石子可以在一潭死水中激起層層漣漪一般。然而在我的良師即昆蟲的教育之下，我放棄了這樣的幻想。昆蟲所提出的問題比起教士所說的更為深奧，正如同天牛將告訴我的一樣。

　　當灰色的天空預示寒冬即將來臨的時候，我便開始著手儲備過冬時取暖用的木材。這樣的忙碌為我日復一日的寫作帶來了一點點消遣。在我再三叮囑之下，伐木工在他的伐木區內為

我選擇了年齡最大且全身蛀痕累累的樹幹，我的想法讓他感到好笑，他很好奇，我到底出於什麼念頭而需要這些蛀痕累累的木材；在他看來，優質的木頭才易於燃燒。我當然有我的打算，這忠厚的伐木工還是按我的要求為我提供木材。

現在輪到我們來觀察了。在漂亮的橡樹幹上可以看到一條條傷痕，有些地方甚至開膛破肚，橡樹那帶著皮革味道的褐色眼淚在傷口處發光。樹枝被咬，樹幹被啃噬。那麼在樹幹的側面又有些什麼呢？是一些對我的研究來說極為珍貴的財富。在乾燥的溝痕中，各種各樣過冬的昆蟲已經做好了宿營的準備。扁平的長廊，是吉丁蟲的傑作；壁蜂已經用嚼碎的樹葉在長廊中築好房間；在前廳和蛹室裡，切葉蜂已經用樹葉製成睡袋；多汁的樹幹則憩息著天牛（神天牛），牠們才是毀壞橡樹的罪魁禍首。

相對於生理結構合理的昆蟲，天牛的幼蟲多麼奇特啊！牠們就像一些蠕動的小腸！每年這個季節，即中秋時節，我都能看到兩種年齡層的天牛幼蟲，年長的幼蟲有一根手指粗細，另一種則只有粉筆直徑大小。另外，我還看過顏色深淺各異的天牛蛹和一些完全成形的天牛，牠們的腹部都是鼓脹的，等到天氣轉暖，牠們就會從樹幹中爬出來。牠們在樹幹中大約要生活三年，這樣漫長而孤獨的囚禁日子，天牛是如何度過的呢？牠

們緩慢地在粗壯的橡樹幹內爬行，挖掘通道，用挖掘出來的東西作爲食物。

修辭學中有「約伯的馬吃掉了路」的比喻，而天牛的幼蟲把路吃掉卻是絕對眞實的。牠的大顎像木匠的半圓鑿，黑而短但極強健，雖無鋸齒卻像一把邊緣鋒利的湯匙，用它來挖掘通道。被鑽下來的碎屑經過幼蟲的消化道之後被排泄出來，堆積在幼蟲身後，留下一條被啃咬過的痕跡。工程中所挖出來的碎屑進入幼蟲的肚子後，爲幼蟲開闢出前進的空間，幼蟲一邊挖路，一邊進食。隨著工程的進展，道路被挖掘出來，隨著殘渣不斷阻塞在身後，幼蟲不斷前進。所有的鑽路工通常也都是這樣從事自己的工作，既獲得食物，同時又找到了棲身之所。

爲了使兩片半圓鑿形的大顎能順利工作，天牛幼蟲將肌肉的力量集中於身體前半部，使之呈現出杵頭的形狀。吉丁蟲的幼蟲可說是另一個優秀的木匠，也是用同樣的姿勢工作。吉丁蟲幼蟲的杵頭更誇張，通常用來猛烈挖掘堅硬木層的那部分身體，應該具有強健的肌肉，而由於身體的後半部只需跟在後面，因此顯得較纖細。最重要的是，大顎作爲挖掘工具，應該有強力的支撐和強勁的力量。天牛幼蟲運用圍繞在嘴邊的黑色角質盔甲，來加固牠那半圓鑿狀的大顎。除此之外，幼蟲其他部位的皮膚像緞面一樣細膩，像象牙一樣潔白。這種光澤與潔

白來自於幼蟲體內營養豐富的脂肪層，這對飲食如此貧乏的昆蟲來說，實在是難以想像的啊！的確，整天不停地啃啊嚼的，是天牛幼蟲唯一做的事情。不斷進入天牛幼蟲胃裡的那些木屑，不間斷地提供些微的營養成分。

天牛幼蟲的腳有三部分，第一部分呈圓球狀，最後一部分呈細針狀，這些僅僅是退化的器官。腳長僅僅只有一公釐，對於爬行是毫無幫助的，且因為身體肥胖而搆不到支撐面，甚至不能用來支撐身體。天牛幼蟲用於爬行的器官屬於另外一種類型。花金龜幼蟲已經向我們展示過，利用纖毛和脊背的肥肉仰面爬行，把普通的習慣顛倒過來。天牛幼蟲更靈活，牠既可以仰面爬行也可以腹部朝下行走；牠用爬行器官取代胸部軟弱無力的腳，這種爬行器官與一般常理完全相反，長在背部。

天牛幼蟲腹部有七個體節，上下都長有一個布滿乳突的四邊形平面，這些乳突使幼蟲可以隨意膨脹、突出、下陷、攤平。上面的四邊形平面再一分為二，從背部的血管分開來，而下面的四邊形平面則看不出有兩部分。這就是天牛幼蟲的爬行器官，類似棘皮動物的履帶狀構造。如果天牛幼蟲想前進，牠首先鼓起後部，即背部和腹部的履帶，來壓縮前半部的履帶。由於表面粗糙，後面幾個履帶將身體固定在窄小的通道壁上以得到支撐，而壓縮前面幾個履帶的同時儘量伸長身體，縮小身

體的直徑，這樣牠便可以向前滑動爬行了半步。走完一步，牠還要在身體伸長之後把後半部身體拖上前來。為了達到這個目的，幼蟲的前半身履帶鼓脹起來當作支點，同時後部履帶放鬆，讓體節能夠自由收縮。

借助背部和腹部的雙重支撐，交替收縮和放鬆身體，天牛幼蟲在自己挖掘的長廊中進退自如，就像成品能在模子裡進退自如一樣。但是如果上下兩方的行走履帶只能用到一個，那麼天牛的幼蟲就不可能前進。如果將天牛幼蟲放在光滑的桌面上，牠會慢慢彎起身體亂動著，牠伸長身體、收縮，卻不能向前一步。一旦將牠放在有裂痕的橡樹幹上，因為樹表粗糙、凹凸不平，好像被撕裂下來似的，天牛幼蟲便可以從左到右，又從右到左緩慢地扭曲身體的前半部，抬起、放低，又重複這一動作，這是牠最大的行動幅度。牠那退化的腳一直沒有動，絲毫不起作用。牠為什麼會有這樣的腳呢？如果在橡樹內爬行真的使牠喪失了最初發達的腳，那麼完全沒有這些腳豈不更好？環境的影響使幼蟲長著履帶，真是太絕妙了，但讓牠留下殘肢，豈不又太可笑了嗎？那麼，是不是因為天牛幼蟲的身體結構並未受到生存環境的影響，而是服從了其他法則呢？

如果說，這些殘弱的腳是成蟲的腳的前身，但成蟲敏銳的眼睛在幼蟲身上卻沒有任何雛形。在幼蟲身上，任何一點不明

顯的視覺器官痕跡都沒有。在厚實而黑暗的樹幹內生活,視力又有什麼用處呢?天牛幼蟲也同樣沒有聽覺能力。在橡樹內生活,沒有任何聲響,聽覺當然也毫無意義;在沒有聲音的地方,為什麼需要聽覺呢?如果有人對此抱持懷疑,我可以用下面的實驗來回答。剖開樹幹,留下半截通道,我便能跟蹤這個正在工作的橡樹住戶。環境很安靜,幼蟲時而挖掘前方的長廊,時而停下來休息片刻,休息時牠用履帶將身體固定在通道兩側壁上。我利用牠休息的時間來了解天牛幼蟲對聲音的反應。無論是硬物碰撞發出的聲音,金屬打擊發生的回響,還是用銼刀銼鋸子的聲音,測試都毫無效果。天牛幼蟲對這些聲響都無動於衷,既沒有表皮的抖動,也沒有警覺性的反應,甚至我用尖銳硬物刮牠身旁的樹幹、模仿其他幼蟲齧咬樹幹的聲音,也沒有更好的結果。人為聲響對天牛幼蟲來說,就像是對無生命的東西一樣毫無影響。天牛幼蟲是毫無聽覺能力的。

天牛的幼蟲有嗅覺嗎?各種情況都顯示沒有。嗅覺只是作為尋找食物的輔助功能,但是天牛幼蟲毋需尋找食物,牠以牠的居所為食,以牠棲身的木頭維生。另外,讓我們來做幾個實驗。我在一段柏樹幹中挖了一條溝痕,直徑與天牛幼蟲長廊的直徑完全相同,然後我再將天牛幼蟲放入其中。柏樹有很濃的味道,即大多數針葉植物都擁有的強烈樹脂味。當天牛幼蟲被放入氣味濃郁的柏樹溝痕之中,很快的幼蟲便爬到通道的盡

頭，接著就不動了。這種不動的靜止狀態，不就證實了天牛幼蟲缺乏嗅覺能力嗎？對長期居住在橡樹內的天牛幼蟲來說，樹脂這種獨特的氣味總會引起牠的不適和反感吧，而這種不快的感覺，應該會透過身體的抖動或逃走的企圖而表現出來。然而，完全沒有類似的反應。一旦找到合適的位置，幼蟲便不再移動了。於是我又做了進一步的實驗，我將一撮樟腦放在天牛幼蟲的長廊裡，距離牠很近的地方，而仍然沒有效果。我又用萘進行了同樣的實驗，卻仍然沒有用。經過這些毫無效果的實驗後，我認為，天牛幼蟲並沒有嗅覺，這不會有太大的問題。

有味覺則是無可爭議的，但是，這是怎樣的味覺呀！在橡樹內生活了三年的天牛幼蟲，唯一的食物便是橡樹，再也沒有別的。那麼天牛幼蟲的味覺器官又是如何評價這唯一食物的滋味呢？吃到新鮮多汁的樹幹會覺得美味，而吃太乾燥又沒調味品的樹幹會覺得乏味。這可能就是天牛幼蟲全部的品味標準。

剩下的便是觸覺。觸覺相當分散，而且是被動的，任何有生命的軀體都具有觸覺，被針刺會痛苦扭曲。總之，天牛幼蟲的感覺能力只包括味覺和觸覺，而且都相當遲鈍。這就讓人想起了孔迪雅克的雕像，哲學家心中理想的生物，只有嗅覺這一種感覺能力跟正常人一樣靈敏；而在現實中，天牛幼蟲這種橡樹的破壞者，卻具有兩種感覺能力，但兩者加起來，與孔迪雅

克所謂能分辨玫瑰花和其他事物的嗅覺能力相比，則遲鈍得多。現實與幻想大相逕庭。

那麼，像天牛幼蟲這樣消化功能強大而感覺能力極弱的昆蟲，牠的心理狀態是由什麼構成的呢？我們腦海中常常會有個不切實際的願望：能用狗那遲鈍的大腦進行幾分鐘思考，或用蒼蠅的複眼來觀察人類。如此一來，事物外表的改變會是多麼巨大呀！那麼，透過昆蟲的智力來解釋這個世界，變化就更大了！牠們的觸覺和味覺會給那些已經退化的感覺器官帶來些什麼呢？很少，幾乎沒有。天牛幼蟲只知道，好的木頭有一種收斂性的味道，而未經仔細刨光的通道牆壁會刺痛皮膚，這就是牠的智慧所能達到的最大限度。相較之下，孔迪雅克所認為擁有良好嗅覺的天牛，真的是科學的一大奇蹟、一顆燦爛的寶石、創造者溢美的傑作。牠可以回憶往事、比較、判斷，甚至還會推理；可是在現實中，這個呈半睡眠狀態的大肚蟲，牠會回憶嗎？會比較嗎？會推理嗎？我把天牛幼蟲定義為「可以爬行的小腸」，這個非常貼切的定義為我提供了答案：天牛幼蟲所有的感覺能力，只不過是一節小腸所能擁有的全部。

然而這個無用的傢伙卻有神奇的預測能力，牠對自己現在的情況幾乎一無所知，卻可以清楚地預知未來。我將就這一奇怪的觀點作一番解釋。在三年之中，天牛幼蟲在橡樹幹內流浪

生活。牠爬上爬下，一會兒到這裡，一會兒到那裡；牠為了另
一處美味而放棄眼前正在啃咬的木塊，但牠始終不會遠離樹幹
深處，因為這裡溫度適宜，環境安全。當危險的日子來臨，這
位隱居者不得不離開蔽身之所，挺身面對外界的危險。光是吃
還不夠，牠必須離開此處。天牛幼蟲擁有良好的挖掘工具和強
健的體魄，要鑽入另一個環境優良的地方並非難事，但是未來
的天牛成蟲，牠短暫的生命應該在外面世界渡過，牠有這樣的
能力嗎？在樹幹內部誕生的長角昆蟲，知道要為自己開闢一條
逃走的道路嗎？

　　這就得靠天牛幼蟲憑直覺解決困難。雖然我有清晰的理
性，但卻不如牠那樣熟知未來，因此我還是求助一些實驗來說
明這個問題。從實驗中我首先發現，成年天牛想利用幼蟲挖掘
的通道從樹幹中逃出，是不可能的事情。幼蟲的通道就好比是
一個複雜、冗長且堆放了堅硬障礙物的迷宮，直徑從尾部向前
逐漸縮小。當幼蟲鑽入樹幹時，牠只有一段麥桿的大小，而到
現在，牠已長成手指般粗細了。在樹幹中三年的挖掘工作，幼
蟲始終是根據自己身體的直徑進行工作，因此結果很明顯，幼
蟲進入樹幹的通道以及牠行動的道路，已經不能當作成蟲離開
樹幹的出口了，成蟲那伸長的觸角、修長的腳，還有牠那無法
折疊的甲殼，會在原先曲折狹窄的通道內遇上無法克服的阻
礙，必須得先清理通道裡的障礙物，並大大加寬通道的直徑才

行。對於天牛成蟲而言，開闢一條筆直的新出路，難度是稍微小一些，但是牠有能力這麼做嗎？我們拭目以待。

我將一段橡樹樹幹劈成兩半，並在其中挖鑿了一些適合天牛成蟲的洞穴。在每一個洞穴中，我放入一隻剛剛完成變態的成蟲天牛；這些天牛是我十月在過多的儲備木材中發現的。我將兩段樹幹用鐵絲連成一段。六月到了，我聽到樹幹中傳出敲打的聲響。天牛會出來嗎？還是無法從中逃脫？我認為，牠們要脫身的方法並不那麼困難，只需鑽一個二公分長的通道便可以逃走。然而，沒有任何一隻天牛從中逃出來。當樹幹不再有響動後，我將樹幹剖開，沒想到裡面的俘虜全部死了。洞穴裡只有一小撮木屑，還不到一根菸的菸灰量。這便是牠們全部的工作成果。

我對成蟲天牛的大顎這強勁工具的期望過高，但是我們都知道，工具並不能造就好的工人。儘管牠們擁有良好的鑽孔工具，但是這位長時間的隱居者實在缺乏使用技巧，便在我的洞穴中死去了。於是我又讓另外一些成蟲天牛經歷較緩和的實驗，我把牠們關在直徑與天牛天然通道直徑相當的蘆竹管中，並用一塊天然隔膜當作障礙物，隔膜並不堅硬，約只有三、四公釐厚。有一些天牛能從蘆竹管中逃出，不過也有些無法逃出；那些不夠勇敢的天牛，被隔膜堵在蘆竹管中而死亡。如果

牠們必須得要鑽通橡樹幹，會是怎麼樣的情形呢？

　　於是，我們深信：儘管擁有強壯的外表，天牛成蟲只靠自己的力量，無法從樹幹中逃脫出來。開闢自由之路，還得靠貌似腸子的天牛幼蟲的智慧。天牛以另一種方式再現了卵蜂的壯舉。卵蜂的蛹身上長有鑽頭，為以後那長了翅膀卻無能的成蟲鑽出通道。出於一種不可知的神秘預感的推動，天牛幼蟲離開牠安寧的蔽身所，離開牠那無法被攻克的城堡，爬向樹表，儘管牠的天敵啄木鳥正在找尋味美多汁的昆蟲。但是牠冒著性命的危險，固執地挖掘通道，直到橡樹的皮層，只留下一層薄薄的阻隔作為遮掩自己的窗簾。有時候，一些冒失的幼蟲甚至捅破窗簾，直接留出一個窗口。這就是天牛成蟲的出口，只需用大顎和額角輕輕捅破這層窗簾便可逃生。如果窗口是貫通的，那麼無需付出勞力，便可以從已經打開的窗口逃走，這是常有的事情。也就是這樣，成蟲天牛這身披古怪羽飾、笨手笨腳的木匠，等到天氣轉暖時就能從黑暗中出來。

　　為將來做好逃走的準備之後，天牛幼蟲又開始專注於眼前的工作了。在挖好窗戶之後，牠退回到長廊中不太深的地方，在出口一側鑿了一間蛹室。我以前還未曾見過如此陳設豪華、壁壘森嚴的房間，是一個寬敞的、扁橢圓形的窩，長達八十至一百公釐；橢圓結構的兩條中軸長度不同，橫向軸長為二十五

至三十公釐，縱向軸則只有十五公釐。這大小比成蟲的長度更長，適合成蟲的腳部自由活動。當打破壁壘的時候來臨時，這樣的居室不會給天牛成蟲造成任何行動的不便。

上面所提及的壁壘，是天牛幼蟲為了防禦外界敵害而設置的房間封頂，有二至三層，外面一層由木屑構成，是天牛幼蟲挖掘工作的殘存物；裡面一層是一個礦物質成分的白色封蓋，呈凹半月形。一般情況下，在最內側還有一層木屑壁壘，與前兩層連在一起，但並不是絕對如此。有了這麼多層壁壘的保護，天牛幼蟲便可以安穩地在房間裡，為變成蛹做準備工作了。天牛幼蟲從房間壁上銼下一條一條的木屑，這便是細條紋木質纖維的呢絨，這些呢絨又被天牛幼蟲貼回到四周的牆壁上，鋪成一層不到一公釐厚的牆毯。房間四壁就這樣被天牛幼蟲掛上了細雙面絨的地毯，這就是這位質樸的幼蟲為蛹精心準備的傑作。

現在我們回頭再看看布置中最奇特的部分，也就是那層堵住入口的礦物質封蓋。這是一個白石灰色的橢圓形帽狀封蓋，是堅硬的含鈣物質，內部光滑，外面呈顆粒狀突起，很像橡實的外殼。這種外表突起的結構，說明了這層封蓋是天牛幼蟲用糊狀物一口一口築成的，由於天牛幼蟲無法觸碰到封蓋外部，無法修飾，於是外部凝固成細小的突起；內側一面則在幼蟲的

能力範圍之內，被銼得光滑、平整。天牛幼蟲向我們展示的這個絕妙的標本，奇特的封蓋，具有什麼性質呢？封蓋像鈣質一樣，既堅硬又易碎，不需加熱就可以溶於硝酸，並隨之釋放出氣體。溶解的過程很漫長，一小塊封蓋往往需要數小時才能溶化；溶化之後剩下一些帶黃色的、看上去類似有機物的棉絮狀沈澱物質。這時如果加熱，封蓋會變黑，證明其中含有可以凝結礦物的有機物質。在溶液中加入草酸氨之後，溶液變得混濁，而且留下白色沈澱。從這些現象便可以知道，封蓋中含有碳酸鈣。我想從中找到一些尿酸氨的成分，因為這種物質在昆蟲成蛹過程中很常見，但是我沒有發現這種物質，因此可以斷定，封蓋僅僅是由碳酸鈣和有機凝合劑構成，這種有機物大概是蛋白質，使鈣體變得堅硬。

如果條件再好一些，我可能已經研究出天牛幼蟲分泌這些石灰質物質的器官了。不過我深信，應該是天牛幼蟲的胃部，是這個能夠進行乳化作用的生理器官，為天牛幼蟲提供了鈣質。胃可從食物中將鈣分離出來，或者直接得到鈣，或者透過與草酸氨的化學反應來獲得。在幼蟲期結束時，牠將所有的異物從鈣中剔除，並將鈣保存下來，留待設置壁壘時使用。這個石料工廠沒有什麼令我驚訝的，工廠經過轉變之後，開始從事各種各樣的化學工程。某些芫菁科昆蟲，如西塔利芫菁，會透過化學反應在體內產生尿酸氨，而飛蝗泥蜂、細腰蜂、土蜂則

在體內生產蛹室所需的生漆。今後的研究也一定會發現，器官能夠生產更多的產品。

通道修理好，房間用絨毯裝飾完畢，再用三重壁壘封起來之後，靈巧的天牛幼蟲便完成了牠的使命。於是，牠放棄了挖掘工具而進入到蛹期。處於襁褓期的蛹虛弱地躺在柔軟的睡墊上，頭始終朝著門的方向。表面上看來，這是無關緊要的細節，但實際上卻極為必要。由於幼蟲身體柔軟，可以隨意在房間裡翻轉，因而頭朝向哪個方向並沒有什麼區別。然而，從蛹中出生的天牛成蟲卻沒有自由翻轉的特權，由於渾身穿有堅硬的角質盔甲，成蟲天牛無法將身體從一個方向轉向另一個方向，甚至會因為房間狹窄而無法彎曲身體。為了避免不被囚禁於自己建造的房間裡死去，成蟲天牛的頭必須朝向出口。如果幼蟲忽略了這一細節，如果蛹期時天牛頭部朝向房間底部，成蟲天牛就必死無疑，牠的搖籃將會變成無法逃脫的囚籠。

但是，我們毋需為這種危險而擔憂，幼蟲這節腸子是如此善於為將來打算，牠不會忽略這一細節而讓頭朝向裡面進入蛹期的。暮春時節，恢復力氣的天牛嚮往著光明，想參加光輝的節慶，牠想出門了。在牠面前的是什麼呢？是一些細小的木屑，三兩下便可將之清除；接下來是一層石質封蓋，牠無須將其打碎，因為只要用牠堅硬的前額一頂或用腳一推，這層封蓋

便會整塊鬆動，從框框中脫落。

　　我發現被棄置的封蓋都是完好無損的。最後是由木屑構成的第二層壁壘，與第一層一樣容易清除。現在，道路通暢了，成蟲天牛只要沿著通道便可以準確無誤地爬到出口處。如果窗戶事先沒有打開，牠只要咬開一層薄薄的窗簾即可，這是一件簡單的工作。現在成蟲天牛出來了，牠長長的觸鬚激動得不停地顫抖。

　　天牛對我們有什麼啓示呢？成蟲天牛沒有任何啓發，但幼蟲卻對我們有相當多的啓發。這個小傢伙的感覺能力這麼差，預見能力卻如此奇特，實在令我們深思。牠知道未來的天牛成蟲無法穿透橡樹而從中逃走，於是牠冒著危險，自己動手為成蟲挖掘出口。牠知道由於天牛成蟲具有堅硬的甲殼而無法自由翻轉身體，於是自己找到房間的出口，關懷備至地讓頭朝房門而臥。牠知道蛹的軀體柔弱，於是用木質纖維的毛絨來布置臥室。牠知道敵害隨時會在漫長的蛹期發動進攻，於是為了完成修築洞穴和壁壘的工程，牠便在胃內儲存了石灰漿。牠能夠準確地預知未來，或者更確切地說，牠正是按照牠對未來的預見而工作的。那麼牠這些行為的動機又從何而來呢？當然不是靠感覺的經驗。對於外界牠又了解些什麼呢？我們再重複一次，只是一節腸子知道的那麼多。這貧乏的感覺讓我們讚嘆不已。

我非常遺憾，那些頭腦靈活的人只想像出一種只能嗅出玫瑰花香的孔迪雅克式動物，卻沒有想像出一種具有某種本能的形象。我多麼希望他們能很快認識到：動物，當然包括人類，除了感覺能力之外，還擁有某些生理潛能，某些先天的而非後天的啟示。

第十八章

樹蜂的問題

　　櫻桃樹可以養活一種黑如木炭的小個子天牛，叫作櫟黑神天牛。這是研究天牛幼蟲的生活習性的好時機，可以了解當昆蟲外形和身體結構不變時，本能是否會改變。這種天牛家族中的小個子，也跟大個子天牛（靠齧咬橡樹維生的天牛）具有同樣的本領嗎？如果本能是由昆蟲的身體結構所決定，我們應該可以從兩種天牛的身上找到絕對相似之處；而如果情況相反，本能只是昆蟲身體結構所導致的一種特殊才能，那麼本能就應該是變化多樣的。這不由得再次引起我的思考：是工具支配職業行為，還是職業行為決定工具的使用呢？本能是身體結構衍生的，還是身體結構為本能服務呢？一株年邁將死的櫻桃樹會為我們提供答案。

　　我用平鏟剝開這株櫻桃樹斑駁的樹皮，在樹皮下聚居著一

群昆蟲的幼蟲，牠們都是櫟黑神天牛的幼蟲。其中有體格弱小的，也有體格強健的，此外還伴生著一些蛹。這些情況證實，櫟黑神天牛的幼蟲期也是三年，天牛科昆蟲的幼蟲期大多都是三年。我劈開樹幹，再將之劈碎，在裡面任何地方都沒有發現櫟黑神天牛的幼蟲，顯然所有的幼蟲都群體聚居在樹幹和樹皮之間，在那裡形成一個彎彎曲曲、理不清頭緒的迷宮，蛀痕緊密聚集在一起，縱橫交錯，有些地方窄如陌巷，有的地方又豁然開朗。這個迷宮的一頭通向樹木的邊緣表皮，另一頭又連接樹木的韌皮部分。這些情況顯示，小個子天牛幼蟲的習性有別於大個子天牛的幼蟲，小個子幼蟲只齧咬樹幹薄薄的外層，並以樹皮作為隱蔽，而大個子天牛的幼蟲卻在樹幹內部尋找蔽身之所並就地取食。

小個子天牛
（放大1¼倍）

　　兩種天牛最主要的區別，集中在牠們進入蛹期之前所做的準備工作上。以櫻桃樹為食的小個子天牛幼蟲離開樹的皮層，鑽入樹幹內約兩個拇指深的地方，身後留下一條寬敞的通道，並將通道口用完整無缺的樹皮細心遮蔽起來。這寬敞的通道便是未來成蟲逃出樹幹的出路，而通道盡頭的樹皮則作為遮掩出口的帷幔。最後，在樹幹內部，幼蟲挖掘出一個為蛹準備的房

間。這是一個橄欖形的巢穴，三至四公分長，一公分寬。房間
四壁光禿禿的，不像以橡樹維生的大個子天牛幼蟲那樣，用木
纖維織成絨布裝飾房間。房間的出口首先被一層纖維質木屑堵
塞，然後又是一層礦物質的封蓋，但與上文提到的封蓋相比，
略小一些。接著一層厚厚的細木屑覆於鈣質封蓋的凹面上，這
樣，壁壘就完成了。還有沒有必要提到幼蟲在蛹期睡臥的方向
應該要頭朝向門嗎？沒有這個必要了，因為沒有任何幼蟲會忽
略這一重要的細節。

　　總之，兩種天牛擁有同樣結構的房間封蓋。我們還注意
到，封蓋由礦物質組成且呈新月形。從化學成分到類似栗子殼
的結構特徵，兩種天牛構築的封蓋可說一模一樣，除了大小不
同之外，兩者完全一致。但是據我所知，還沒有其他天牛科昆

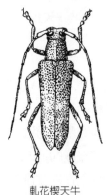

蟲能夠這樣做。在此，我非常樂意完整補
充天牛的普遍特徵，我還想加上一點，天
牛的蛹所住的房間都是用鈣質封板堵住
的。

　　儘管結構相同，但兩種天牛的習性並
不會因此有太多的相似。以橡樹為食的大
個子天牛住在樹幹深處，而以櫻桃樹為食
的小個子天牛則居住於樹木的皮層。在為

軋花楔天牛
（放大1½倍）

昆蟲變態而做的準備工作中，前者由樹幹深處爬到樹表，後者則由樹表鑽入樹幹之中；前者迎向外界的危險，而後者則逃避危險，在樹幹內尋求蔽身之所。前者以木纖維當作絨布裝飾居室，而後者卻缺少這一奢華的布置。如果說這工作的結果幾乎相同，其方式卻截然相反，可見工具並不能決定職業行為。這就是兩種天牛給我們的啟示。

我們還可以從其他各種天牛科昆蟲那裡尋找證據。我沒有刻意選擇牠們，只是隨著我的發現隨機作一些描述。軋花楔天牛在黑楊樹上生活，天使魚楔天牛則生活在櫻桃樹中。兩者具有同樣的身體組織結構和同樣的挖掘工具，因為這兩者是同屬不同種的昆蟲。以楊樹為食的軋花楔天牛大致上採用了類似以橡樹為食的天牛的生活方式。牠居住在樹幹內部。臨近蛹期時，便向外開鑿一條長廊，長廊的出口保持通暢，或者由尚未鑿開的樹皮作為遮攔，然後重又返回並用木屑作為壁壘堵住通道。在距樹心約二十公分的地方，牠為進入蛹期挖鑿出一個洞穴，裡面未進行特別的布置。牠防禦敵害的手段也只靠著一長條細木屑。如果需要從樹幹中逃生出去，這種昆蟲只需用腳將木屑推到身後，通道在地面前便完全暢通無阻。如果通道出口有一層樹皮窗簾遮蓋，牠可以用大顎

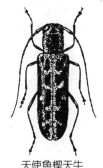

天使魚楔天牛
（放大2倍）

輕鬆地將其除去，因為這層樹皮柔軟且極薄。

　　天使魚楔天牛則模仿與牠同樹而棲、以櫻桃樹為食的櫟黑神天牛的生活習性，幼蟲居住於樹皮與樹幹之間。為了完成變態，牠不往外爬反向裡鑽。在與樹表平行、相距不到一公釐的邊緣處，牠挖鑿了一個圓柱形、兩頭呈半球狀的洞穴，裡頭簡單地用木質纖維布置了一番，入口處有一大團木屑作為壁壘堵住入口，沒有門廳。天使魚楔天牛的成蟲只需清除堵在門口的木屑，便可以看見薄薄的樹皮，剩下的工作便是用大顎輕鬆地將樹皮層鑽開。我們在此又看到這樣的現象：擁有相同挖掘工具的兩種昆蟲，卻以各自不同的方式從事工作。

　　吉丁蟲跟天牛科昆蟲一樣，也熱衷於齧咬、破壞樹木，無論是好樹還是病樹殘枝都不能倖免。牠向我們複述了神天牛和楔天牛的論證。青銅吉丁蟲是黑楊樹的主人，牠的幼蟲鑽入樹

幹內部並就地取食。為了變成蛹，幼蟲在靠近樹皮的地方，修築了一個橄欖形的扁平臥室。在臥室後方是一條已經塞滿蛀屑的長廊，臥室前方則伸向一個短短的、彎曲度不大的門廳。門廳的盡頭有一層不到一公釐厚的、完整無缺的樹皮，此外沒有其他的防禦措施，沒有設置壁壘也沒有堆放木屑。想要

青銅吉丁蟲
（放大1½倍）

出去時，吉丁蟲成蟲只需戳穿薄薄的、無足輕重的木層，然後咬破樹皮即可。

就像青銅吉丁蟲鑽進楊樹樹幹裡一樣，九點吉丁蟲則鑽入杏樹樹幹內生活。牠的幼蟲在杏樹樹幹內部開鑿非常扁平的長廊，這些長廊通常與樹軸平行，接著則在距離表層三、四公分深的地方，突然改變通道的方向，使之彎曲成肘形並通向樹表。於是，牠在身體前方鑿出一條筆直的通道，並由最短的路線前進，而不是像先前一樣彎曲不規則地前行。這又是因為對未來有著敏銳的預測，促使牠改變了工程的藍圖。九點吉丁蟲的成蟲呈圓柱形，幼蟲則胸部較寬，其他部位變得窄小，看上去像條帶子。由於成蟲身上的甲殼無法折疊，因而需要圓柱形的通道，而幼蟲則需要非常扁平的通道，而且通道頂必須使幼蟲背部的乳突得以借力。於是，幼蟲開鑿通道的方法與其他昆蟲完全不一樣。昔日幼蟲所開鑿的通道，適合牠在樹幹深處漂泊不定地流浪，這通道簡直像一條裂縫，狹長而高度很低；在今天，就算是打孔機也很難達到這樣筆直的、準確的圓柱形通道。這種幼蟲會為了未來的成蟲，而對通道結構做出突然的改變，這使我們再一次深思這節腸子精準的預見能力。

圓柱形的通道出口沿直線以最短的距離穿透表皮纖維，而垂直通道與水平通道之間，大多由一個半徑很大的拐彎連接起

來，能讓有堅硬甲殼保護的吉丁蟲成蟲毫無困難地通過。圓柱
形通道的盡頭是一條死巷子，距離樹皮不到二公分，而穿透這
層完整樹板和外面樹皮的工作，就交由成蟲來完成。這些準備
工作完成之後，幼蟲原路返回，並用一層蛀下的細木屑加固通
道盡頭的木窗簾；牠回到圓柱形長廊的盡頭，並沿途放置細木
屑，將通道完全堵住。在那裡，牠對精心布置臥室毫無興趣，
只是頭朝出口地臥於其中。

　　我在戶外的老松樹樁裡，發現許多黑吉丁蟲。這些松樹根
的外層相當堅硬，但中間卻變得相當柔軟，像火種一樣鬆散。
在這柔軟的、散發著樹脂香味的樹樁中，黑吉丁蟲的幼蟲安居
樂業。為了完成變態，這些幼蟲離開了樹幹中間的肥美之地，
鑽到堅硬的木層中。牠們在那裡挖鑿出一些橄欖形略顯扁平的
洞穴，洞穴約二十五至三十公釐長，這些居室的長軸總是垂直
於地面。居室盡頭延伸著一條寬敞的通道，通道或筆直或略為
彎曲，這是因為通道出口常位在不同的方位，有的設在樹樁的
橫截面上，有的處於樹樁的一側；幾乎所有的通道都是完全通
暢的，用於逃出的窗口也直接對外開放。在極罕見的情況下，
幼蟲才會將開鑿出口的工作留給成蟲來完成，但這項工作並非
難事，因為通道口的木層薄得可以透光。但是，如果方便的通
道對於成蟲是必要的，那麼對蛹而言，防禦的壁壘對於蛹的生
命安全也是必要的，於是幼蟲用咬得很細的糊狀木屑堵住自由

通道出口，這糊狀木屑與普通木屑明顯不同。在通道底部，同樣一層木屑糊，將臥室跟幼蟲蛀的扁平長廊分隔開來，這些是幼蟲的分內工作。最後，用放大鏡可以看到，臥室的四壁掛有一張由分割得很細的木纖維織成的絨毯。這種以木纖維絨作為內襯的方法，先前齧咬橡樹的天牛已經率先向我們展示過了，我認為這種情況在木棲昆蟲中是很常見的，無論是吉丁蟲科還是天牛科昆蟲。

　　介紹過這些由樹幹中心爬向樹皮的流浪者之後，讓我們再列舉一些由樹表潛入樹幹內部的昆蟲。尼堤杜拉吉丁蟲，一種齧咬櫻桃樹的小個子吉丁蟲科昆蟲，牠的幼蟲居住在樹幹和樹皮之間。當變態期到來之時，這個小個子和其他昆蟲一樣，開始為將來和目前的需求而操心。為了幫助未來的成蟲，幼蟲首先囓咬樹皮之下的木頭，掘成一個通道，同時保留了外層樹皮作為通道口的帷幔。然後，牠在樹幹中鑿出一個豎直的井狀臥室，並用不堅韌的木屑將出口堵住，以便將來弱小的成蟲可以毫無阻礙地離開洞穴。幼蟲在井狀臥室頂花的工夫比其他地方要多，牠用黏性液體將細木屑糊成一層封蓋。這是幼蟲為自己築的蛹室。

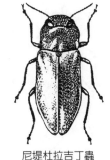

尼堤杜拉吉丁蟲
（放大5倍）

第二種吉丁蟲，銅陵吉丁蟲，同樣也生活在櫻桃樹的樹幹和樹皮之間。儘管牠強壯得多，卻沒花多少力氣為蛹做準備工作。牠的臥室僅僅是通道的延伸和擴展，而且臥室內只簡單地上了漆。由於不喜歡令人煩躁的工作，幼蟲也不挖鑿木層，只是在樹皮中挖鑿出一間簡陋的小屋，而且不挖開樹皮，打開出口的工作由成蟲來咬開。

每種昆蟲都向我們展示了獨特的工作方式、獨特的職業技巧，單單以工具的因素是解釋不清的。當然，從這些細節中，我們也得出一些重要結論。我還要補充更多細節，研究工作的主題才會更加明確。讓我們再來問問天牛科昆蟲。

還有一種居於老松樹樁中的天牛，牠的幼蟲修築的通道，

松樹樁的天牛
（放大1⅓倍）

出口向外大大敞開，有的出口在樹樁的橫截面，有的出口在側面。在大約兩個拇指深的地方，通道被幼蟲用一大團粗木屑做的長塞子堵塞住。接下去是蛹的臥室，為扁平圓柱形狀，並用木纖維絨裝飾過。再往下便是幼蟲製造的迷宮，已經被消化過的木屑密密地堵塞住了。我們再看看出口的路線，起先通道和樹軸平行，如果出口開在樹樁側面，幼蟲就細心地將通道彎成肘形，並以最短的直

線距離通到外面；而如果出口開在樹樁截面，通道就延伸直達橫截面。我們還注意到，如果整個通道完全暢通，樹皮也會被挖鑿開來。

我在一些被剝去皮的綠橡樹圓木材內，發現了一種叫做斯特彭斯天牛的昆蟲。同樣的逃脫方法，同樣的緩緩彎曲成肘形的通道，並以最短的距離通向外界，同樣用木屑封堵屋頂。牠的通道同樣也穿透樹皮嗎？由於圓木材被剝去了樹皮，我無法了解其中細節。

其他如特羅匹斯天牛這櫻桃樹的鑽探者、蜂形天牛這英國山楂樹的挖掘工，都會修築圓柱形的出路，而且被急轉成肘形，並在外端以剩下的樹皮當作簾幕，或保留了厚度僅一公釐的木層作為遮擋。在離樹表皮不遠的地方，通道擴張成蛹的臥室，臥室與通道之間則被幼蟲用密密堆積的蛀木屑分隔開來。

再這樣繼續下去，可能也只是贅述已經重複多次的道理罷了。從這些例子中，可以歸納出普遍的規律：天牛科和吉丁蟲科這些木棲昆蟲的幼蟲，為成蟲修築了奔向自由的出路，而成蟲只需清除木屑障礙或鑽穿薄薄的木層或樹皮，即可重見天日。成蟲和幼蟲的職責完全背離了常規：幼蟲正值身強體壯，擁有強健的挖掘工具，承擔起繁重的工作，而成蟲卻享受幸福

的時光，不懂技藝，不工作，只是遊手好閒。孩子本應躺在他的保護人即母親的懷抱中，過著天堂般的生活；而幼蟲這孩子卻成了母親的保護人。幼蟲用牙艱辛地挖掘通道的洞穴，使成蟲既避免了外界的危險，且毋需費力穿透堅硬的木層，將成蟲引到充滿歡樂的陽光下。幼蟲為成蟲舒適的生活創造好條件。

這些甲冑覆身的成蟲看起來十分強健，牠們真的是些無能的傢伙嗎？我將手中收集的各類昆蟲的蛹，放在一些寬度與昆蟲天然居室相當的玻璃管裡，而且還用粗紙屑在玻璃管裡襯了一層，這樣就為成蟲的挖掘工作提供了有力的支撐點。牠們要鑽穿的障礙物則多種多樣：有的是只有一公分厚的軟木塞，有的是因腐爛而變軟的楊木塞，還有的是正常木質的圓木片。我的大多數俘虜都能夠輕鬆地穿透軟木塞和已經變軟的楊木塞，這對於牠們而言，就好比是逃出時要鑽開薄薄的障礙、要鑽透樹皮窗簾。也有幾個俘虜無法通過障礙。但是在堅硬的圓木片前，所有的俘虜都死去了，牠們的努力徒勞無功。在這些昆蟲之中，當數大個子天牛最健壯，但牠也這樣死去了，無論是在我人造的橡樹居室中，還是在僅僅用隔膜封住的蘆竹莖中。

這些成蟲缺乏力量，更確切地說，是缺乏堅韌的耐力；而幼蟲則有天賦得多，牠是為了成蟲而工作。牠用不屈的耐力咬開通道，即使是體魄強健者，這種耐力也是成功的重要條件，

幼蟲開鑿通道時的這種韌性，令我們驚訝不已。由於幼蟲知道未來成蟲的身體形態呈圓形或橢圓形，於是在挖掘出口通道的時候，長廊的一部分呈圓柱形，另一部分則築成橢圓狀。幼蟲知道成蟲急著見到外界的光明，於是牠開鑿最短距離的通道。幼蟲一生的大部分時光都遊蕩於樹幹內部，牠鍾情的是扁平彎曲、僅容身體勉強通過的通道，除非是碰到很合胃口的木質部，想要多停留一會時，才把那裡挖大一些。而現在幼蟲開鑿形狀規則、寬敞、短促的出口，並且彎曲成肘形通向外界。幼蟲把時間大多都花在樹幹中，進行漫長而隨意的征途，但成蟲沒有這種時間，牠們的日子屈指可數，必須盡快到達光明中，因此通道的長度應盡可能短，障礙物應盡可能少，只要保證安全即可。幼蟲明白，如果連接橫向和縱向通道的轉彎過急，會使得身體僵硬、不能彎曲的成蟲難以通過，因而通道由一個緩緩彎曲的肘形通向外界。這種方向的改變，對於得從樹幹深處爬出的昆蟲來說，是很常見的。如果幼蟲修築的臥室離樹的表面較近，工程則相對簡單；而如果臥室位在樹幹深處，工程就需要長時間才能完成。在這種情況下，如此規則的彎曲弧線會讓我們想要用圓規測量一下。

　　如果我原先只觀察過天牛和吉丁蟲開鑿的通道，那我可能會因缺乏資料，而將這個關於拐彎的問題畫上一個問號，因為天牛和吉丁蟲通道中的拐彎過短，無法用圓規進行測量。幸虧

有一個幸運的發現，爲我的研究提供了理想的條件。這是一株死去的楊樹，在幾公尺高的樹幹中，千瘡百孔地被鑽了許多筆桿粗細的圓形通道。我的研究眞應該感激它，這株如此難得的楊樹，雖已枯萎卻依然植根於土壤之中。我將它連根拔起，運回我屋子裡，並用木工工具將它沿縱向截面鋸開，用鉋子將截面刨平。

這株樹幹雖然仍保持原有的結構，但是由於生長著一種叫「楊樹傘蕈」的眞菌菌絲，已經變得鬆軟了。樹幹內部被昆蟲蛀食了，而外層結構約有十幾公分的厚度，仍保持良好的狀況，如果不提那無數彎成肘形的通道橫穿此層的話。在樹幹的橫截面上，原先居住其中的幼蟲所留下的通道形狀很美麗，看上去就像個麥綑。這些通道幾乎是筆直且相互平行的，在樹幹中心集中成一束，又發散開來，向高處延伸並且呈彎曲的肘形緩緩展開，每一條都通向樹表的一個出口。這束通道不像麥綑那樣只有一個末端，而是在不同高度、透過不計其數的放射線通道，向四周發散開來。

我很高興有這麼好的研究對象。每刨去一層樹幹所發現的彎道數量，遠超過我研究的需求。彎道非常有規律，我可以用圓規準確地測量。

用圓規進行測量之前，我們儘量先了解這些漂亮拱廊的創造者。居住在楊樹幹裡的居民可能已經離開了很長時間，樹幹裡生長的傘菌菌絲便是證明。昆蟲不會以生長菌絲的樹幹為食並在其中挖道鑽孔。當然有一些成蟲因無法逃走而死於其中。我曾發現一些死去的昆蟲，遺骨上纏繞著真菌，傘蕈用細而密的褓褯將這些昆蟲的遺骨裹起來，使它們沒有解體。在這些木乃伊身上綑縛的綁帶下面，我認出了一種穿孔的膜翅目昆蟲的成蟲，即奧古爾樹蜂。而且我還發現一個重要的細節，所有遺留下來的成蟲，無一例外地均處於無法與外界聯絡的位置。我發現牠們有些正位於彎道的開端，其上的木層依然保持完整；有些則位於樹幹中心筆直通道的末端，而道路由於木屑的堵塞而無法向前延伸。這些由於找不到出路而留下的遺骨，明確的告訴我們，樹蜂挖掘出口的方法，是吉丁蟲和天牛科昆蟲從來沒有使用過的。

奧古爾樹蜂

樹蜂的幼蟲沒有修築逃生用的通道，挖鑿那穿透樹層通道的任務由成蟲自己完成。我親眼觀察到的情況，大致可以向我講述事情發展的過程。幼蟲居住在長廊裡，並用木屑堵塞住通道，牠一生都不離開樹幹中心，在那裡過著平靜的生活，不太

受外界氣候變化所影響。幼蟲的變態則在筆直的通道和還沒築好的彎道交接處完成，當樹蜂成蟲慢慢恢復了體力之後，便在自己身體前方挖鑿出一條穿透十幾公分厚木層的出路。我發現，成蟲修築的通道內堆集著粉末狀鬆散的木屑，而不是經過消化過的、厚實的木屑塊。我所發現遺留在傘蕈菌絲中的昆蟲，都是半路上失去氣力的，由於昆蟲在途中死去了，因而牠們前方沒有暢通的出路。

鑑於這種情況，即成蟲必須自己挖掘外出的通道，那麼，問題就更迫切地擺在我們面前。在樹幹內盡情娛樂、安靜休息之後，幼蟲是否會為未來的成蟲提供幫助，幫牠們挖開出口呢？生命短促的成蟲是如此急切地渴望離開黑暗的房間，實在不應該由牠們來挖通道，然而，成蟲是了解通往陽光的道路的。為了從黑暗的樹幹中心爬到陽光普照的樹幹外，牠為什麼不沿直線前進呢？這是所有路線中最短的呀！

是的，用圓規進行測量時，直線也許是最短的路線，但對挖掘者來說可能並非最短。挖掘的長度並不是完工的唯一因素，不是昆蟲行動的全部，牠還必須考慮挖掘時需要克服的阻力。各種樹層的硬度不同，阻力大小便會不同，而挖掘木質纖維的方式不同，阻力大小也會不一樣。有些木質纖維應該從橫向被撕開，有些則應被縱向分裂。由於阻力值仍有待確定，為

了鑽透木層，成蟲是否有一條曲線可將工作量減到最小呢？

我曾經利用我貧乏的微積分知識，探究阻力值是如何根據不同深度、不同方向而變化的，但是一個簡單的道理便將我艱苦工作的成果完全推翻了，計算變量在此無用武之地。動物不是會爬行的數學家，牠行進軌道中的質點，由身體前端的力量和所要穿越環境的硬度決定。而牠自身的條件，對其他條件有著支配作用。成蟲喪失了幼蟲可以隨意轉動身體方向的特長，由於外殼堅硬，牠幾乎就是一段堅硬的圓柱體。為了便於闡述，我們可以把牠看成一段不可彎曲的直圓木。

我們再來看看被比喻成一根直圓木的樹蜂成蟲。樹蜂的變態在離樹幹中心不遠處完成，成蟲縱向睡在樹幹中的通道內，頭朝上方；頭朝下的情況很少見。成蟲應該盡快抵達外界，牠在身體前方挖掘一個淺而夠寬的孔，以使身體略微向外傾斜。這不過才完成了一小步計畫；接下來開鑿第二個同樣的孔，同時身體再次向外傾斜。總之，每一步小小的移動，都伴隨著身體利用小孔這狹小的寬度而向外略微傾斜，傾斜的方向始終是朝外不變的。就像一根偏離了方向的磁鐵，在一個有阻力的環境中以均勻的速度前進，想回復到自己原來的方向；於是，一個比磁鐵略粗的通道也隨之開拓出來。樹蜂差不多就是這樣工作的，牠的磁極就是光明的外界。隨著不斷齧咬樹幹，樹蜂緩

緩地傾斜身體，朝光明前進。

現在，樹蜂的問題解決了。樹蜂的軌道由許多均勻的部分構成，每部分所構成的夾角角度一樣，好似一條相鄰切線之間的傾角一模一樣的弧線。簡而言之，樹蜂的軌道是一條切角線恆定不變的弧線，這也正是圓周的特點。

剩下的工作就是要弄清楚，真實情況是否與推斷相符合。我選擇了二十來條通道，長度都相當長，且適合用圓規進行檢測，我還用一張透明紙準確描繪每條通道的圖樣。的確，推論和實際情況相當吻合。有一些通道長達十幾公分，昆蟲開鑿的軌跡與圓規的軌跡相當吻合，即使有比較明顯的差距也很細微。也許人們會因沒有料到這小小的差距而不高興，這些差距與抽象理論的絕對精確是不相容的。

樹蜂的通道實際上是一條寬敞的圓弧形拱廊，下端與幼蟲挖掘的走廊相連接，上端沿一條水平或略微傾斜的直線通向樹表。寬闊的連接拱廊允許成蟲自由轉向。就這樣，樹蜂的身體原本與樹軸平行，逐漸轉變成與樹軸垂直的方向。接下來，牠得挖掘筆直向外的最短通道。

這種軌跡所需的工作量最小嗎？是的，在昆蟲所處的條件

下的確是如此。如果幼蟲在蛹期的準備階段就以其他方法定向，將頭轉向距樹表最近的點，而不是轉向與樹軸垂直的方向，顯然成蟲要逃走就方便得多了，只需直接往前鑽開不厚的表層即可。但是，由於只有幼蟲才能判斷時機是否合宜，也許是出於不堪重負的原因，在開鑿水平通道之前就停工了。為了從垂直通道進入水平通道，成蟲透過修築拱廊來轉向，一旦身體位置轉過來，成蟲便直線向前一直挖到出口為止。

讓我們再從樹蜂成蟲起步點的角度來評估一番。牠堅硬的身體使牠必然要逐漸轉動身體的方向。樹蜂不能根據自己的意願從事挖掘工作，一切都受到機械力的限制，但是樹蜂可以用自己為軸而自由轉動，並從不同的角度鑿木開路。牠可以嘗試用各種方式，以一連串的連接拱廊來隨意轉動身體的方向，而無需局限於一個平面之內。沒有任何事能夠阻止牠這樣做，牠完全可以自己轉動，將通道鑿成螺旋形，或是方向逐漸變化的環柄形曲線，但最終的結果只會是樹蜂自己迷失了方向。牠很可能會迷失在自己的迷宮內，這裡試試，那邊試試，長期摸索卻永無成功之日。

然而，樹蜂無需摸索便成功地逃走了。牠的走道幾乎完全在同一平面內，這是最少工作量的首要條件。另外，如果一開始就處在離心位置，就會有多個垂直平面。其中穿過樹軸的那

個垂直平面,一側要克服的阻力最小,相反一側則阻力最大。
當然,也沒有任何事可以阻止樹蜂在其他平面上挖掘出口,但
這樣的工作量是介於最大和最小之間的。樹蜂拒絕採用這些方
法,牠總是採用穿過樹軸的平面,並選擇路徑最短的一側。簡
而言之,樹蜂的通道處於樹軸和出發點所決定的平面內。在這
個平面的兩個區域之中,通道穿過的區域面積小一些,因此,
儘管僵硬的身體礙手礙腳,隱居在楊樹幹內的樹蜂,仍然用最
少的工作量,從楊樹樹幹中逃出去了。

礦工利用專業的羅盤,在陌生的地下深層掌握方向、尋找
路徑;水手也利用同樣的方法,在浩瀚的海洋中尋找航線。那
麼,木棲昆蟲如何在樹幹深處導向開路呢?牠也有牠自己的專
用羅盤嗎?似乎是的,因為牠必須找到最迅速的通道,目標是
尋求光明。為了達到這一目的,在經過幼蟲期長期徘徊於彎
曲、無序的迷宮以及漫不經心的散步之後,牠斷然選擇了省
力、平坦的路線,將連接處彎曲成肘形以便翻轉身體的方向;
一旦垂直朝向鄰近的樹表層,牠就以直線鑽向最近的樹表。

無論怎樣的障礙物,都無法使樹蜂改變牠的平面和弧形通
道,因為牠的方向不容改變。如果必要,樹蜂寧可齧咬金屬也
不願改變身體的方向,導致背對牠所覺察到的、鄰近光線的方
向。在研究所的昆蟲學檔案中有這樣的記錄:彈藥盒中的子彈

被於旺古斯樹蜂鑽穿；在格勒諾希爾的彈藥庫中，古加斯樹蜂用同樣的方法挖掘出路。在彈藥箱中的幼蟲，由於牠的成蟲忠於自己的逃走方法，因而在鋁塊上鑿洞逃走，因為牠斷定最近的光明就在障礙物後面。

辨別方向的羅盤當然存在，這是毋庸置疑的，無論是對那些幫助成蟲開闢出路的幼蟲，還是對必須自己開路的樹蜂成蟲來說，都是一樣的。這到底是怎麼樣的羅盤呢？這個問題尚處於一種無法探知的黑暗領域之中，我們還未擁有足夠精良的感覺器官來推測這些指引動物方向的因素。這很可能是我們器官無法感知到的另一個感覺世界，一個向我們封閉的世界。暗房中的視覺可以看到肉眼無法觀察到的事物，攝錄到只有紫外線才能發現的東西；

古加斯樹蜂

麥克風的薄膜可以感覺到我們的聽力聽不到的聲音。精密的物理儀器、某種化學化合物，這些也都超出了我們的感官所能感知的範圍。假定昆蟲靈妙的生理構造也有類似的才能，甚至超出我們的感知範圍，使我們的科學無法探知，這是否顯得有些輕率呢？對於這個問題，沒有任何肯定的回答。我們有一些疑

慮，僅此而已。至少我們應該摒除一些有時會出現在腦海中的
錯誤觀點。

　　會不會是樹木透過其結構來指引幼蟲或成蟲呢？橫向齧咬
樹層，昆蟲可能用這種方式來感知周圍的環境，而縱向齧咬的
時候，又是透過另一種方式來感知；難道這其中沒有為鑽孔工
導引方向的因素嗎？的確沒有，從植根於土壤中的樹椿，我們
可以觀察到，昆蟲根據光線的遠近程度來挖掘通道，有時是沿
著直線方向縱向向上挖掘，並在樹椿橫截面上開通出口；有時
則是透過拱形通道橫向挖掘，並在樹椿側面開鑿出口。

　　那我究竟知道些什麼呢？昆蟲使用的羅盤是化學反應、磁
場效應還是熱場效應呢？都不是，因為在豎立的樹幹中，昆蟲
挖掘的通道有些朝向北面、長年處於樹蔭之中，也有的朝向終
日陽光普照的南面。出口總是朝著最靠近外界的一側打開，而
沒有其他的條件。這是由溫度決定的嗎？也不是，因為儘管位
於樹蔭下的那一面溫度較低，但朝向陽光的那一側，同樣也都
受到昆蟲的青睞。

　　是由聲音引導嗎？不是，在幽靜的樹幹中會有什麼聲音
呢？而外界聲響穿透了一公分左右的樹幹後，又有多大變化
呢？是由重力因素指引嗎？也不是。因為我們曾在楊樹的樹幹

中，觀察到一些頭朝下反方向爬行的樹蜂，牠並未改變牠的弧線軌道。

　　那麼，究竟是以什麼爲嚮導呢？我對此一無所知。然而這並不是第一個我不能解答的問題。在研究三齒壁蜂如何走出蟄居的蘆竹時，我就認識到了物理教科書給我們留下的空白。在不可能找到其他答案的情況下，我認爲答案是：一種特殊的空間感覺能力，即自由空間感知力。由於從樹蜂、吉丁蟲和天牛科昆蟲得到的啓示，我不得不再度求助於這種理由。這並非是因爲我堅持要講述這個答案，未知事物在任何語言中都無法適當地表述出來。黑暗中的隱士知道經由最短的路線找到光明，這是無言的證詞；所有誠心的觀察家都不會恥於承認這一點。一批又一批的觀察者，在認識到用演化論解釋本能是徒勞無功之後，都能深切體會到阿納夏格爾[1]的思想，我以此做爲對我的研究最簡練的總結：

　　我們曾經努力過。

---

[1] 阿納夏格爾：西元前500～前428年，爲希臘哲學家。——編注

【譯名對照表】

中譯	原文
【昆蟲名】	
七齒黃斑蜂	Anthidium septem dentatum Latr.
九點吉丁蟲	Bupreste à neuf taches
	Ptosima novem maculata
三叉壁蜂	Osmie tricorne
三齒壁蜂	Osmie tridentée
土蜂	Scolie
大天蠶蛾	Grand-Paon
大頭泥蜂	Philanthe
切葉蜂	Mégachile
天牛	Capricorne
天牛科	Longicorne
天使魚楔天牛	Saperde scalaire
	Saperda scalaris
孔夜蜂	Palare
	P. flavipes Fab.
尺蠖	chenille arpenteuse
方喙象鼻蟲	Cléone
方頭泥蜂	Crabronien
木蜂	Xylocope
毛毛蟲	chenille
毛刺砂泥蜂	Ammophile hérissée
毛腳條蜂	Anthophore à pieds velus
火焰青蜂	Chrysis flammea
古加斯樹蜂	Sirex gigas
四分葉黃斑蜂	Anthidium quadrilobum Lep.
尼堤杜拉吉丁蟲	Anthaxia nitidula
巨唇泥蜂	Stize
白面螽斯	Dectique
白腰帶切葉蜂	Mégachile à ceintures blanches
	Megachile albo-cincta, Pérez
石蜂	Chalicodome
吉丁蟲	Bupreste

中譯	原文
好鬥黃斑蜂	Anthidium bellicosum,Lep.
朱爾砂泥蜂	Ammophile de Jules
灰毛蟲	Ver gris
百合花金花蟲	Criocère du lis
色帶黃斑蜂	Anthidium cingulatum Latr.
	Anthidie sanglé
佛羅倫斯黃斑蜂	Anthadium florentinum,Latr.
	Anthide florentin
低鳴條蜂	Anthorphora pilipes
劫持者大頭泥蜂	Philanthe ravisseur
	Philanthus raptor,Lep.
卵石石蜂	Chalicodome des galets
	Chalicodoma parietina
卵蜂虻	Anthrax
步蚋蜂	Tachyte
沙地土蜂	Scolie interrompue
	Colpa interrupta Latr.
沙地砂泥蜂	Ammophile des sables
	Ammophila sabulosa Fab.
沙地節腹泥蜂	Cerceris des sables
	Cerceris arenaria
角形圓網蛛	Epeira angulata
佩冠大頭泥蜂	Philanthe couronné
	Philanthus coronatus Fab.
兔腳切葉蜂	Megachile lagopoda,Linn.
	Mégachile à pieds de lièvre
刺脛蜂	Lithurgue
拉特雷依黃斑蜂	Anthidium Latreillii Lep.
拉特雷依壁蜂	Osmie de Latreille
拉蘭德蟲	Lalande
旺古斯樹蜂	Sirex juvencus
泥蜂	Bembex
直翅目	Orthoptère

中譯	原文
肩衣黃斑蜂	Anthidium scapulare
	Anthidie scapulaire
花金龜	Cétoine
軋花楔天牛	Saperde chagrinée
	Saperda carcharias
金灼刺脛蜂	Lithurgus chrysurus Boy
金花蟲	Chrysomèle
長鬚蜂	Eucère
阿美德黑胡蜂	Eumène d'Amédée
阿爾卑斯蜾蠃	Odynère alpestre
	Odynerus alpestris Saussure
青銅吉丁蟲	Bupreste bronzé
	Buprestis œnea
芫菁科	Méloïde
冠冕黃斑蜂	Anthidie diadème
	Anthidium diadema Latr.
冠冕圓網蛛	Épeire diadème
	Epeira diadema
南方細毛鰓金龜	Anoxie australe
柔絲切葉蜂	Megachile sericans Fonscol.
	Mégachile soyeux
	Megachile Dufourii Lep.
柔絲砂泥蜂	Ammophile soyeuse
	Ammophila holosericea Fab.
砂泥蜂	Ammophile
胡蜂	Guêpe
苦蝶	papillon amer
虻	Taon
迪萬拉毛毛蟲	chenille de Dicranura rinula
面具條蜂	Anthorphore à masque
	Anthophora personata
飛蝗泥蜂	Sphex
食蜜蜂	apiaire

中譯	原文
食蜜蜂大頭泥蜂	Philanthe apivore
	Philanthus apivorus Latr.
修女螳螂	Mante religieuse
家蚊	Cousin
家蛛	Tégénaire domestique
	Tegenaria domestica
特羅匹斯天牛	Clytus tropicus
狼蛛	Lycose
珠腹蛛	Attus
珠蜂	Calicurgue
神天牛	Cérambyx
高牆石蜂	Chalicodome des murailles
	Chalicodoma muraria
僵毛黃斑蜂	Anthidium manicatum Latr.
帶角刺脛蜂	Lithurgus cornutus Fab.
帶芫菁	Zonitis
彩帶圓網蛛	Épeire fasciée
	Epeira fasciata
採脂蜂	Résinier
梯形圓網蛛	Epeira scalaris
條蜂	Anthophore
細毛鰓金龜	Anoxie
蚯蚓	lombric
透明翅黑蛛蜂	Agenia hyalipennis Zetterstedt
蚋骨步蚋蜂	Tachyte tarsier
斑點切葉蜂	Megachile apicalis, Spinola
斑點黑蛛蜂	Agenia punctum Panz.
斯特彭斯天牛	Stromatium strepens
棚簷石蜂	Chalicodome des hangars
	Chalicodoma rufitarsis Pérez
犀角金龜	Orycte
短翅螽斯	Éphippigère
窖蛛	Ségestrie

中譯	原文
腎形蜾蠃	Odynère rèniformis Latr.
	Odynerus reniformis Latr.
蛛蜂	Pompile
象鼻蟲	Charançon
隆背土蜂	Scolie à deux bandes
	Scolia bifusciata Van der Linden
隆格多克飛蝗泥蜂	Sphex languedocien
黃翅飛蝗泥蜂	Sphex à ailes jaunes
黃斑蜂	Anthidie
黑吉丁蟲	Bupreste noir
	Buprestis octo guttata
黑胡蜂	Eumène
黑腹舞蛛	Tarentule à ventre noir
圓網絲蛛	Épeire soyeuse
	Epeira sericea
圓網蛛	Épeire
圓蟹蛛	Clubione
奧古爾樹蜂	Sirex augur Klug.
弒螳螂步岬蜂	Tachyte manticide
愚笨切葉蜂	Megachile imbecilla Gerstacker
楊樹金花蟲	Chrysomèle du peuplier
	Lina populi
滑稽珠蜂	Calicurgue bouffon
節腹泥蜂	Cerceris
聖甲蟲	Scarabée sacré
腹蛛	Theridion
蛾	Bombyx
蜂形天牛	Clytus arietis
鼠尾蛆	Éristale
熊蜂	Bourdon
綠色螽蟖兒	Sauterelle verte
	Locusta viridissima
舞蛛	Tarentule

中譯	原文
蒼白圓網蛛	Epeira pallida
蒼蠅	mouche
蜜蜂	abeille
蜘蛛	Araignée
蜾蠃	Odynère
銀色切葉蜂	Megachile argentata,Fab.
	Mégachile argentée
銅陵吉丁蟲	Chrysobothris chrysostigma
熱奈爾毛毛蟲	chenille de Zouzère
膜翅目	hyménoptère
蝗蟲	Criquet
壁蜂	Osmie
橡實象鼻蟲	Balanin des glands
瓢蟲	Coccinelle
築巢蜾蠃	Odynère nidulateur
	Odynerus nidulator Saussure
螞蟻	Fourmis
隧蜂	Halicte
鞘翅目	coléoptère
環節珠蜂	Calicurge annelé
螽蟖兒	Sauterelle
蟋蟀	Grillon
褶翅小蜂	Leucospis
黏性鼠尾蛆	Eristalis tenax
斷牆條蜂	Anthophora parietina
織毯蜂	abeille tapissière
蟬	Cigale
雙翅目	diptère
蠅科	muscide
蠍子	scorpion
櫟棘節腹泥蜂	Cerceris tuberculé
櫟黑神天牛	Cerambyx cerdo
蘆蜂	Cératine

中譯	原文
灌木石蜂	Chalicodome des arbustes
鐵色節腹泥蜂	Cerceris de Ferrero
	Cerceris Ferreri

【人名】

中譯	原文
孔迪雅克	Condillac
克萊爾	Claire
佩雷	J. Pérez
拉‧帕利斯	La Palice
拉特雷依	Latreille
法布里休斯	Fabricius
阿納夏格爾	Anaxagore
阿基米德	Archimède
侯曼尼	Romanes
哈伯雷	Rabelais
迪拜爾	Tibère
格勒諾希爾	Grenoble
富蘭克林	Franklin
奧古斯都	Auguste
達爾文	Darwin
雷沃米爾	Réaumur
維吉爾	Virgile
蒙田	Montaigne

【地名】

中譯	原文
巴比倫	Babylone
巴勒斯坦	Palestine
卡宏	Caromb
幼發拉底河	Euphrate
伊薩爾	Issarts
吉貢達	Gigondas

中譯	原文
西班牙	Espagne
沃克呂滋	Vaucluse
亞維農	Avignon
拉丁姆	Latium
波德雷	Bordelais
非洲	Afrique
侯貝提	Roberty
荒石園	l'Harmas
馬來西亞	Malaisie
馬賽	Marseille
勒馮	Levant
普羅旺斯	Provence
開普敦	Cap
隆河	Rhône
塞西尼翁	Sérignan
義大利	Italie
維吉尼亞	Virginie
歐宏桔	Orange
錫安山	Sion

法布爾昆蟲記全集 4

蜂類的毒液

SOUVENIRS ENTOMOLOGIQUES
ÉTUDES SUR L'INSTINCT ET LES MŒURS DES INSECTES

作者──JEAN-HENRI FABRE 法布爾

譯者──鄒琰 等

審訂──楊平世

主編──王明雪　　副主編──鄧子菁

專案編輯──吳梅瑛　　編輯協力──王心瑩

發行人──王榮文

出版發行──遠流出版事業股份有限公司

104005 台北市中山北路一段 11 號 13 樓

郵撥：0189456-1　　電話：(02)2571-0297　　傳真：(02)2571-0197

著作權顧問──蕭雄淋律師

印刷裝訂──中原造像股份有限公司

□ 2002 年 9 月 1 日 初版一刷　　□ 2021 年 7 月 15 日 初版十二刷

定價 360 元　　（缺頁或破損的書，請寄回更換）

遠流博識網 http://www.ylib.com　E-mail:ylib@ylib.com

昆蟲線圖修繪：黃崑謀　　內頁版型設計：唐壽南、賴君勝　　章名頁刊頭製作：陳春惠

特別感謝：林皎宏、呂淑容、洪閔慧、黃文伯、黃智偉、葉懿慧在本書編輯期間熱心的協助。

國家圖書館出版品預行編目資料

法布爾昆蟲記全集. 4, 蜂類的毒液 ／ 法布爾（
Jean-Henri Fabre）著； 鄒琰等譯. -- 初版.
-- 臺北市 ： 遠流， 2002〔民91〕
　面 ： 　公分
譯自：Souvenirs Entomologiques
ISBN 957-32-4691-0（平裝）

1. 昆蟲 － 通俗作品

387.719　　　　　　　　　　　　91012417

SOUVENIRS ENTOMOLOGIQUES

SOUVENIRS ENTOMOLOGIQUES